黑龙江省地方高校"101计划"化学学科建设

JIEGOU
HUAXUE JICHU

结构化学基础

杨照地　张凤鸣　主编

U0223409

哈尔滨工业大学出版社
HARBIN INSTITUTE OF TECHNOLOGY PRESS

内 容 简 介

本书共分 5 章,内容包括量子力学基础、原子结构、分子结构、配合物结构理论和原子分子结构构建与计算实例。1~4 章设置了知识点思维导图、预习提纲与思考题,并配有例题、习题及答案。

本书可作为综合性大学、理工类高校、高等师范院校等化学或化工专业、材料化学专业、材料物理与化学专业本科生及研究生必修或选修课用书。

图书在版编目(CIP)数据

结构化学基础/杨照地,张凤鸣主编. —哈尔滨:
哈尔滨工业大学出版社,2024.4
ISBN 978 - 7 - 5767 - 1131 - 8

Ⅰ.①结…　Ⅱ.①杨…　②张…　Ⅲ.①结构化学-高
等学校-教学参考资料②原子结构-高等学校-教学参考
资料③分子结构-高等学校-教学参考资料　Ⅳ.①O641

中国国家版本馆 CIP 数据核字(2024)第 044336 号

策划编辑　李艳文　范业婷
责任编辑　杨　硕
出版发行　哈尔滨工业大学出版社
社　　址　哈尔滨市南岗区复华四道街 10 号　邮编 150006
传　　真　0451 - 86414749
网　　址　http://hitpress.hit.edu.cn
印　　刷　哈尔滨市石桥印务有限公司
开　　本　787 mm×1 092 mm　1/16　印张 13.75　字数 326 千字
版　　次　2024 年 4 月第 1 版　2024 年 4 月第 1 次印刷
书　　号　ISBN 978 - 7 - 5767 - 1131 - 8
定　　价　58.00 元

前　言

"结构化学基础"是一门理论性较强的专业课程,内容比较抽象,需要学生有较好的高等数学、无机化学、有机化学和物理化学基础。该课程可以培养学生微观思维模式和结构化学素养,帮助学生理解材料结构本质,学会从结构和性能关系的逻辑去进一步学习或研究新材料和新能源。本书是作者多年从事"结构化学基础"教学工作的总结,可作为综合性大学、理工类高校、高等师范院校等化学或化工专业、材料化学专业、材料物理与化学专业本科生及研究生必修或选修课用书。

本书共分5章,包括量子力学基础、原子结构、分子结构、配合物结构理论和原子分子结构构建与计算实例。本书参考和借鉴了经典的结构化学相关教程,整合了一些教材的优点,并根据编者多年的教学和科研经验,增加了原子分子结构构建与计算实例部分,突破了传统知识点推导和介绍模式,可以指导学生学以致用。另外,本书在1～4章设置了知识点思维导图、预习提纲与思考题,并配有例题、习题及答案,方便教师和学生检测学习效果。同时,通过二维码加入课程思政内容(科学家生平与贡献)。

本书编写分工如下:第1～2章、第5章、附录及全书统稿由杨照地完成(约15万字),第3～4章由张凤鸣和金鑫完成(约10万字),第1～2章例题和习题由王雅完成(3.5万字),第3～4章例题和习题及思政内容由于红完成(3.5万字)。

党的二十大报告指出:实施科教兴国战略,强化现代化建设人才支撑。"我们要坚持教育优先发展、科技自立自强、人才引领驱动,加快建设教育强国、科技强国、人才强国,坚持为党育人、为国育才,全面提高人才自主培养质量,着力造就拔尖创新人才,聚天下英才而用之。"对于教育工作者,认真编写一部科学严谨的理论教材对于教书育人和人才培养非常重要,因此本书一直遵循客观、科学、严谨、表述准确和引导正确价值观的原则。

限于编者水平,书中难免存在疏漏之处,诚挚希望读者批评指正,以便再版更正。

编　者

2024 年 1 月

编者将讲授课程过程中的重点、难点等知识点做成微课视频,使用该教材的教师和学生可扫右侧二维码观看。

目　　录

第1章

量子力学基础

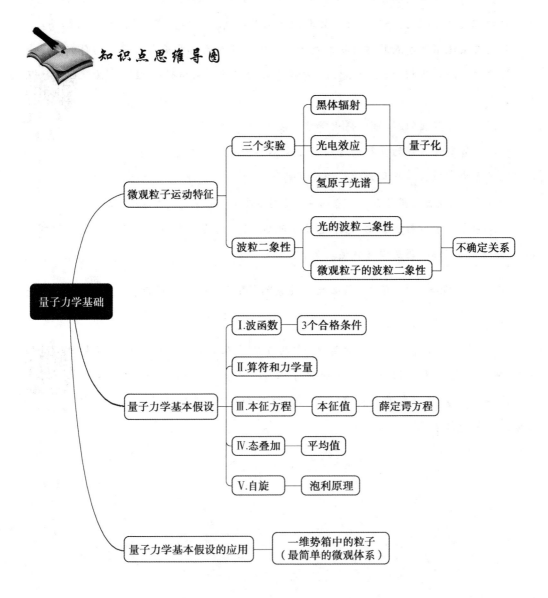

预习提纲与思考题

1. 用经典物理学研究微观物体的运动时会遇到哪些困难？举例说明。如何正确对待旧量子论？

2. 实物微粒兼具波动性的实验基础是什么？宏观物体有没有波动性？"任何微观粒子的运动都是量子化的，都不能在一定程度上满足经典力学的要求。"这样说确切吗？

3. 怎样描述微观质点的运动状态？为什么？波函数有哪些重要性质？为什么？

4. 简单讲述薛定谔(Schrödinger)方程得来的线索。求解该方程时应该注意什么？

薛定谔

5. 通过一维势箱的解，可以得出哪些重要结论？

6. 写出薛定谔方程的算符表达式。你是怎样理解这个表达式的？

7. 量子力学中的算符和力学量的关系怎样？

8. 电子的波动性可用什么实验来证实？这能不能证明电子是波浪式前进的？为什么？

9. 试问在电子衍射实验中，电子通过单缝后，可能到达屏上的哪一点？它是如何到达的，是以直线运动的，还是以曲线运动的？

10. ψ 的合格条件中，有"函数必须是连续的"条件。一维势箱的 $\psi = \sqrt{\dfrac{2}{l}}\sin\dfrac{n\pi x}{l}$，而我们又说状态是量子化的，这是否矛盾？

11. 量子力学作为结构化学的基础，它的发展让人们对物质的认识越来越深入，同时也涌现出大批物理学家和化学家，其中唐敖庆是我国量子化学之父。请扫描二维码，了解唐先生在这方面的贡献和成就，同时预习找出本章中你最感兴趣的科学家。

唐敖庆

1.1　量子论的诞生和微观粒子的运动特征

　　1900 年以前,物理学的发展处于经典物理学阶段,它由牛顿(Newton)的经典力学、麦克斯韦(Maxwell)的电磁波理论、热力学和统计物理学等组成。这些理论构成一个相当完善的体系,当时常见的物理现象都可以从中得到解释。但是事物总是不断向前发展的,人们的认识也是不断发展的。在经典物理学取得上述成就的同时,通过实验又发现了一些新现象,它们是经典物理学无法解释的。

1.1.1　黑体辐射 —— 普朗克的量子假说

　　黑体是一种能全部吸收照射到它上面的各种波长的光,同时也能发射各种波长光的物体。带有一个微孔的空心金属球,非常接近于黑体,进入金属球小孔的辐射,经过多次吸收、反射,被全部吸收。当空腔受热时,空腔壁会发出辐射,极小部分通过小孔逸出。

普朗克

　　若以 $E(\nu)$ 表示黑体辐射的能量,则 $E(\nu)\mathrm{d}\nu$ 表示频率在 ν 到 $\nu+\mathrm{d}\nu$ 范围内、单位时间、单位表面积上辐射的能量。以 $E(\nu)$ 对 ν 作图,得到的能量分布曲线如图 1.1 所示。由图 1.1 可见,随温度 T 增加,$E(\nu)$ 增大,辐射总能量(曲线所包围的面积)急剧增加,最大强度向短波区移动。许多物理学家试图用经典热力学和统计力学理论来解释此现象。其中比较好的有瑞利－金斯(Rayleigh－Jeans)把分子物理学中能量按自由度均分原则用到电磁辐射上,得到辐射强度公式:

$$E(\nu)\mathrm{d}\nu=\frac{8\pi}{c^3}kT\nu^2\mathrm{d}\nu \tag{1.1}$$

式中,c 是光速;$k(=1.38\times10^{-23}\ \mathrm{J/K})$ 是玻尔兹曼(Boltzmann)常数。根据此公式绘出的瑞利－金斯线与实验结果比较,在长波长处很接近实验曲线,而在短波长处与实验显著

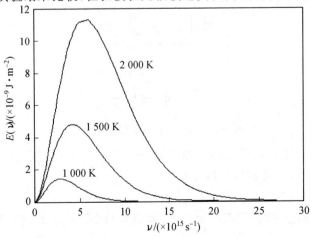

图 1.1　黑体在不同温度下辐射的能量分布曲线

不符。

1900 年,普朗克(Planck)根据这一实验事实,突破了传统物理观念的束缚,给出了能量量子化公式,提出了以下量子化假设。

(1) 黑体内分子、原子做简谐振动,这种做简谐振动的分子、原子称谐振子,黑体由不同频率的谐振子组成。每个谐振子的能量 E 只能取某一最小的能量单位 ε_0 的整数倍,ε_0 被称为能量子,它正比于振子频率 ν_0:

$$E = n\varepsilon_0 \tag{1.2}$$

$$\varepsilon_0 = h\nu_0 \tag{1.3}$$

式中,$h(= 6.626 \times 10^{-34}\ \text{J} \cdot \text{s})$ 为普朗克常数;n 为量子数。

(2) 谐振子的能量变化不连续,能量变化是 ε_0 的整数倍。

$$\Delta E = n_2\varepsilon_0 - n_1\varepsilon_0 = (n_2 - n_1)\varepsilon_0 \tag{1.4}$$

普朗克在量子化假设的基础上,采用与瑞利 — 金斯完全相同的统计力学方法,推导得出单位时间、单位面积上黑体辐射的能量分布公式(1.5),能够成功描述整个实验曲线。

$$E(\nu) = \frac{8\pi h\nu^3}{c^3} (e^{h\nu/kT} - 1)^{-1} \tag{1.5}$$

普朗克能量量子化假设的提出,标志着量子论的诞生,普朗克为此获得了 1918 年的诺贝尔物理学奖。虽然普朗克是在黑体辐射这个特殊的场合中引入了能量量子化的概念,但后来发现许多微观体系都是以能量,甚至其他物理量(例如角动量及其在磁场方向的分量)不能连续变化为特征的,因而都称为量子化。此后,在 1900—1926 年间,人们逐渐把能量量子化的概念推广到所有微观体系。

1.1.2　光电效应 —— 爱因斯坦的光子学说

光电效应是第二个用经典物理学无法解释的实验现象。光电效应实验装置示意图如图 1.2 所示,在真空玻璃管中有两个电极,分别给两电极加上正负电压。

爱因斯坦

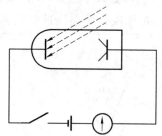

图 1.2　光电效应实验装置示意图

当光照射到阴极上时,使阴极上金属中的一些自由电子的能量增加,逸出金属表面,产生光电子,由光电子组成的电流称为光电流。

实验事实表明:

(1) 当光照在阳极上时,没有电流产生;而当光照在阴极上时则产生电流,电流强度与光的强度成正比。

(2) 对于一定的金属电极,仅当入射光的频率大于某一频率时,才有电流产生。

（3）由光电效应产生的电子动能仅随光的频率增大而增加,与光的强度无关。

对于上述实验事实,应用经典的电磁波理论得到的却是相反的结论。根据光波的经典图像,波的能量与它的强度成正比,而与频率无关。因此只要有足够的强度,任何频率的光都能产生光电效应,而电子的动能将随着光强的增加而增加,与光的频率无关,这些经典物理学家的推测与实验事实不符。

爱因斯坦(Einstein)首先认识到普朗克提出的能量量子化的重要性,他将能量量子化的概念应用于电磁辐射。1905 年,爱因斯坦提出了光子学说,圆满地解释了光电效应,光子学说的要点如下。

（1）光的能量是量子化的,最小能量单位是 $\varepsilon_0 = h\nu_0$,称为光子。

（2）光为一束以光速 c 运动的光子流,光的强度正比于光子的密度 ρ,ρ 为单位体元内光子的数目。

（3）光子具有质量 m,根据相对论原理,有

$$m = \frac{m_0}{\sqrt{1 - (v/c)^2}} \tag{1.6}$$

对于光子 $v = c$,所以 m_0 为 0,即光子没有静止质量。

（4）光子有动量 p,

$$p = mc = \frac{h}{\lambda} \tag{1.7}$$

式中,λ 为波长。

（5）光子与电子碰撞时能量守恒和动量守恒。

光子学说对光电效应的解释:将频率为 ν 的光照射到金属上,当金属中的一个电子受到一个光子的作用时,产生光电效应,光子消失,并把它的能量传给电子。电子吸收的能量 $h\nu$,一部分用于克服金属对它的束缚力,其余部分则表现为电子的动能:

$$h\nu = W_0 + T = h\nu_0 + \frac{1}{2}mv^2 \tag{1.8}$$

式中,W_0 是电子逸出金属所需的最小能量,称为逸出功,它等于 $h\nu_0$;T 是电子的动能,为 $\frac{1}{2}mv^2$。光子说很好地解释了光电效应的实验结果:当 $h\nu < W_0$ 时,光子没有足够的能量使电子逸出金属,不发生光电效应;当 $\nu = \nu_0$,即 $h\nu_0 = W_0$ 时,频率是产生光电效应的临阈频率,电子"跃跃欲射";当 $h\nu > W_0$ 时,从金属中发射的电子具有一定的动能,它随 ν 的增加而增加,与光强无关。但增加光的强度可增加光束中单位体积内的光子数,因此增加发射电子的数目。

爱因斯坦光子学说的提出,使人们在承认光的波动性的同时又承认光是由具有一定能量的粒子(光子)所组成。这样光具有波动和微粒的双重性质,就称为光的波粒二象性。

1.1.3　氢原子光谱 —— 玻尔的原子结构理论

当原子被电火花、电弧或其他方法激发时,能够发出一系列具有一定波长

玻尔

的光谱线,这些光谱线构成原子光谱(图 1.3)。

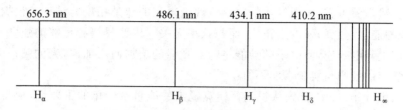

图 1.3　氢原子光谱的巴耳末(Balmer)线系

19 世纪中叶,原子光谱的分立谱线的实验事实引起了物理学家的重视。1885 年,巴耳末和随后的里德伯(Rydberg)建立了对应氢原子光谱的可见光区 14 条谱线的巴耳末公式。20 世纪初又在紫外和红外区发现了许多新的氢谱线,公式推广为

$$\nu = \frac{1}{\lambda} = R_H \left(\frac{1}{n_1^2} - \frac{1}{n_2^2} \right) \quad n_1 = 1, 2, 3, \cdots; n_2 \geqslant n_1 + 1 \tag{1.9}$$

式中,$R_H (= 1.096\ 776 \times 10^7\ \mathrm{m}^{-1})$ 称为里德伯常数。

1913 年,为解释氢原子光谱的实验事实,玻尔(Bohr)综合了普朗克的量子论、爱因斯坦的光子学说以及卢瑟福(Rutherford)的原子核模型,提出玻尔理论。

(1) 原子存在具有确定能量的状态 —— 定态(能量最低的称为基态,其他称为激发态),当原子处在定态的情况下,电子在量子化的轨道上运动,不辐射能量,即没有能量损失。

(2) 电子从一个定态(E_1)到另一个定态(E_2)的跃迁,其辐射能量为

$$h\nu = | E_2 - E_1 | \tag{1.10}$$

(3) 电子轨道角动量为

$$M = n\hbar \left(\hbar = \frac{h}{2\pi} \right) \quad n = 1, 2, 3, \cdots \tag{1.11}$$

利用这些假定,可以很好地说明原子光谱分立谱线这一事实,计算得到氢原子的能级和实验光谱线频率吻合得非常好。

按玻尔提出的氢原子模型,电子稳定地绕核运动,其圆周运动的向心力与电子和核间的库仑引力数值大小应相等:

$$\frac{mv^2}{r} = \frac{e^2}{4\pi\varepsilon_0 r^2}$$

电子在稳定轨道上,运动的能 E 等于电子运动的动能和静电吸引的势能之和:

$$E = \frac{1}{2}mv^2 - \frac{e^2}{4\pi\varepsilon_0 r} = -\frac{e^2}{8\pi\varepsilon_0 r}$$

同时,根据量子化条件,电子轨道运动角动量为

$$M = mvr = \frac{nh}{2\pi}$$

由此可推得原子绕核运动的半径

$$\begin{cases} r = \frac{\varepsilon_0 h^2}{\pi m e^2} n^2 \quad n = 1, 2, 3, \cdots \\ a_0 = \frac{\varepsilon_0 h^2}{\pi m e^2} \end{cases}$$

式中,a_0 为玻尔半径,其值为 52.92 pm。

1.1.4　实物粒子的波粒二象性和不确定关系

1. 德布罗意波

实物微粒是指静止质量不为零的微观粒子,如电子、质子、中子、原子、分子等。

1924 年,德布罗意(de Broglie)受到光的波粒二象性的启发,大胆提出了实 物微粒也具有波动性的假设,探求微观粒子运动的基本特征,这种实物微粒所 表现的波动性称为德布罗意波、物质波或实物波。德布罗意关系式为

德布罗意

$$E = h\nu \tag{1.12}$$

$$\lambda = \frac{h}{p} = \frac{h}{m\nu} \tag{1.13}$$

式中,λ 为物质波的波长;p 为粒子的动量;h 为普朗克常数;E 为粒子能量;ν 为物质波频 率;m 为粒子的质量;v 为粒子的运动速度。这个假设形式上与爱因斯坦关系式相同,但 它实际上是一个完全崭新的假设,因为它不仅适用于光,而且对实物微粒也适用。

自由粒子是有一定的动能 T 而势能 $V=0$ 的粒子。动量为 p 的自由粒子,当它的运动 速度比光速小得多时($v \ll c$),

$$E = T + V = \frac{1}{2}mv^2 = \frac{p^2}{2m} \tag{1.14}$$

所以

$$p = \sqrt{2mE} \tag{1.15}$$

对于电子:

$$\lambda = \frac{h}{p} = \frac{h}{\sqrt{2mE}} = \frac{h}{\sqrt{2m \cdot e \cdot U}}$$

$$= \frac{6.626 \times 10^{-34}}{\sqrt{2 \times 9.11 \times 10^{-31} \times 1.602 \times 10^{-19} \cdot U}}$$

$$= \frac{1.226}{\sqrt{U}} \times 10^{-9} (\text{m})$$

$$= \frac{12.26}{\sqrt{U}} (\text{Å})$$

式中,U 为电压。当电压为 $10^2 \sim 10^4$ V 时,从理论上已估算出电子德布罗意波波长为 $1.2 \sim 0.12$ Å(1 Å = 0.1 nm),与 X 射线相近($0.1 \sim 100$ Å),用普通的光学光栅是无法 检验出其波动性的。

1927 年,戴维森(Davisson)和革末(Germer)用电子束单晶衍射法,汤姆孙 (Thomson)用薄膜透射法证实了电子具有波动性,即证实了德布罗意波的存 在,用德布罗意关系式计算的波长与布拉格(Bragg)方程计算结果一致。后来, 人们采用电子、质子、氢原子等粒子流,也观察到衍射现象,充分证明了实物微 粒具有波动性,而不只限于电子。电子显微镜以及用电子衍射和中子衍射测定 分子结构都是实物微粒波动性的应用。

戴维森 和革末

例　(1) 求以 $1.0 \times 10^6 \mathrm{\ m \cdot s^{-1}}$ 的速度运动的电子的波长;(2) 求质量为 $1.0 \times 10^{-3} \mathrm{\ kg}$ 的宏观粒子以 $v = 1.0 \times 10^{-2} \mathrm{\ m \cdot s^{-1}}$ 的速度运动时的波长。

解　$(1) \lambda = \dfrac{h}{mv} = \dfrac{6.626 \times 10^{-34}}{9.11 \times 10^{-31} \times 1.0 \times 10^6} = 7.281 \times 10^{-10} \mathrm{(m)}$

这个波长相当于分子大小的数量级,说明分子和原子中电子运动的波动性是显著的。

$(2) \lambda = \dfrac{h}{mv} = \dfrac{6.626 \times 10^{-34}}{1 \times 10^{-3} \times 1.0 \times 10^{-2}} = 6.626 \times 10^{-29} \mathrm{(m)}$

这个波长与粒子本身的大小相比太小,所以观察不到波动效应。

2. 德布罗意波的统计解释

电子衍射实验证实了电子等实物微粒具有波动性,而电子等实物微粒具有粒子性则更是早已被证实。从经典物理理论来看,波动性是以连续分布为特征的;而粒子性则是以分立分布为特征的。那么,应该如何理解实物粒子波动性和粒子性之间的关系? 实物微粒的波到底是一种什么波呢? 这是许多科学家关心和研究的问题。1926 年,玻恩(Born)提出实物微粒波的统计解释。他认为:在空间任何一点上波的强度与粒子出现的概率密度成正比,按照这种解释描述的实物粒子波称为概率波。

实物微粒波的物理意义与机械波(水波、声波)和电磁波等不同,机械波是介质质点的振动,电磁波是电场和磁场的振动在空间的传播,而实物微粒波没有这种直接的物理意义,实物微粒波的强度反映粒子概率出现的大小。分析电子衍射实验,发现较强的电子流可以在短时间内得到电子衍射照片,但用很弱的电子流,让电子先后一个一个地到达底片,只要时间足够长,也能得到同样的衍射图形,显示出波动性。可见电子的波动性是与微粒行为的统计性联系在一起的。

在经典物理学中,粒子服从牛顿力学,它在一定的运动条件下有可以预测的运动轨道,一束电子在同样条件下通过晶体,每个电子都应到达底片上同一点,观察不到衍射现象。事实上电子通过晶体时并不遵循牛顿力学,它有波动性,每次到达的地方无法准确预测,只有一定的与波的强度成正比的概率分布规律,出现衍射现象。对大量粒子而言,衍射强度(即波的强度)大的地方,粒子出现的数目多;而衍射强度小的地方,粒子出现的数目少。一个粒子不能形成一个波,当一个粒子通过晶体到达底片上时,出现的是一个衍射点,而不是强度很弱的衍射图像。从大量的微观粒子的衍射图像,可揭示出微观粒子运动的波动性和这种波动性的统计性,电子运动具有波动性,其分布具有概率性。

1.1.5　不确定关系

不确定关系又称测不准关系或测不准原理,是由微观粒子本质特性决定的物理量间的相互关系的原理,它反映物质波的一种重要性质。因为实物微粒具有波粒二象性,从微观体系得到的信息会受到某些限制。例如,一个粒子不能同时具有确定的坐标和相同方向的动量分量。这一不确定关系是 1927 年首先由海森伯(Heisenberg)提出的。

海森伯

通过电子束的单缝衍射,可以对不确定关系式加以说明。如图 1.4 所示,一个沿 y 方向传播的电子,通过狭缝(狭缝宽度为 D)之前,粒子在 x 方向的速度为零,动量 $p_x = mv_x$ 也为零。具有波动性的电子通过狭缝时会展宽,得到衍射图样,图中曲线表示屏幕上各点的波强度。曲线的极大值和极小值是从狭缝不同部位来的波互相叠加与互相抵消的结果。当两列波的波程差为波长的整数倍时,互相叠加得到最大限度的加强;当两列波的波程差为半波长的奇数倍时,互相抵消得到最大限度的减弱。对一级衍射:

$$\overline{OM} - \overline{AM} = \overline{OC} = \frac{\lambda}{2} = \overline{OA}\sin\theta = \frac{D}{2}\sin\theta$$

$$\sin\theta = \frac{\lambda}{D}$$

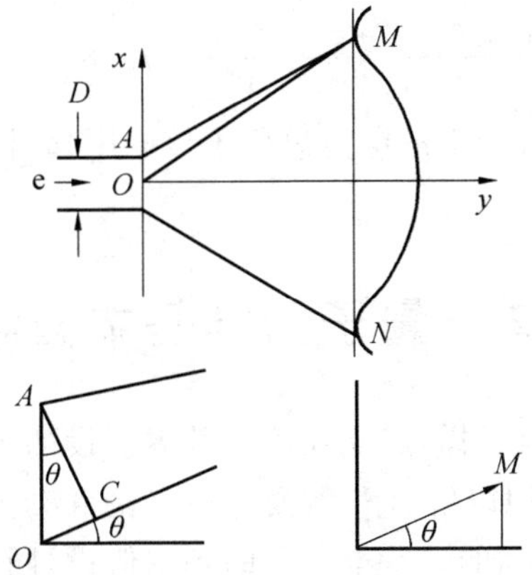

图 1.4　电子单缝衍射示意图

从电子的粒子性考虑,狭缝的衍射会使电子改变运动方向,大部分电子在 $-\theta$ 到 $+\theta$ 范围内。落在屏幕上 M 点附近的电子,在 x 方向的动量变化为 Δp_x,即为 p 在 x 方向的分量 p_x,所以

$$\Delta p_x = p\sin\theta = p\frac{\lambda}{D} = \frac{h}{D}$$

已知关于坐标 x 的不确定度为狭缝的宽度 D,即 $\Delta x = D$,故

$$\Delta x \cdot \Delta p_x \approx h \tag{1.16}$$

这里只考虑落在主峰范围内的一级衍射,如果把这以外的二级衍射也考虑进去,则

$$\Delta x \cdot \Delta p_x \geqslant h \tag{1.17}$$

式(1.17)说明动量的不确定程度乘坐标的不确定程度不小于一常数 h。表明微观粒子不能同时有确定的坐标和动量,当它的某个坐标确定得越准确时,其相应的动量就越不准确,反之亦然。

同样,时间 t 和能量 E 的不确定程度也有类似的不确定关系式:

$$\Delta E \cdot \Delta t \geqslant h \tag{1.18}$$

式中,ΔE 是能量在时间 t_1 和 t_2 时测定的两个值 E_1 和 E_2 之差,它不是在给定时刻的能量不确定,而是测定能量的精确度 ΔE 与测量所需时间 Δt 二者所应满足的关系。

不确定关系式可用于判断哪些物体的运动规律能够用经典力学处理,而哪些则必须用量子力学处理。

说明两点：① 坐标与同一方向上的动量分量不能同时确定，Δx 与 Δp_y、Δp_z 之间不存在上述关系；② 不确定关系在宏观体系中也适用，只不过是测不准量小到了可忽略的程度。

例　（1）质量为 0.01 kg 的子弹，运动速度为 1 000 m·s^{-1}，若速度的不确定程度为其运动速度的 1%，求其位置的不确定程度；（2）运动速度为 1 000 m·s^{-1} 的电子，若速度的不确定程度为其运动速度的 1%，求其位置的不确定程度。

解　$(1)\Delta x=\dfrac{h}{m\Delta v}=\dfrac{6.626\times10^{-34}}{0.01\times1\,000\times1\%}=6.626\times10^{-33}(\mathrm{m})$

这个不确定量很小，所以可以用经典力学处理。

$(2)\Delta x=\dfrac{h}{m\Delta v}=\dfrac{6.626\times10^{-34}}{9.11\times10^{-31}\times1\,000\times1\%}=7.281\times10^{-5}(\mathrm{m})$

此值远远超过在原子和分子中的电子离原子核的距离，因此不能用经典力学进行处理，而应用量子力学进行处理。

1.2　量子力学基本假设

量子力学和其他许多学科一样，建立在若干基本假设的基础上。从这些基本假设出发，可推导出一些重要结论，用以解释和预测许多实验事实。经过半个多世纪实践的考验，这些基本假设被证实是正确的。量子力学的基本假设，同几何学中的公理一样，是不能被证明的，整个量子力学的大厦就建立在这些假设的支柱之上。量子力学的基本假设，至今还没有统一的说法，不同作者在不同的量子力学书上有不同的提法。

1.2.1　波函数

公设 1　体系的状态用坐标和时间变量的函数 Ψ 来描述。这个函数称为波函数（或态函数），并且这些波函数是品优的（单值的、连续的和平方可积的），包含关于体系的可确定的全部知识。

微观体系遵循的规律称为量子力学，因为它的主要特征是能量量子化。对于一个量子力学体系，可以用坐标和时间变量的函数 $\Psi(x,y,z,t)$ 来描述，它包括体系的全部信息。这一函数称为波函数或态函数，简称态。例如，一个粒子的体系，其波函数为 $\Psi(x,y,z,t)$ 或 $\Psi(q,t)$；对于三个粒子的体系，其波函数为 $\Psi(x_1,y_1,z_1,x_2,y_2,z_2,x_3,y_3,z_3,t)$ 或 $\Psi(q_1,q_2,q_3,t)$。其物理意义是，一个波函数 $\Psi(x,y,z,t)$ 代表体系的一个状态；波函数模的平方 $|\Psi(x,y,z,t)|^2$ 代表在空间一点附近单位体积内粒子出现的概率，即概率密度。

波函数 Ψ 可以是复函数，例如，$\Psi=f+\mathrm{i}g$，$\Psi^*=f-\mathrm{i}g$，则

$$|\Psi|^2=\Psi^*\cdot\Psi=(f-\mathrm{i}g)(f+\mathrm{i}g)=f^2+g^2$$

由于空间某点波的强度与波函数绝对值的平方成正比，即在该点附近找到粒子的概率正比于 $\Psi^*\Psi$，所以通常将用波函数 Ψ 描述的波称为概率波，将 $\Psi^*\Psi$ 称为概率密度。

不含时间的波函数 $\psi(x,y,z)$ 称为定态波函数。在原子、分子等体系中，将 $\psi(x,y,z)$

称为原子轨道或分子轨道,概率密度 $\psi^* \psi$ 就是通常所说的电子云,$\psi^* \psi d\tau$ 为空间某点附近微体积元 $d\tau$ 中电子出现的概率。本书中主要讨论定态波函数。

波函数必须是合格波函数或称品优函数,这种合格性必须满足以下条件。

(1)ψ 必须是单值的,即在空间每一点 ψ 只能有一个值(这是由它代表的物理意义所决定的,因为 $|\psi|^2$ 是概率密度,只有单值才有意义)。

(2)ψ 必须是连续的,即 ψ 的值不出现突跃;ψ 及 ψ 对坐标的一阶微商必须是连续的(这是数学上的要求,因为微观粒子满足的波动方程是二阶微分方程)。

(3)ψ 必须是平方可积的(有限的)(这是物理上的要求,因为概率必须是有限的或归一的,通过归一化方法将有限转化为归一)。

归一化:$|\psi(x,y,z)|^2$ 正比于粒子出现在 (x,y,z) 这一点的概率,故在该点附近微体积元 $d\tau$ 内粒子出现的概率为

$$dW = k\,|\psi(x,y,z)|^2 d\tau \tag{1.19}$$

在全空间内找到一个粒子的概率恒等于 1:

$$\int_{\infty} dW = k\int_{\tau} |\psi(x,y,z)|^2 d\tau = 1 \tag{1.20}$$

即

$$\int_{\tau} \psi^* \psi d\tau = \frac{1}{k} \tag{1.21}$$

令

$$\psi' = \sqrt{k}\,\psi$$

所以

$$\int \psi'^* \cdot \psi' d\tau = k\int \psi^* \cdot \psi d\tau = k \cdot \frac{1}{k} = 1 \tag{1.22}$$

式中,ψ' 称为归一化了的波函数;$\sqrt{k} = \dfrac{1}{\sqrt{\int \psi^* \psi d\tau}}$ 称为归一化因子;$\psi_{归一化} = \sqrt{k}\,\psi_{未归一化}$。这个过程称为归一化过程。

在量子力学中,$\psi'(x,y,z)$ 与 $\psi(x,y,z)$ 虽然相差一个常数,但不改变其物理意义,描述的仍然是原来的状态。因为人们关心的是各点概率密度的相对大小,而不是波函数本身数值的大小,虽然 $k\,|\psi(x,y,z)|^2$ 代表各点概率密度均比 $|\psi(x,y,z)|^2$ 增加了 k 倍,但它们在各点的相对比值不变。

1.2.2　算符与力学量

公设 2　每一物理可观测量对应于一个线性厄米(Hermite)算符。为求此算符,用笛卡儿坐标和对应的动量的分量写出可观测的经典力学表达式,然后把每个坐标 x 代以算符 $\hat{x}$,而每个动量分量 p_x 代以算符 $-i\hbar\dfrac{\partial}{\partial x}$。厄米算符这个限制起因于物理量的平均值是实数要求,线性的要求与态的叠加是紧密相连的。

1. 算符的概念

一个算符是一个演算符号,它作用到一个函数上,使这个函数变成另一个新函数。例

如,开平方这个演算以算符 $\sqrt{}$ 表示,当 $\sqrt{}$ 这个算符作用到函数 x^2+a 时,得到一个新函数 $\sqrt{x^2+a}$,而当用另一个算符 $\dfrac{\mathrm{d}}{\mathrm{d}x}$ 作用到 x^2+a 时,得到另一个新函数 $2x$,因此,算符的作用可以表示为

$$（算符）（函数）=（新函数）$$

若以 $\hat{A}$ 表示算符(字母上的符号"^"是算符的记号),$U(x)$ 表示原来的函数,$V(x)$ 表示 $\hat{A}$ 作用于函数 $U(x)$ 后所得的新函数,则以上的演算关系可表示为

$$\hat{A}U(x)=V(x) \tag{1.23}$$

引入算符是量子力学的研究方法,力学量在量子力学中一般都不是用数值变量来表示,而是用作用于波函数的某种算符来表示。

2. 线性算符

满足下列条件的算符称为线性算符:

$$\hat{A}(c_1F_1+c_2F_2)=c_1\hat{A}F_1+c_2\hat{A}F_2 \tag{1.24}$$

式中,c_1 和 c_2 为常数;F_1 和 F_2 为任意函数。

例如,$\dfrac{\mathrm{d}}{\mathrm{d}x}$ 是线性算符,因有

$$\frac{\mathrm{d}}{\mathrm{d}x}(c_1F_1+c_2F_2)=c_1\frac{\mathrm{d}}{\mathrm{d}x}F_1+c_2\frac{\mathrm{d}}{\mathrm{d}x}F_2$$

而算符 $\sqrt{}$ 是非线性算符,因有

$$\sqrt{c_1F_1+c_2F_2}\neq c_1\sqrt{F_1}+c_2\sqrt{F_2}$$

实际上,量子力学中的算符都是线性算符,这是微观粒子的运动性质决定的。并且线性算符的和(差)仍是线性算符。例如,$\hat{T}$ 和 $\hat{V}$ 都是线性算符,所以 $\hat{H}$ 也是线性算符。

3. 厄米算符

量子力学算符除了满足线性要求外,还必须满足下面要讨论的厄米性。

令 $\hat{A}$ 表示物理量 A 的线性算符。对 A 的平均值 $\bar{A}$ 由式子 $\bar{A}=\int\psi^*\hat{A}\psi\mathrm{d}\tau$ 给出(平均值 $\bar{A}$ 的公式在后面具体讨论)。物理量的平均值必须是实数,所以要求

$$\bar{A}=\bar{A}^*$$

$$\int\psi^*\hat{A}\psi\mathrm{d}\tau=\int\psi(\hat{A}\psi)^*\mathrm{d}\tau \tag{1.25}$$

式(1.25)对任何能代表体系可能态的函数 ψ 都必须成立;亦即,它对所有的品优函数 ψ 必须成立。将所有的品优函数满足式(1.25)的线性算符称为厄米算符。

许多书上将厄米算符定义为满足下式的算符

$$\int f^*\hat{A}g\mathrm{d}\tau=\int g(\hat{A}f)^*\mathrm{d}\tau \tag{1.26}$$

式中,f 和 g 为任意的品优函数。

下面证明这两个定义是等价的。

令 $\psi = f + cg$，其中 c 是任意参数，依式(1.25)有

$$\int (f + cg)^* \hat{A}(f + cg) \mathrm{d}\tau = \int (f + cg)[\hat{A}(f + cg)]^* \mathrm{d}\tau \tag{1.27}$$

将式(1.27)两边分别展开：

$$\int (f^* + c^* g^*) \hat{A}f \mathrm{d}\tau + \int (f^* + c^* g^*) \hat{A}cg \mathrm{d}\tau$$

$$= \int (f + cg)(\hat{A}f)^* \mathrm{d}\tau + \int (f + cg)(\hat{A}cg)^* \mathrm{d}\tau$$

$$\int f^* \hat{A}f \mathrm{d}\tau + c^* \int g^* \hat{A}f \mathrm{d}\tau + c\int f^* \hat{A}g \mathrm{d}\tau + cc^* \int g^* \hat{A}g \mathrm{d}\tau$$

$$= \int f(\hat{A}f)^* \mathrm{d}\tau + c\int g(\hat{A}f)^* \mathrm{d}\tau + c^* \int f(\hat{A}g)^* \mathrm{d}\tau + c^* c\int g(\hat{A}g)^* \mathrm{d}\tau$$

最后这个式子中两端的第一项和最末项分别相等，于是

$$c^* \int g^* \hat{A}f \mathrm{d}\tau + c\int f^* \hat{A}g \mathrm{d}\tau = c\int g(\hat{A}f)^* \mathrm{d}\tau + c^* \int f(\hat{A}g)^* \mathrm{d}\tau \tag{1.28}$$

令式(1.28)中 $c = 1$，有

$$\int g^* \hat{A}f \mathrm{d}\tau + \int f^* \hat{A}g \mathrm{d}\tau = \int g(\hat{A}f)^* \mathrm{d}\tau + \int f(\hat{A}g)^* \mathrm{d}\tau \tag{1.29}$$

令式(1.28)中 $c = i$，再除以 i 之后，有

$$-\int g^* \hat{A}f \mathrm{d}\tau + \int f^* \hat{A}g \mathrm{d}\tau = \int g(\hat{A}f)^* \mathrm{d}\tau - \int f(\hat{A}g)^* \mathrm{d}\tau \tag{1.30}$$

将式(1.29)和式(1.30)相加即得式(1.26)。

所以，一个厄米算符 $\hat{A}$ 具有这样的性质：

$$\int \psi_i^* \hat{A} \psi_j \mathrm{d}\tau = \int \psi_j (\hat{A}\psi_i)^* \mathrm{d}\tau \tag{1.31}$$

式中，ψ_i 和 ψ_j 是任意品优函数。

在量子力学的公式表达和推导中，状态波函数与涉及状态波函数的积分使用狄拉克(Dirac)符号十分简洁和方便。使用狄拉克符号时

$$\int \psi_i^* \hat{A} \psi_j \mathrm{d}\tau = \langle \psi_i \mid \hat{A} \mid \psi_j \rangle \tag{1.32}$$

式中，$\mid \psi_j \rangle$ 称为右矢(ket)，对应于 ψ_j；$\langle \psi_i \mid$ 称为左矢(bra)，对应于 ψ_i。

狄拉克

单独的右矢代表体系的一个微观状态，左矢则表示该态的复共轭

$$\langle \psi_i \mid = (\mid \psi_i \rangle)^* \tag{1.33}$$

左、右矢碰在一起表示积分运算

$$\langle \psi_i \mid \psi_j \rangle = \int \psi_i^* \psi_j \mathrm{d}\tau \tag{1.34}$$

用狄拉克符号，厄米算符定义式(1.25)可改写为

$$\langle \psi_i \mid \hat{A} \mid \psi_j \rangle = \langle \hat{A}\psi_i \mid \psi_j \rangle = \langle \psi_j \mid \hat{A}\psi_i \rangle^* = \langle \psi_j \mid \hat{A} \mid \psi_i \rangle^* \tag{1.35}$$

例　证明 $\hat{p}_x$ 是厄米的。

证明　$\hat{p}_x = -i\hbar \dfrac{\partial}{\partial x}$。对于此算符，式(1.31)的左端是 $-i\hbar \displaystyle\int_{-\infty}^{\infty} \psi_i^*(x) \dfrac{\mathrm{d}\psi_j(x)}{\mathrm{d}x} \mathrm{d}x$。

利用分部积分公式:

$$\int_a^b f(x)\frac{\mathrm{d}g(x)}{\mathrm{d}x}\mathrm{d}x = f(x)g(x)\mid_a^b - \int_a^b g(x)\frac{\mathrm{d}f(x)}{\mathrm{d}x}\mathrm{d}x$$

$$f(x) = -\mathrm{i}\hbar\psi_i{}^*(x), \quad g(x) = \psi_j(x)$$

$$-\mathrm{i}\hbar\int_{-\infty}^{\infty}\psi_i{}^*\frac{\mathrm{d}\psi_j}{\mathrm{d}x}\mathrm{d}x = -\mathrm{i}\hbar\psi_i{}^*\psi_j\Big|_{-\infty}^{\infty} + \mathrm{i}\hbar\int_{-\infty}^{\infty}\psi_j(x)\frac{\mathrm{d}\psi_i{}^*(x)}{\mathrm{d}x}\mathrm{d}x$$

既然 ψ_i 和 ψ_j 是品优函数,则它们在 $x = \pm\infty$ 时为零。所以

$$\int_{-\infty}^{\infty}\psi_i{}^*\left(-\mathrm{i}\hbar\frac{\mathrm{d}\psi_j}{\mathrm{d}x}\right)\mathrm{d}x = \int_{-\infty}^{\infty}\psi_j\left(-\mathrm{i}\hbar\frac{\mathrm{d}\psi_i}{\mathrm{d}x}\right)^*\mathrm{d}x$$

这就证明了 $\hat{p}_x$ 是厄米的。

4. 算符化规则

量子力学算符代表对波函数的一种运算。量子力学提出算符化规则:经典力学中的物理量如总能量、动能、势能、动量、动量的分量等,在量子力学中都有一个算符与之相对应。微观粒子的坐标和动量受不确定关系制约,它们不能同时有确定值。因此,坐标和动量只允许其中之一表示为经典的数值量,另外一个必须表示为算符。何者表示为算符取决于表象的选择。量子力学可选用两种表象:坐标表象和动量表象。处理分子的结构、化学键和化学反应问题,涉及分子中原子的确定位置及其变化,故量子化学中主要采用坐标表象。在坐标表象下,经典表示式依下列两条规则进行算符化。

规则 1:时空、坐标的算符就是它本身,即

$$\hat{x} = x, \quad \hat{y} = y, \quad \hat{z} = z, \quad \hat{t} = t \tag{1.36}$$

规则 2:动量算符,即

$$\hat{p}_x = -\mathrm{i}\hbar\frac{\partial}{\partial x} \tag{1.37}$$

$$\hat{p}_y = -\mathrm{i}\hbar\frac{\partial}{\partial y} \tag{1.38}$$

$$\hat{p}_z = -\mathrm{i}\hbar\frac{\partial}{\partial z} \tag{1.39}$$

物理量的经典表示式总可以写成关于坐标、动量、时间的函数 $Q(x,y,z,p_x,p_y,p_z,t)$,那么量子力学算符就可以从这些物理量的经典表示式依上述两条规则进行算符化,即

$$Q(x,y,z,p_x,p_y,p_z,t) \Rightarrow \hat{Q}(x,y,z,\hat{p}_x,\hat{p}_y,\hat{p}_z,t) \tag{1.40}$$

以一维运动的势能 $V(x)$ 和动能 T 为例,由于 V 只是坐标 x 的函数,T 却是 p_x 的函数,因此

$$\hat{V} = V(x)$$

$$\hat{T} = \frac{\hat{p}^2}{2m} = -\frac{\hbar^2}{2m}\left(\frac{\partial^2}{\partial x^2} + \frac{\partial^2}{\partial y^2} + \frac{\partial^2}{\partial z^2}\right) = -\frac{\hbar^2}{2m}\nabla^2$$

$$\hat{H} = -\frac{\hbar^2}{2m}\nabla^2 + \hat{V}$$

5. 角动量的算符表示

角动量在原子结构的量子力学中特别重要。

考虑一质量为 m 的运动粒子。建立固定于空间的笛卡儿坐标系,令 r 为粒子从原点到瞬时位置的矢量,有

$$r = ix + jy + kz \tag{1.41}$$

式中,x、y 和 z 是粒子在一给定瞬间的坐标。这些坐标是时间的函数,并定义速度矢量 v 为位置矢量的时间导数:

$$v = \frac{dr}{dt} = i\frac{dx}{dt} + j\frac{dy}{dt} + k\frac{dz}{dt} \tag{1.42}$$

线动量矢量定义为

$$p = mv \tag{1.43}$$

$$p_x = mv_x, \quad p_y = mv_y, \quad p_z = mv_z \tag{1.44}$$

粒子的角动量定义为

$$M = r \times p \tag{1.45}$$

利用式 (1.41) 及

$$p = ip_x + jp_y + kp_z \tag{1.46}$$

和

$$i \times j = k, \quad j \times i = -k, \quad i \times i = 0, \quad \cdots$$

等关系可导出

$$M = (ix + jy + kz) \times (ip_x + jp_y + kp_z)$$
$$= i(yp_z - zp_y) + j(zp_x - xp_z) + k(xp_y - yp_x)$$

$$M = \begin{vmatrix} i & j & k \\ x & y & z \\ p_x & p_y & p_z \end{vmatrix} \tag{1.47}$$

或

$$M = iM_x + jM_y + kM_z \tag{1.48}$$

$$M_x = yp_z - zp_y \tag{1.49}$$

$$M_y = zp_x - xp_z \tag{1.50}$$

$$M_z = xp_y - yp_x \tag{1.51}$$

从式 (1.49) ~ (1.51) 可直接写出

$$\hat{M}_x = -i\hbar\left(y\frac{\partial}{\partial z} - z\frac{\partial}{\partial y}\right) \tag{1.52}$$

$$\hat{M}_y = -i\hbar\left(z\frac{\partial}{\partial x} - x\frac{\partial}{\partial z}\right) \tag{1.53}$$

$$\hat{M}_z = -i\hbar\left(x\frac{\partial}{\partial y} - y\frac{\partial}{\partial x}\right) \tag{1.54}$$

$$\hat{M} = -i\hbar \begin{vmatrix} i & j & k \\ x & y & z \\ \dfrac{\partial}{\partial x} & \dfrac{\partial}{\partial y} & \dfrac{\partial}{\partial z} \end{vmatrix} \tag{1.55}$$

角动量平方算符

$$\hat{M}^2 = \hat{M}_x^2 + \hat{M}_y^2 + \hat{M}_z^2 \tag{1.56}$$

$$\hat{M}^2 = -\hbar^2\left[\left(y\frac{\partial}{\partial z} - z\frac{\partial}{\partial y}\right)^2 + \left(z\frac{\partial}{\partial x} - x\frac{\partial}{\partial z}\right)^2 + \left(x\frac{\partial}{\partial y} - y\frac{\partial}{\partial x}\right)^2\right] \tag{1.57}$$

式(1.57)是角动量平方算符的直角坐标表示式,但有时使用其球极坐标表示式更方便(图 1.5)。

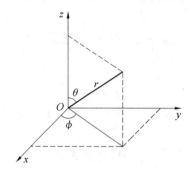

图 1.5　相对球极坐标

利用直角坐标与球极坐标的变量关系

$$x = r\sin\theta\cos\varphi$$
$$y = r\sin\theta\sin\varphi$$
$$z = r\cos\theta$$
$$r^2 = x^2 + y^2 + z^2$$

可导出

$$\hat{M}^2 = -\hbar^2\left(\frac{\partial^2}{\partial\theta^2} + \cot\theta\frac{\partial}{\partial\theta} + \frac{1}{\sin^2\theta}\frac{\partial^2}{\partial\varphi^2}\right) \tag{1.58}$$

或

$$\hat{M}^2 = -\hbar^2\left[\frac{1}{\sin\theta}\frac{\partial}{\partial\theta}\left(\sin\theta\frac{\partial}{\partial\theta}\right) + \frac{1}{\sin^2\theta}\frac{\partial^2}{\partial\varphi^2}\right] \tag{1.59}$$

1.2.3　本征方程(薛定谔方程)

公设 3　从物理可观测量 A 的测量可得到的仅有可能值是下列方程式的本征值 a_i:

$$\hat{A}\varphi_i = a_i\psi_i \tag{1.60}$$

式中, $\hat{A}$ 是对应于性质 A 的算符;要求本征函数 ψ_i 是品优的。

本书主要讲解原子和分子的能级。这主要是由能量算符即哈密顿 (Hamilton)算符 $\hat{H}$ 的本征值给出。$\hat{H}$ 的本征方程 $\hat{H}\varphi = E\psi$ 是不含时间的薛定谔方程。而求任何性质的可能值都涉及解本征方程。

薛定谔方程是量子力学的基本运动方程,它相当于经典力学中的牛顿第二定律公式 $F = ma$。在量子化学计算中,无论是采用分子轨道(MO)法,价键(VB)法或密度泛函理论(DFT),核心问题都是薛定谔方程的近似求解。

哈密顿

定态薛定谔方程的表达形式是

$$\hat{H}\psi = E\psi \tag{1.61}$$

式中，E 为体系的能量；$\psi = \psi(x, y, z)$ 为定态波函数。

薛定谔方程并不能通过逻辑推导获得，只能用某些特殊体系的大胆推广做一些类比说明。设想沿 x 方向运动的具有一定能量 E 和动量 p 的自由粒子运动，相当于一个平面单色波，其波函数可以写成实函数形式：

$$\begin{aligned}
\psi &= A\cos 2\pi\left(\frac{x}{\lambda} - \nu h t\right) \\
&= A\cos 2\pi\left(\frac{x p_x}{h} - \frac{E}{h}t\right) \\
&= A\cos \frac{2\pi}{h}(x p_x - Et) \\
&= A\cos \frac{1}{\hbar}(x p_x - Et)
\end{aligned} \tag{1.62}$$

$$\frac{\mathrm{d}\psi}{\mathrm{d}x} = -\frac{p_x}{\hbar}A\sin\frac{1}{\hbar}(x p_x - Et)$$

$$\frac{\mathrm{d}^2\psi}{\mathrm{d}x^2} = -\frac{p_x^2}{\hbar^2}A\cos\frac{1}{\hbar}(x p_x - Et) = -\frac{p_x^2}{\hbar^2}\psi \tag{1.63}$$

令 T 代表动能，$T = \dfrac{p_x^2}{2m}$，代入式（1.63）得

$$\frac{\mathrm{d}^2\psi}{\mathrm{d}x^2} = -\frac{2m}{\hbar^2}T\psi \tag{1.64}$$

这是一维自由粒子满足的方程。自由粒子是有一定的动能 T 而势能 $V=0$ 的粒子，所以这个方程只有动能项而没有势能项，要想得到对非自由粒子也适用的方程，必须使方程中含有势能项，为此将 $T = E - V$ 代入式（1.64）得

$$\frac{\mathrm{d}^2\psi}{\mathrm{d}x^2} = -\frac{2m}{\hbar^2}(E-V)\psi \left(\text{或写为}\left(-\frac{\hbar^2}{2m}\frac{\mathrm{d}^2}{\mathrm{d}x^2} + V\right)\psi = E \cdot \psi\right) \tag{1.65}$$

式（1.65）是在 x 方向运动的能量为 E 的粒子满足的薛定谔方程，推广到三维空间得

$$\left[-\frac{\hbar^2}{2m}\left(\frac{\partial^2}{\partial x^2} + \frac{\partial^2}{\partial y^2} + \frac{\partial^2}{\partial z^2}\right) + V\right]\psi = E \cdot \psi \tag{1.66}$$

任何定态波函数都必须满足此基本方程，方程中的势能是坐标的函数，其形式视具体情况而定。

1. 本征方程和本征函数

假设用算符 $\hat{A}$ 作用于某函数 $f(x)$ 的效果只简单地为某常数 a 乘 $f(x)$，即

$$\hat{A}f(x) = af(x) \tag{1.67}$$

那么，此方程称为本征方程，$f(x)$ 称为算符 $\hat{A}$ 的本征函数，常数 a 称为本征值。

对同一算符 $\hat{A}$，不同的本征值 a_i 可对应不同的本征函数 f_i。例如，e^{2x} 算符是 $\dfrac{\mathrm{d}}{\mathrm{d}x}$ 的一

个本征值为 2 的本征函数;而 e^{3x} 算符是 $\dfrac{d}{dx}$ 的另一个本征值为 3 的本征函数。

下面来求 $\dfrac{d}{dx}$ 的所有本征函数和本征值。这时式(1.67) 变为

$$\frac{df(x)}{dx} = af(x) \qquad\qquad (1.68)$$

$$\frac{df(x)}{f(x)} = a\,dx$$

$$\ln f(x) = ax + 常数$$

$$f(x) = e^{常数} \cdot e^{ax}$$

$$f(x) = ce^{ax} \qquad\qquad (1.69)$$

式(1.69) 给出 $\dfrac{d}{dx}$ 的本征函数,本征值是 a,它可以是任意数而仍能满足式(1.69)。本征函数含一任意相乘常数 c。从这里可以看到,本征方程是某算符 $\hat{A}$ 的所有本征值的集合所满足的方程,即本征函数和本征值是一系列的。例如,类氢离子的本征方程 $\hat{H}\psi = E\psi$ 的解 $\psi_1,\psi_2,\psi_3,\cdots$ 对应的本征值为 $E_1,E_2,E_3,\cdots$,即存在

$$\hat{H}\psi_1 = E_1\psi_1$$

$$\hat{H}\psi_2 = E_2\psi_2$$

$$\hat{H}\psi_3 = E_3\psi_3$$

$$\cdots$$

2. 厄米算符本征函数的本征值

定理　厄米算符本征函数的本征值是实数。

下边来证明这个定理:设厄米算符 $\hat{A}$ 的本征值为 a,即

$$\hat{A}\psi = a\psi$$

对于等式两边取共轭

$$\hat{A}^*\psi^* = a^*\psi^*$$

于是

$$\int \psi^*(\hat{A}\psi)\,d\tau = a\int \psi^*\psi\,d\tau$$

$$\int \psi(\hat{A}^*\psi^*)\,d\tau = a^*\int \psi^*\psi\,d\tau$$

因 $\hat{A}$ 是厄米的,故有

$$\int \psi^*(\hat{A}\psi)\,d\tau = \int \psi(\hat{A}\psi)^*\,\psi\,d\tau$$

于是

$$a\int \psi^*\psi\,d\tau = a^*\int \psi^*\psi\,d\tau$$

$$a = a^*$$

即 a 为实数。

1.2.4　态叠加原理

公设 4　若 $\varphi_1, \varphi_2, \varphi_3, \cdots, \varphi_n$ 是某量子体系的可能态,那么它们的线性组合 $\psi = \sum_i c_i \varphi_i$ 也是此体系的可能态,其中 c_i 是常数。换言之,一个概率波可以表示为几个概率波的叠加。例如若一个概率波可以表示为两个概率波的叠加,如果 $\hat{A}$ 是表示物理可观测量的任一线性厄米算符,则本征方程

$$\hat{A}\varphi_i = a_i \varphi_i$$

的本征函数构成一完备集。此公设允许将任何状态的波函数展开为任一量子力学算符的本征函数的叠加:

$$\psi = \sum_i c_i \varphi_i \tag{1.70}$$

如果有多于一个的独立本征函数具有同一本征值,则称这些本征函数是简并的。简并本征函数的数目称为简并度。

首先证明算符 $\hat{A}$ 的本征函数 φ_i 乘一个常数 c 后,所得新函数 $c\varphi_i$ 与 φ_i 有相同的本征值。由 $\hat{A}\varphi_i = a_i\varphi_i$,现将 $\hat{A}$ 作用于 $c\varphi_i$,则有

$$\hat{A}(c\varphi_i) = c(\hat{A}\varphi_i) = ca_i\varphi_i = a_i(c\varphi_i) \tag{1.71}$$

定理　厄米算符简并本征函数的任意线性组合,所得新函数仍是该算符具有原本征值的本征函数。

证明:设有 n 个独立波函数 $\varphi_1, \varphi_2, \varphi_3, \cdots, \varphi_n$,它们的本征值都是 a,则

$$\hat{A}\varphi_1 = a\varphi_1, \quad \hat{A}\varphi_2 = a\varphi_2, \quad \cdots, \quad \hat{A}\varphi_n = a\varphi_n \tag{1.72}$$

这 n 个函数的任意线性组合所得新函数为

$$\psi = c_1\varphi_1 + c_2\varphi_2 + \cdots + c_n\varphi_n = \sum_i c_i\varphi_i \tag{1.73}$$

将 $\hat{A}$ 作用于 ψ,得

$$\hat{A}\psi = \hat{A}\sum_i c_i\varphi_i = \sum_i c_i\hat{A}\varphi_i = \sum_i c_i a\varphi_i = a\sum_i c_i\varphi_i = a\psi \tag{1.74}$$

上述定理得证。

若另

$$\psi = c_1\varphi_1 + c_2\varphi_2 \tag{1.75}$$

则 ψ 可能单纯地以 φ_1 的形式($c_2 = 0$)或者单纯地以 φ_2 的形式($c_1 = 0$)出现,如果 φ_1、φ_2 都是归一化了的,那么 $|c_1|^2$ 和 $|c_2|^2$ 分别是 ψ 以 φ_1 和 φ_2 的形式出现的概率,式(1.75)中的 c_1 和 c_2 称为叠加成分 φ_1 和 φ_2 的权重。

显然,上面的定理可以看成是态叠加原理的一个特例。而厄米算符 $\hat{A}$ 的非简并本征

函数的线性组合,所得新函数已不再是 $\hat{A}$ 的本征态。

例如,氢原子的 φ_{1s} 和 φ_{2s} 的线性组合为

$$\psi = c_1\varphi_{1s} + c_2\varphi_{2s}$$

ψ 仍是该体系的一个可能态,但从

$$\hat{H}\psi = c_1\hat{H}\varphi_{1s} + c_2\hat{H}\varphi_{2s} = c_1E_{1s}\varphi_{1s} + c_2E_{2s}\varphi_{2s}$$

可见 ψ 不是 $\hat{H}$ 的本征态。

1. 厄米算符非简并本征函数的正交性

定理　同一厄米算符非简并本征函数相互正交。

给出

$$\hat{A}\varphi_i = a_i\varphi_i, \qquad \hat{A}\varphi_j = a_j\varphi_j \tag{1.76}$$

式中,φ_i 和 φ_j 是 $\hat{A}$ 的两个独立的本征函数,且 $a_i \neq a_j$,因为 $\hat{A}$ 是厄米的,所以有

$$\int \varphi_i{}^* \hat{A}\varphi_j \mathrm{d}\tau = \int \varphi_j (\hat{A}\varphi_i)^* \mathrm{d}\tau$$

$$a_j\int \varphi_i{}^* \varphi_j \mathrm{d}\tau = a_i{}^* \int \varphi_j\varphi_i{}^* \mathrm{d}\tau$$

又因为

$$a_i{}^* = a_i$$

$$(a_i - a_j)\int \varphi_i{}^* \varphi_j \mathrm{d}\tau = 0$$

已知

$$a_i - a_j \neq 0$$

所以

$$\int \varphi_i{}^* \varphi_j \mathrm{d}\tau = 0 \tag{1.77}$$

2. 同一厄米算符简并本征函数的正交性

前面证明了厄米算符对应的非简并本征函数是正交的。在简并的情况下,有多于一个的独立本征函数具有同一本征值。通常情况下,简并本征函数不一定都是正交的,可以利用施密特(Schmidt)正交性方法构成彼此正交的本征函数。这是因为对应于简并本征值的本征函数的任一线性组合也是同一本征值的本征函数。现假定 φ_i 和 φ_j 是具有同一本征值的独立的本征函数:

$$\hat{A}\varphi_i = a\varphi_i, \qquad \hat{A}\varphi_j = a\varphi_j \tag{1.78}$$

取 φ_i 和 φ_j 的线性组合,以形成将会是彼此正交的新的本征函数 G 和 F。若选 $F = \varphi_i$,而 G 可以写为

$$G = \varphi_j + c\varphi_i \tag{1.79}$$

将选定常数 c 以确保正交性。要想 $\int F^* G\mathrm{d}\tau = 0$,即

$$\int \varphi_i{}^* (\varphi_j + c\varphi_i) \mathrm{d}\tau = \int \varphi_i{}^* \varphi_j \mathrm{d}\tau + c\int \varphi_i{}^* \varphi_i \mathrm{d}\tau = 0$$

于是

$$c = -\frac{\displaystyle\int \varphi_i{}^* \varphi_j \mathrm{d}\tau}{\displaystyle\int \varphi_i{}^* \varphi_i \mathrm{d}\tau} \tag{1.80}$$

如此即有对应于简并本征值的两个正交本征函数 G 和 F。这个方法称为施密特正交性，可推广到 n 重简并的情况。今后如果没有特别说明，总是假定已选定了正交的本征函数。同样，如果没有特别说明，总是假定已选定了归一化了的本征函数，即

$$\int \varphi_i{}^* \varphi_j \mathrm{d}\tau = \delta_{ij} = \begin{cases} 1 & i=j \\ 0 & i \neq j \end{cases} \tag{1.81}$$

式中，克罗内克 δ_{ij} 符号表示正交归一。

3. 厄米算符本征函数的完备性

一个厄米算符的所有本征函数都相互正交和归一化。厄米算符本征函数组成了一个正交归一的函数集合的性质称为厄米算符本征函数的完备性。有时也称厄米算符的本征函数组成了一个正交归一的完备集合。

厄米算符本征函数的完备性有两层含义：① 除了这几个函数以外，再找不到有相同域和有相同边界条件的函数与集合中函数正交；② 集合中每一个函数都不含有其他函数的成分。这些函数是线性无关的，其中任一函数都不能用其他函数的线性组合表示。下面用反证法加以说明。

假设集合 $\{\varphi_i\}$ 中的 $\varphi_1 = c_2\varphi_2 + c_3\varphi_3 + \cdots + c_n\varphi_n$，依正交性 $\int \varphi_2{}^* \varphi_1 \mathrm{d}\tau = 0$，即

$$c_2 \int \varphi_2{}^* \varphi_2 \mathrm{d}\tau + c_3 \int \varphi_2{}^* \varphi_3 \mathrm{d}\tau + \cdots + c_n \int \varphi_2{}^* \varphi_n \mathrm{d}\tau = 0$$

其中，第一项积分等于 1，其余项积分为零，要使等式成立，必有：$c_2 = 0$。

类似地可推出：$c_3 = 0, c_4 = 0, \cdots, c_n = 0$。所以 φ_1 不能用其他函数 $\varphi_2, \varphi_3, \cdots, \varphi_n$ 线性表示。

4. 任意函数向正交归一函数集合的展开

厄米算符的本征函数集合具有完备性，那么任一品优函数都能按这些本征函数展开，称为展开定理。当然这任一品优函数的定义域和边界值必须与这个集合中函数相同。所谓展开定理，实际上也可以理解为态叠加原理的一个推论。因为任一波函数所谓向被观测力学量算符本征函数完备集合的展开，也就是把该波函数表示成这些本征函数叠加的结果。当然，展开定理和态叠加原理相比，应该说态叠加原理更加普遍一些。因为在态的普遍叠加原理数学表达式里，作为叠加成分的 φ_i 并非一定是本征函数，而只需是体系的可能状态就可以了；另外，对于其下角标 i，也无须对应这些状态函数的完备集合。数学上，对于按正交归一完备集合的本征函数展开，其可能性是能够严格证明的，但这里仅简单叙述有关展开定理的数学依据，在以被测力学量算符正交归一完备集合的本征函数为基矢所支撑起来的多维线性函数空间里，体系的任一状态函数，当然可由这些基矢来线性

组合表示。

下面推导组合系数的公式。设

$$\psi = \sum_{i=1}^{n} c_i \varphi_i \quad i = 1, 2, \cdots, n \tag{1.82}$$

于是

$$\int \varphi_m{}^* \psi \mathrm{d}\tau = \sum_i c_i \int \varphi_m{}^* h \varphi_i \mathrm{d}\tau = \sum_i c_i \delta_{mi} \quad m = 1, 2, \cdots, n \tag{1.83}$$

只有当 $i = m$ 时，$\delta_{mi} = 1$，此外 $m \neq i$ 时，$\delta_{mi} = 0$。所以

$$c_m = \int \varphi_m{}^* \psi \mathrm{d}\tau \tag{1.84}$$

这便是组合系数公式。

组合系数的物理意义：$|c_m|^2$ 代表第 m 个状态 φ_m 出现的概率。具体而言，当 ψ 不是该算符的本征态时，则相应的展开系数模的平方 $|c_m|^2$，正是所测量的力学量算符 $\hat{A}$，取第 m 个本征值 a_m 这一结果的概率：

$$|c_m|^2 = w(a_m) = |\langle \varphi_m | \psi \rangle|^2 \tag{1.85}$$

证明如下：

对任一状态，已设 $\psi = \sum_{i=1} c_i \varphi_i \quad i = 1, 2, \cdots, n$。对算符 $\hat{A}$，设取第 m 个本征值 a_m 的概率为 $w(a_m)$，则由于 $\int \psi^* \psi \mathrm{d}\tau = 1$，即总概率为 1，所以有

$$w(a_1) + w(a_2) + \cdots + w(a_n) = 1 \tag{1.86}$$

再令

$$\psi^* = \sum_j c_j{}^* \varphi_j{}^*$$

则

$$\begin{aligned}
\int \psi^* \psi \mathrm{d}\tau &= \int \left(\sum_j c_j{}^* \varphi_j{}^* \right) \left(\sum_i c_i \varphi_i \right) \mathrm{d}\tau \\
&= \sum_i \sum_j c_j{}^* c_i \int \varphi_j{}^* \varphi_i \mathrm{d}\tau \\
&= \sum_i \sum_j c_j{}^* c_i \delta_{ij} \\
&= \sum_i |c_i|^2 = 1
\end{aligned} \tag{1.87}$$

由式(1.86)和式(1.87)可得

$$|c_m|^2 = w(a_m) \quad m = 1, 2, \cdots, n \tag{1.88}$$

有了展开定理，才能讨论量子力学的测量理论，也才能明确测量值、本征值、确定值及平均值的区分与关系。欲测某算符力学量 L，体系所处的状态 ψ 存在两种情况：若恰巧是该力学量算符的某一本征态 φ_j，测量值必定有确定值，且一定是这个本征态所属的本征值 a_j，这是因为有本征方程 $\hat{A} \varphi_j = a_j \varphi_j$；若体系所处的状态 ψ 不是力学量算符 $\hat{A}$ 的本征态，展开定理 ψ 可以用本征态 φ_i 展开为 $\psi = \sum_i c_i \varphi_i$，则测量 A 得到对应的本征值 a_i 的概率，

正是展开系数 c_i 模的平方,这种情况下测量值不再是确定值,而是以一定概率测得某个本征值,当对许多等同样品进行测量时,其总的结果必将是一个统计平均值:

$$\overline{A} = \int \psi^* \hat{A} \psi \mathrm{d}\tau = \sum_i | c_i |^2 a_i \tag{1.89}$$

综上所述,体系处在量子状态时,对力学量 A 进行测量,一般可以有许多可能值,但无论如何,它们每次测量的结果只能是 $\hat{A}$ 的本征值 $a_1, a_2, \cdots, a_n$ 中的任一个,其中得到 a_i 的概率为 $| c_i |^2$。

5. 平均值

平均值公式前面已给出:

$$\overline{A} = \int \psi^* \hat{A} \psi \mathrm{d}\tau (\psi \text{ 已归一化}) \tag{1.90}$$

下面推导这个公式。

假定现在对任意态 $\psi = \sum_i c_i \varphi_i$ 进行 N 次测量,显然 N 相当大。已知 $\hat{A}\varphi_i = a_i \varphi_i$,在测量中,$a_i$ 出现 n 次,则 $\overline{A}$ 定义为观测结果的算术平均值,即

$$\overline{A} = \frac{\sum\limits_i n_i a_i}{N} = \sum_i \frac{n_i}{N} a_i = \sum_i w_i a_i \tag{1.91}$$

式中,w_i 代表 a_i 出现的概率。又因为

$$\psi = \sum_i c_i \varphi_i, \qquad \psi^* = \sum_j c_j{}^* \varphi_j{}^* \tag{1.92}$$

则

$$
\begin{aligned}
\int \psi^* \hat{A} \psi \mathrm{d}\tau &= \sum_j c_j \sum_i c_i \int \varphi_j{}^* \hat{A} \varphi_i \mathrm{d}\tau \\
&= \sum_i \sum_j c_i c_j a_i \int \varphi_j{}^* \varphi_i \mathrm{d}\tau \\
&= \sum_i \sum_j c_i c_j a_i \delta_{ij} \\
&= \sum_i | c_i |^2 a_i \\
&= \sum_i w_i a_i \\
&= \overline{A}
\end{aligned}
\tag{1.93}
$$

当 ψ 未归一化时,式(1.93)变为

$$\overline{A} = \frac{\int \psi^* \hat{A} \psi \mathrm{d}\tau}{\int \psi^* \psi \mathrm{d}\tau} \tag{1.94}$$

显然 $\overline{A}$ 必为实数。这是因为 $\overline{A} = \sum_i | c_i |^2 a_i$,而 a_i 是实数,其代数和仍为实数。

求平均值的 ψ 只是空间波函数,当用含时波函数 Ψ 时,$\Psi = \psi \mathrm{e}^{\frac{-\mathrm{i}Et}{\hbar}}$,

$$\overline{A} = \int \Psi^* \hat{A} \Psi d\tau = e^{\frac{iEt}{\hbar}} \cdot e^{\frac{-iEt}{\hbar}} \int \psi^* \hat{A} \psi d\tau$$

$$= \int \psi^* \hat{A} \psi d\tau \tag{1.95}$$

所以只用空间波函数即可。

总之,一个微观体系的所有可能态可分为本征态和非本征态。对于本征态,力学量 A 有确定值,其确定值就是它的本征值;对于非本征态,A 没有确定值,只有可能值,总的测量只能得到平均值。

1.3 一维势箱中的粒子

1.3.1 薛定谔方程的建立

一个质量为 m 的粒子,在长度为 l 的一维势箱内运动,粒子在箱内的势能为零,在箱外任何处,粒子的势能都为无穷大。由于粒子的势能不可能为无穷大,因此粒子将始终在箱内运动。用这种模型处理某些共轭分子时,可以取得一定的成功。

对粒子在一维势箱中的运动,可以分三个区域加以研究(图 1.6)。

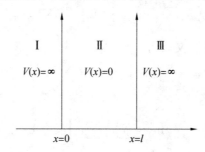

图 1.6 粒子在一维势箱中的运动

在区域 Ⅰ 和 Ⅲ 内,$V(x) = \infty$,因此这两个区域的质点的薛定谔方程为

$$\frac{d^2\psi}{dx^2} + \frac{2m}{\hbar^2}(E_x - \infty)\psi = 0 \tag{1.96}$$

由于 E_x 和 ∞ 相比,可忽略不计,即得到

$$\frac{d^2\psi}{dx^2} = \infty \psi$$

即

$$\psi = \frac{1}{\infty} \frac{d^2\psi}{dx^2} \tag{1.97}$$

因此在势箱之外

$$\psi_{\text{Ⅰ}} = 0, \quad \psi_{\text{Ⅲ}} = 0$$

对于区域 Ⅱ,x 是在 0 到 l 之间,势能函数 $V(x) = 0$,因此质点的薛定谔方程可写为

$$\frac{d^2\psi_{\text{Ⅱ}}}{dx^2} + \frac{2m}{\hbar^2} E_x \psi_{\text{Ⅱ}} = 0 \tag{1.98}$$

式中,E_x 是总能量;ψ_{II} 是质点在区域 II 内的波函数,

$$\psi_{\text{II}} = c_1 e^{\frac{i}{\hbar}\sqrt{2mE_x}\,x} + c_2 e^{-\frac{i}{\hbar}\sqrt{2mE_x}\,x} \tag{1.99}$$

1.3.2　薛定谔方程的求解

为了方便对式(1.98)的薛定谔方程进行数学求解,令

$$\theta = \frac{1}{\hbar}\sqrt{2mE_x}\,x \tag{1.100}$$

$$\psi_{\text{II}} = c_1 e^{i\theta} + c_2 e^{-i\theta} \tag{1.101}$$

于是按欧拉(Euler)公式有

$$\begin{aligned}
\psi_{\text{II}} &= c_1\cos\theta + ic_1\sin\theta + c_2\cos\theta - ic_2\sin\theta \\
&= (c_1 + c_2)\cos\theta + (ic_1 - ic_2)\sin\theta \\
&= A\cos\theta + B\sin\theta
\end{aligned} \tag{1.102}$$

其中,A 和 B 是新的任意常数。因此

$$\psi_{\text{II}} = A\cos\left(\frac{1}{\hbar}\sqrt{2mE_x}\,x\right) + B\sin\left(\frac{1}{\hbar}\sqrt{2mE_x}\,x\right) \tag{1.103}$$

可用边界条件求 A 和 B,根据波函数的连续性,有

$$\lim_{x\to 0}\psi_{\text{I}} = \lim_{x\to 0}\psi_{\text{II}}$$

由于 $\psi_{\text{I}}(0)=0$,所以

$$0 = \lim_{x\to 0}(A\cos\theta + B\sin\theta)$$

$$0 = A$$

所以

$$\psi_{\text{II}} = B\sin\theta \tag{1.104}$$

再利用

$$\begin{cases}
\psi_{\text{II}}(l) = \psi_{\text{III}}(l) = 0 \\
\psi_{\text{II}}(l) = B\sin\left(\frac{1}{\hbar}\sqrt{2mE_x}\,l\right) = 0
\end{cases} \tag{1.105}$$

即

$$\frac{2\pi}{h}\cdot\sqrt{2mE_x}\cdot l = n\pi \quad n = \pm 1, \pm 2, \cdots \tag{1.106}$$

n 不能等于 0,因为 $n=0$ 将导致 $\psi_{\text{II}}=0$。

由式(1.106)得到

$$E_n = \frac{n^2 h^2}{8ml^2} \quad n = 1,2,3,\cdots \tag{1.107}$$

式中,n 为量子数,即实现了能量的量子化。

将式(1.107)代入式(1.104),得

$$\psi_{\text{II}} = B\sin\frac{n\pi x}{l} \quad n = 1,2,3,\cdots \tag{1.108}$$

n 没有取负值,因为负号不给出其他独立解,对于 $\sin\dfrac{-n\pi x}{l} = -\sin\dfrac{n\pi x}{l}$,只单纯地得一常

数－1去乘带有正号的解。

下面用归一化条件求 B 值：

$$|B|^2 \int_0^l \sin^2 \frac{n\pi x}{l} \mathrm{d}x = 1$$

$$B = \sqrt{\frac{2}{l}}$$

$$\psi_{II} = \sqrt{\frac{2}{l}} \sin \frac{n\pi x}{l} \quad n = 1,2,3,\cdots \tag{1.109}$$

图1.7所示为由式(1.109)计算的前几个波函数和相应的概率密度及能级。图中除 $x=0$ 和 $x=l$ 两端外,中间 $\psi=0$ 的点称为节点,ψ_n 有 $n-1$ 个节点。

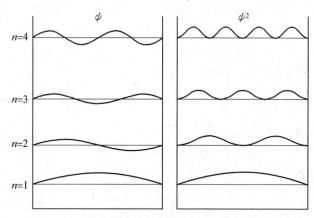

图1.7　一维势箱中粒子的能级、波函数和概率密度

1.3.3　解的讨论

(1) 微观粒子的能量是量子化的,能级由量子数确定,$n=1$ 的最低能态为基态,其他能态为激发态。能级与波函数一一对应。体系的全部合理解构成正交归一完全集。

$$E_1 = \frac{h^2}{8ml^2}; \quad \psi_1 = \sqrt{\frac{2}{l}} \sin \frac{\pi x}{l}$$

$$E_2 = \frac{4h^2}{8ml^2}; \quad \psi_2 = \sqrt{\frac{2}{l}} \sin \frac{2\pi x}{l}$$

$$E_3 = \frac{9h^2}{8ml^2}; \quad \psi_3 = \sqrt{\frac{2}{l}} \sin \frac{3\pi x}{l}$$

$$\cdots$$

(2) 能级差与粒子质量成反比,与粒子运动范围的平方成反比。这表明量子化是微观世界的特征。当 m、l 增大到宏观的数量时,量子效应消失,体系变为宏观体系。$E_n = \frac{n^2 h^2}{8ml^2}$ 表明对于给定的 n 来说,E_n 与 l^2 成反比,粒子运动范围增大,能量降低。这正是化学中大 π 键离域能的来源。

(3) 基态能量 $E_1 = \frac{h^2}{8ml^2}$ 表明体系有一份永远不可被剥夺的能量,即零点能。这是不确定关系的必然结果。

（4）能量（或概率密度）不随时间变化的状态为定态，定态与驻波相联系。所以，由德布罗意关系式 $\lambda = h/p$ 和驻波条件 $n(\lambda/2) = l$ 也能得到能级公式：

$$E_n = \frac{p^2}{2m} = \frac{\left(\frac{h}{\lambda}\right)^2}{2m} = \frac{h^2 \frac{n^2}{4l^2}}{2m} = \frac{n^2 h^2}{8ml^2}$$

（5）波函数可以有正负变化，但概率密度总是非负。概率密度为零的点或面（边界处除外）称为节点或节面，一般来说，节点或节面越多的状态波长越短，频率越高，能量越大。

1.3.4　一维势箱模型的应用

例　在讨论多烯烃 H—(CH=CH)$_k$—H 的 π 电子结构时，曾提出自由电子模型，即假定大 π 键电子是在长度为 l 的一维势箱中运动的自由电子，试求它的能级和波函数。

解　多烯烃分子的主链上共有 $2k-1$ 个碳碳键和 2 个碳氢键，假定 d 为每一个键的平均键长，则

$$l = (2k+1)d$$

$$E_n = \frac{n^2 h^2}{8ml^2} = \frac{h^2}{8md^2} \cdot \frac{n^2}{(2k+1)^2}$$

$$\psi_n = \sqrt{\frac{2}{(2k+1)d}} \sin \frac{n\pi x}{(2k+1)d}$$

*变量分离与三维势箱中运动的粒子（选学内容）

在量子力学中，无相互作用的两个粒子体系可约化为单粒子问题，每个粒子都服从各自的方程。证明如下：

令 $\hat{H}_1$ 和 $\hat{H}_2$ 分别为粒子 1 和粒子 2 的哈密顿算符。因为粒子间无相互作用，整个体系的哈密顿算符是

$$\hat{H} = \hat{H}_1 + \hat{H}_2 \tag{1.110}$$

薛定谔方程写为

$$(\hat{H}_1 + \hat{H}_2)\psi = E\psi \tag{1.111}$$

设法分离变量，设

$$\psi(q_1, q_2) = G_1(q_1) \cdot G_2(q_2) \tag{1.112}$$

q_1 和 q_2 分别为粒子 1 和粒子 2 的坐标，有

$$\hat{H}_1 G_1 G_2 + \hat{H}_2 G_1 G_2 = E G_1 G_2$$

$$G_2 \hat{H}_1 G_1 + G_1 \hat{H}_2 G_2 = E G_1 G_2$$

两边同除以 $G_1 G_2$，有

$$\frac{\hat{H}_1 G_1}{G_1} + \frac{\hat{H}_2 G_2}{G_2} = E \tag{1.113}$$

这样可以断定

$$\frac{\hat{H}_1 G_1}{G_1} = E_1 , \quad \frac{\hat{H}_2 G_2}{G_2} = E_2 \tag{1.114}$$

而

$$E = E_1 + E_2 \tag{1.115}$$

即

$$\hat{H}_1 G_1 = E_1 G_1 , \quad \hat{H}_1 G_2 = E_2 G_2 \tag{1.116}$$

这个结果容易推广到 n 个无相互作用的粒子体系。

$$\hat{H} = \hat{H}_1 + \hat{H}_2 + \cdots + \hat{H}_n \tag{1.117}$$

$$\psi(q_1 q_2 \cdots q_n) = G_1(q_1) \cdot G_2(q_2) \cdot \cdots \cdot G_n(q_n) \tag{1.118}$$

$$E = E_1 + E_2 + \cdots + E_n \tag{1.119}$$

$$\hat{H}_i G_i = E_i G_i \quad i = 1, 2, \cdots, n \tag{1.120}$$

所以体系的总波函数等于各单粒子波函数的乘积,体系的总能量等于各单粒子体系能量的加和。

本节中讨论的是一维势箱,而实际问题往往是三维空间中运动的粒子,因此需将薛定谔方程用变量分离法分解成三个一维的微分方程,然后分别求解,最后由

$$\psi(x, y, z) = X(x) \cdot Y(y) \cdot Z(z) \tag{1.121}$$

$$E = E_x + E_y + E_z \tag{1.122}$$

分别求得体系的波函数和能级,为

$$\psi_{n_x n_y n_z}(x, y, z) = \sqrt{\frac{8}{abc}} \sin \frac{n_x \pi x}{a} \sin \frac{n_y \pi y}{b} \sin \frac{n_z \pi z}{c} \tag{1.123}$$

$$E_{n_x n_y n_z} = \frac{h^2}{8m} \left(\frac{n_x^2}{a^2} + \frac{n_y^2}{b^2} + \frac{n_z^2}{c^2} \right) \tag{1.124}$$

式中,a、b、c 分别为三维势箱中的三个长度。这时就需要三个量子数 n_x、n_y、n_z(都为正整数)来同时描述一个状态。这说明对于原子核外电子的空间运动,也需要有三个量子数才能确定其状态。当 $a = b = c$ 时,$E_{112} = E_{121} = E_{211}$,简并度为 3。

1.4　本章学习指导

1.4.1　例题

例 1.1　计算波长为 100 nm 和 1 000 nm 的光子的能量和动量。

解　当 $\lambda = 100$ nm 时,光子的能量和动量分别为

$$E = \frac{hc}{\lambda} = \frac{6.626 \times 10^{-34} \times 2.997\,9 \times 10^8}{1.00 \times 10^{-7}}$$

$$= 1.986 \times 10^{-18} (\text{J})$$

$$p = \frac{h}{\lambda} = \frac{6.626 \times 10^{-34}}{1.00 \times 10^{-7}} = 6.626 \times 10^{-27} (\text{kg} \cdot \text{m} \cdot \text{s}^{-1})$$

当 $\lambda = 1\,000$ nm 时，光子的能量和动量分别为

$$E = \frac{6.626 \times 10^{-34} \times 2.997\,9 \times 10^{8}}{1.00 \times 10^{-6}} = 1.986 \times 10^{-19}(\text{J})$$

$$p = \frac{6.626 \times 10^{-34}}{1.00 \times 10^{-6}} = 6.626 \times 10^{-28}(\text{kg} \cdot \text{m} \cdot \text{s}^{-1})$$

例 1.2　计算动能为 300 eV 的电子的德布罗意波波长。

解　$1\ \text{eV} = 1.602 \times 10^{-19}$ J

动能为 300 eV 的电子相当于电子的速率由 U 伏的电势差加速得到，故电势差为

$$U = \frac{300 \times 1.602 \times 10^{-19}\text{J}}{1.602 \times 10^{-19}\text{C}} = 300\ \text{V}$$

相应的德布罗意波波长为

$$\lambda = \frac{12.26}{\sqrt{U}}(\text{Å}) = \frac{12.26}{\sqrt{300}}(\text{Å}) = 70.71(\text{pm})$$

例 1.3　在光电效应实验中，当用 $\lambda = 650$ nm 的光照射钠金属的表面时方能产生光电流。试问：用 325 nm 的光照射时，需要多大的抑制电压以使产生的光电流为零？

解　当波长为 650 nm 时，光的频率为

$$\nu = \frac{c}{\lambda} = \frac{2.997\,9 \times 10^{8}\,\text{m} \cdot \text{s}^{-1}}{6.50 \times 10^{-7}\,\text{m}} = 4.612 \times 10^{14}\ \text{Hz}$$

光子的能量为

$$E_0 = h\nu = 6.626 \times 10^{-34}\text{J} \cdot \text{s} \times 4.612 \times 10^{14}\ \text{Hz} = 3.06 \times 10^{-19}\ \text{J}$$

此为电子逸出功。同理，可求出相应于 325 nm 光子的能量：

$$E = 6.12 \times 10^{-19}\ \text{J}$$

当用能量为 $E = h\nu$ 的光子照射逸出功为 E_0 的金属时，多余的能量转化为光电子的动能。即

$$h\nu = E_0 + \frac{1}{2}mv^2$$

由于直接测量光电子的速度有困难，因而实验时可以加抑制电压 U_0 使光电流为零，则有

$$eU_0 = \frac{1}{2}mv^2 = h\nu - E_0$$

$$= (0.612 - 0.306) \times 10^{-18}\text{J} = 3.06 \times 10^{-19}\text{J}$$

抑制电压为

$$U_0 = \frac{3.06 \times 10^{-19}\text{J}}{1.602 \times 10^{-19}\text{C}} = 1.91\ \text{V}$$

例 1.4　若已知电子和氢原子的动能都为 100 eV，试计算这些电子的德布罗意波波长。

解　此题是计算实物粒子的波长。动量 p 和动能 T 之间的关系为

$$p = \sqrt{2mT}$$

则

$$\lambda = \frac{h}{p} = \frac{h}{\sqrt{2mT}}$$

电子（$m = 9.11 \times 10^{-31}$ kg）的波长为

$$\lambda = \frac{6.626 \times 10^{-34}}{\sqrt{2 \times 9.11 \times 10^{-31} \times 100 \times 1.602\ 2 \times 10^{-19}}}$$

$$= 1.226 \times 10^{-10}\ (\text{m})$$

氢原子$(m = 1.673\ 9 \times 10^{-27}\text{kg})$的波长为

$$\lambda = \frac{6.626 \times 10^{-34}}{\sqrt{2 \times 1.673\ 9 \times 10^{-27} \times 100 \times 1.602\ 2 \times 10^{-19}}} = 2.861 \times 10^{-12}\ (\text{m})$$

例 1.5 试求一粒质量为 $1.0 \times 10^{-8}\text{kg}$ 的沙子,以 $1.0 \times 10^{-2}\text{m} \cdot \text{s}^{-1}$ 的速度运动时的德布罗意波波长是多少。

解 由公式 $\lambda = \dfrac{h}{p} = \dfrac{h}{mv}$

得

$$\lambda = \frac{6.626 \times 10^{-34}\text{J} \cdot \text{s}}{1.0 \times 10^{-8}\text{kg} \times 1.0 \times 10^{-2}\text{m} \cdot \text{s}^{-1}} = 6.626 \times 10^{-24}\ \text{m}$$

它的波长极小,因此,宏观运动着的物体的德布罗意波波长,是无法用目前的光栅设备测量的。

例 1.6 一颗子弹具有速度 $3\ 000\ \text{m} \cdot \text{s}^{-1}$,准确到 0.01%。若要定这颗子弹的位置,试问可以定到多大的准确度(该子弹的质量为 $0.05\ \text{kg}$)?

解 子弹的动量为

$$p = mv = 0.05\ \text{kg} \times 3\ 000\ \text{m} \cdot \text{s}^{-1} = 150\ \text{kg} \cdot \text{ms}^{-1}$$

已知动量的不准确量为这个值的 0.01%,即

$$\Delta p = 150\ \text{kg} \cdot \text{m} \cdot \text{s}^{-1} \times 0.01\% = 1.5 \times 10^{-2}\text{kg} \cdot \text{m} \cdot \text{s}^{-1}$$

由公式 $\Delta p_x \cdot \Delta x \geqslant h$ 得

$$\Delta x = \frac{6.626 \times 10^{-34}\text{J} \cdot \text{s}}{1.5 \times 10^{-2}\text{kg} \cdot \text{m} \cdot \text{s}^{-1}} = 4.4 \times 10^{-32}\ \text{m}$$

其位置的不确定量已远远超过了可测量的程度(原子核的直径只有约 10^{-15} m)。因此可以断言,对子弹那样重的物体来说,不确定关系不会对测量程序给出限定;也就是说,其位置是可测的。实际上在某些情况下,即便是微观粒子,其位置和相应的动量也是可以同时测准的(在某种程度上),不确定关系不起限制作用。这种情况下的微观粒子,仍类似于经典力学中质点的运动。这就解释了为什么在电子射线管中或威尔逊云室中,能看到电子射线做轨道运动的痕迹。

例 1.7 求在 $300\ \text{K}$ 时进行热运动的氢分子的坐标准确度。

解 按统计力学原理,每个分子热运动的平均能量为 $\dfrac{3}{2}kT$,其值相当于每个分子的动能 $\dfrac{1}{2}mv^2$。

$$\frac{1}{2}mv^2 = \frac{m^2 v^2}{2m} = \frac{\overline{p^2}}{2m} = \frac{3}{2}kT$$

$$\sqrt{\overline{p^2}} = \sqrt{3mkT}$$

对于任意一个氢分子$(m = 3.347\ 8 \times 10^{-27}\text{kg})$,其动量平均不确定量为

$$\overline{\Delta p} \approx \sqrt{\overline{p^2}} = \sqrt{3mkT}$$

则坐标的不确定量为

$$\Delta x \approx \frac{h}{\sqrt{3mkT}} = \frac{6.626 \times 10^{-34}}{\sqrt{3 \times 3.347\,8 \times 10^{-27} \times 1.380\,7 \times 10^{-23} \times 300}}$$

$$= 1.027 \times 10^{-10} \,(\text{m})$$

例 1.8　在中空管、质谱仪和加速器等里面运动的电子,为什么可用经典力学处理?

解　在中空管、质谱仪和加速器等里面运动的电子,其加速电压分别约为几十伏、10^3 V 和 10^5 V。现以加速器中运动的电子为例进行计算。

设一束电子在加速器中以 10^7 m · s^{-1} 的速度运动,测量其速度若准确到 0.1%,此时 $\Delta v = 10^4$ m · s^{-1}。由不确定关系式得到位置不确定值为

$$\Delta x \approx \frac{h}{m\Delta v} = \frac{6.626 \times 10^{-34}}{9.11 \times 10^{-31} \times 10^4} = 7.277 \times 10^{-8} \,(\text{m})$$

这个值与电子在加速器里运动的范围相比是很小的,故可以用经典力学处理。

例 1.9　气体分子在瓶子里的平移运动能否用经典力学处理? 说明理由。

解　可以用经典力学处理。由不确定关系考虑:设边长为 0.05 m 的方形瓶子,气体分子的平均质量约为 $m = 10^{-26}$ kg。若速度测量准确到 0.1%,即 $\Delta v = 0.1$ m · s^{-1},则位置不确定值为

$$\Delta x \approx \frac{h}{m\Delta v} \approx \frac{10^{-34}}{10^{-26} \times 0.1} = 10^{-7} \,(\text{m})$$

这个值与瓶子的边长相比可以忽略,故可用经典力学处理。

例 1.10　质量为 m 的粒子在半径为 R 的球形容器中运动,试用不确定关系估计该粒子可能的动能。若粒子为电子,$R = 10^{-10}$ m,求动能。

解　可设 $\Delta x = 2R$,动能为

$$E = \frac{p^2}{2m}$$

则

$$\Delta E = \frac{\Delta p^2}{2m}$$

代入不确定关系 $\Delta x \cdot \Delta p_x \approx h$ 得

$$2R\sqrt{2m \cdot \Delta E} \approx h$$

故可能的动能关系式为

$$\Delta E = \frac{h^2}{8mR^2}$$

若为电子,且 $R = 10^{-10}$ m 时,动能为

$$\Delta E \approx \frac{(6.626 \times 10^{-34})^2}{8 \times 9.11 \times 10^{-31} \times (10^{-10})^2}$$

$$= 6.024 \times 10^{-18} \,(\text{J})$$

例 1.11　下列函数中哪些是 $\mathrm{d}^2/\mathrm{d}x^2$ 的本征函数? 并对每个本征函数给出相应的本征值:(1)e^x;(2)x^2;(3)$\sin x$;(4)$3\cos x$;(5)$\sin x + \cos x$。

解　解题步骤是将算符作用到函数上运算,如结果为常数乘原函数,则此函数是该算符的本征函数,常数即本征值;否则不是。

(1) $\dfrac{d^2}{dx^2}e^x = e^x$,故 e^x 是 d^2/dx^2 的本征函数,本征值是 1。

(2) $\dfrac{d^2}{dx^2}x^2 = 2$,x^2 不是 d^2/dx^2 的本征函数。

(3) $\dfrac{d^2}{dx^2}\sin x = -\sin x$,$\sin x$ 是 d^2/dx^2 的本征函数,本征值是 -1。

(4) $\dfrac{d^2}{dx^2}(3\cos x) = -3\cos x$,$3\cos x$ 是 d^2/dx^2 的本征函数,本征值是 -1。

(5) $\dfrac{d^2}{dx^2}(\sin x + \cos x) = -(\cos x + \sin x)$,$\sin x + \cos x$ 是 d^2/dx^2 的本征函数,本征值是 -1。

例 1.12　原子核大小为 10^{-15} m,如将原子核内的中子、质子近似看作在 10^{-15} m 范围的一维势箱中运动,请估计零点能的能量级。由此估计 1 mol 原子核蜕变时放出的能量级,并与化学反应热进行比较。

解　一维势箱是重要理论模型,应用题也比较多,此题是零点能的应用。原子核的大小约为 10^{-15} m,可看作一维势箱的箱长 l,因为中子、质子在此 $0 \sim l$ 之间运动,故零点能为

$$E_n = \frac{n^2 h^2}{8ml^2} = \frac{n^2 \times (6.626 \times 10^{-34})^2}{8.0 \times 1.675 \times 10^{-27} \times (10^{-15})^2} = 3 \times 10^{-11} n^2 \text{(J)}$$

式中,n 为整数;h 为普朗克常数;m 为中子或质子的质量。

当 $n = 1$ 时,

$$E_1 = 3 \times 10^{-11} \times 1^2 = 3 \times 10^{-11} \text{(J)}$$

1 mol 原子核蜕变时放出的能量为

$$\begin{aligned} E_m &= N_0 E_1 = 6.02 \times 10^{23} \times 3 \times 10^{-11} \\ &= 1.806 \times 10^{13} \text{(J} \cdot \text{mol}^{-1}) \\ &= 1.806 \times 10^{10} \text{(kJ} \cdot \text{mol}^{-1}) \end{aligned}$$

一般化学反应热为 $10^2 \sim 10^3$ kJ·mol^{-1},所以,原子核蜕变放出的能量比一般化学反应热大 $10^7 \sim 10^8$ 个能量级。

例 1.13　试求长度为 l 的一维势箱中,处于 $n = 3$ 状态的 1 个粒子的 x^2 和 p^2(动量平方)的平均值。

解　由一维势箱解得

$$\psi(x) = \sqrt{\frac{2}{l}} \sin \frac{n\pi x}{l}$$

$$\overline{x^2} = \int_0^l \psi x^2 \psi \, dx = \frac{2}{l} \int_0^l x^2 \sin^2 \frac{n\pi x}{l} \, dx$$

$$= \frac{2}{l} \int_0^l x^2 \frac{1 - \cos \dfrac{2n\pi x}{l}}{2} \, dx$$

$$= \frac{2}{l} \left[\frac{l^3}{6} - \frac{l}{4n\pi} \left(x^2 \sin \frac{2n\pi x}{l} \bigg|_0^l - \int_0^l 2 \sin \frac{2n\pi x}{l} x \, dx \right) \right]$$

$$= \frac{l^3}{3} - \frac{l}{2n^2\pi^2} \left(l - \frac{l}{2n\pi} \sin \frac{2n\pi x}{l} \bigg|_0^l \right)$$

$$= l^2 \left(\frac{1}{3} - \frac{1}{18\pi^2} \right) = 0.327 l^2$$

$$\overline{p^2} = \int_0^l \psi \, \hat{p}^2 \psi \, dx = \int_0^l \psi \left(-h^2 \frac{d^2}{dx^2} \right) \psi \, dx$$

$$= h^2 \frac{2n^2\pi^2}{l^3} \int_0^l \sin^2 \frac{n\pi x}{l} \, dx$$

$$= h^2 \frac{2n^2\pi^2}{l^3} \times \frac{l}{2} = \frac{n^2\pi^2}{l^2} h^2 = \frac{9h^2}{4l^2}$$

例 1.14　一宏观物体质量为 $1.0 \times 10^{-3} \, kg$，以 $1.0 \times 10^{-2} \, m \cdot s^{-1}$ 的速度在长度为 $1.0 \times 10^{-2} \, m$ 的一维势箱中运动，求量子数 n。

解　宏观物体运动服从经典力学规律。故题设粒子的动能为

$$E_k = \frac{1}{2} mv^2 = \frac{1}{2} \times 1.0 \times 10^{-3} \times (1.0 \times 10^{-2})^2 = 5 \times 10^{-8} (J)$$

由于 $V = 0$，故总能量为

$$E = E_k + V = E_k = 5 \times 10^{-8} J$$

由公式 $E = n^2 \times \frac{h^2}{8ml^2}$ 得

$$n = \frac{l \sqrt{8mE}}{h} = \frac{\sqrt{8 \times 1.0 \times 10^{-3} \times 5 \times 10^{-8}} \times 10^{-2}}{6.626 \times 10^{-34}} = 3.0 \times 10^{26}$$

例 1.15　设粒子处于一维势箱中的基态，试求此质点动量 p 和动量平方 p^2 的平均值。

解　量子力学的平均值公式为

$$\overline{F} = \frac{\int \psi^* \hat{F} \psi \, d\tau}{\int \psi^* \psi \, d\tau}$$

当 ψ 已归一化时，上述分母为 1，动量算符为

$$\hat{p} = \frac{ih}{2\pi} \frac{\partial}{\partial x}$$

已知该基态波函数为 $\psi_1 = \sqrt{\frac{2}{a}} \cos \frac{\pi}{a} x$，故动量的平均值为

$$\overline{p} = \int_{-a/2}^{a/2} \psi_1^* \frac{ih}{2\pi} \frac{d}{dx} \psi_1 \, dx$$

$$= \frac{ih}{a^2} \int_{-a/2}^{a/2} \cos \frac{\pi x}{a} \sin \frac{\pi}{a} x \, dx$$

$$= \frac{ih}{2} \cdot \frac{1}{a^2} \int_{-a/2}^{a/2} \sin \frac{2\pi x}{a} \, dx$$

$$= -\frac{ih}{4\pi a} \cos \frac{2\pi x}{a} \Big|_{-a/2}^{a/2} = 0$$

同理,可求出动量平方的平均值为

$$\overline{p^2} = \int_{-a/2}^{a/2} \psi_1 \frac{i^2 h^2}{4\pi^2} \frac{d^2}{dx^2} \psi_1 dx$$

$$= \frac{h^2}{2a^3} \int_{-a/2}^{a/2} \cos^2 \frac{\pi}{a} x \, dx = \frac{h^2}{4a^2}$$

例 1.16　设电子在长度为 5×10^{-10} m 的一维势箱中运动,求 $n=1$ 和 $n=2$ 时体系的能量,计算电子由 $n=2$ 跃迁到 $n=1$ 能级时体系辐射能的波长。

解　由公式 $E = n^2 h^2 / 8ma^2$ 得

$$E_1 = \frac{(6.626 \times 10^{-34})^2}{8 \times 9.11 \times 10^{-31} \times (5 \times 10^{-10})^2} = 2.41 \times 10^{-19} (J)$$

$$E_2 = 4E_1 = 9.64 \times 10^{-19} J$$

能量差为

$$\Delta E = E_2 - E_1 = 7.23 \times 10^{-19} J$$

辐射波的波长为

$$\lambda = \frac{ch}{\Delta E} = \frac{3 \times 10^8 \times 6.626 \times 10^{-34}}{7.23 \times 10^{-19}} = 2.75 \times 10^{-7} (m)$$

例 1.17　证明算符 $p_x = -i\hbar \dfrac{\partial}{\partial x}$ 是厄米算符。

解　厄米算符的定义为

$$\int \psi_i{}^* A \psi_j d\tau = \int \psi_j (A\psi_i)^* d\tau$$

这类题就是直接用定义去证明。上式的左端是

$$-i\hbar \int_{-\infty}^{\infty} \psi_i{}^*(x) \frac{d}{dx} \psi_j(x) dx$$

利用分部积分公式 $\int u dv = uv - \int v du$,有

$$-i\hbar \int_{-\infty}^{\infty} \psi_i{}^* \frac{d}{dx} \psi_j dx = -i\hbar \psi_i{}^* \psi_j \Big|_{-\infty}^{\infty} + i\hbar \int_{-\infty}^{\infty} \psi_j \frac{d}{dx} \psi_i{}^* dx$$

由于 ψ_i 和 ψ_j 是品优函数,则它们在 $x \to \pm\infty$ 时为零,所以

$$\int_{-\infty}^{\infty} \psi_i{}^* \left(-i\hbar \frac{d}{dx} \right) \psi_j dx = \int_{-\infty}^{\infty} \psi_j \left(-i\hbar \frac{d}{dx} \psi_i \right)^* dx$$

证毕。

例 1.18　试证明厄米算符本征函数的本征值是实数(定理)。

证明　设厄米算符 λ 的本征值为 a,即

$$\lambda \psi = a\psi$$

取共轭得

$$\lambda^* \psi^* = a^* \psi^*$$

将上式左乘 ψ^* 并积分:

$$\int \psi^* \lambda \psi \mathrm{d}\tau = a \int \psi^* \psi \mathrm{d}\tau$$

将上式左乘 ψ 并积分：

$$\int \psi \lambda^* \psi^* \mathrm{d}\tau = a^* \int \psi^* \psi \mathrm{d}\tau$$

从厄米算符定义可知上两式左边相等，即

$$\int \psi^* \lambda \psi \mathrm{d}\tau = \int \psi \lambda^* \psi^* \mathrm{d}\tau$$

于是右边得

$$a \int \psi^* \psi \mathrm{d}\tau = a^* \int \psi^* \psi \mathrm{d}\tau$$

由于 $\psi \neq 0$，即 $\int \psi^* \psi \mathrm{d}\tau \neq 0$，故

$$a = a^*$$

证毕。

例 1.19 同一厄米算符本征值不同的本征函数相互正交（定理），试证明之。

证明 已知条件为

$$\lambda \psi_i = a_i \psi_i \quad \lambda \psi_j = a_j \psi_j$$

且 $a_i \neq a_j$，$\psi_i \neq \psi_j$。

因为 λ 厄米，所以依厄米定义有

$$\int \psi_i \lambda^* \psi_j \mathrm{d}\tau = \int \psi_j (\lambda \psi_i)^* \mathrm{d}\tau$$

即

$$a_j \int \psi_i^* \psi_j \mathrm{d}\tau = a_i^* \int \psi_j \psi_i^* \mathrm{d}\tau$$

又因为 $a_i^* = a_i$（例 1.18 已证明），移项得

$$(a_i - a_j) \int \psi_i^* \psi_j \mathrm{d}\tau = 0$$

已知 $a_i - a_j \neq 0$，必有

$$\int \psi_i^* \psi_j \mathrm{d}\tau = 0$$

证毕。

1.4.2 习题

一、选择题

1. 玻恩认为波函数的物理意义是（   ）

A. 波函数 ψ 表示在空间某点 (x, y, z) 发现电子的概率

B. $|\psi|^2$ 表示在空间某点 (x, y, z) 附近单位体积内发现电子的概率，即概率密度

C. $|\psi|^2 \mathrm{d}\tau$ 表示电子在空间出现的概率密度

D. ψ 没有确定的物理意义

2. 下列各组函数可作为算符 $\dfrac{d^2}{dx^2}$ 的本征函数的是（   ）

　　A. e^x, x^2, xy^2 B. x^2+y^2, x^2e^x

　　C. $e^{imx}, \sin x, \cos x$ D. $x^3e^{ax}, \cos x + x^2, \cos(x^2+y^2)$

3. 算符 $\left(\dfrac{d^2}{dx^2}+\dfrac{2a^2}{x}\right)$ 的本征函数是 $\psi = xe^{m^2x}$，则它的本征值是（   ）

　　A. a^4 B. a^2 C. $2a^2$ D. $-2a^4$

4. 设一维势箱中粒子 $\psi = \sqrt{\dfrac{2}{a}}\sin\dfrac{n\pi x}{a}(0<x<a)$，当 $n=2$ 时，在 $0 \sim a/2$ 之间发现粒子的概率为（   ）

　　A. 1.00 B. 0.90 C. 0.20 D. 0.50

5. 链烯烃 $H-(CH=CH)_n-H$ 中，π 电子视为一维势箱中的自由粒子。当 π 电子数 $n=10$ 时，设箱长为 1.4×10^{-9} m，则最高占据分子轨道（HOMO）的 π 电子跃迁到最低未占分子轨道（LUMO）所需能量为（   ）

　　A. 48 kJ/mol B. 96 kJ/mol C. 204 kJ/mol D. 306 kJ/mol

6. 太阳光的波长峰值大约为 480 nm，金属铯(Cs)的电子脱出功为 2.14 eV，当以峰值波长的阳光照射金属铯时，其脱出电子的初速度为（   ）

　　A. 4.0×10^2 m·s^{-1} B. 5.0×10^6 m·s^{-1}

　　C. 4.0×10^5 m·s^{-1} D. 不能脱出

7. 不确定关系的含义是（   ）

　　A. 粒子太小，不能准确测定其坐标

　　B. 运动不快时，不能准确测定其动量

　　C. 粒子的坐标和动量都不能准确测定

　　D. 不能同时准确地测定粒子的坐标与动量

8. 对于波长相等的光子、电子和中子，下列结论正确的是（   ）

　　A. 速度都相等 B. 能量不相等

　　C. 电子和中子能量相等 D. 电子和光子能量相等

9. 如果粒子的位置不确定量等于它的德布罗意波波长，试比较该电子的动量不确定量与其动量的大小（   ）

　　A. 大于 B. 小于 C. 等于 D. 不大于 E. 不小于

10. 处于定态的粒子，意味着它处于（   ）

　　A. 静止态 B. 势能为零的状态

　　C. 动能为零的状态 D. 概率为最大的状态

　　E. 能量为定值的状态

11. 算符 $\left(\dfrac{d^2}{dx^2}-4a^2x^2\right)$ 的本征函数是 $\psi = xe^{-ax^2}$，则其本征值为（   ）

　　A. -6 B. -12 C. $-6a$ D. $-6ax$

12. 某一光化学反应的反应物活化所需能量为 59.87 kJ·mol^{-1}，则吸收光的波长约为（   ）

A. 4 000 nm　　　　B. 2 000 nm　　　　C. 200 nm　　　　D. 800 nm

13. 钠光灯发射 550 nm 的黄光,如果该灯的功率为 100 W,那么该灯每秒放出的光子为(　　)

A. 1.5 mol　　　　B. 1.5×10^8 mol　　C. 4.6×10^{-4} mol　　D. 8.4 mol

14. 一维势箱中一粒子处在箱左 1/4 区域的概率(已知 $\psi = \sqrt{\dfrac{2}{l}} \sin \dfrac{n\pi x}{l}$) 为(　　　)

A. n 为奇数时等于 1/4　　　　　　B. n 为偶数时等于 1/4

C. 不管 n 为何值恒为 1/4　　　　　D. 只有 $n \to \infty$ 时等于 1/4

E. n 为 4 的整数倍时等于 1/4

二、填空题

1. 具有 100 eV 动能的电子的德布罗意波波长为_____。

2. 不确定关系的表达式为_____。

3. 波函数的合格条件为_____。

4. 算符 $\hat{p}_x$ 的直角坐标表达式为_____。

5. 算符 $\hat{M}_x$(角动量 x 分量) 的直角坐标表达式为_____。

6. 质量为 10^{-26} kg 的某气体分子在 0.05 m 方瓶中平移运动速度约为 10^2 m·s^{-1},若设速度测不准到 0.01%,则位置不确定值为_____ ,故_____用经典力学处理。

7. 波函数 ψ 是算符 $\hat{F}$ 的本征函数时,$\hat{F}$ 作用于 ψ 的结果,算符 $\hat{F}$ 的力学量 F 必有_____值;若 φ 不是 $\hat{F}$ 的本征函数时,算符 $\hat{F}$ 作用于 φ 的结果则_____确定值,只能求_____值。

8. 直链共轭烯烃中的 π 电子可看作运动于一维势箱中的粒子,并按各自能级最多只能容纳 2 个电子的规则,由低到高填充各个能级。对于丁二烯,若取 C—C 键平均键长 $a = 140$ pm(箱长按 $4a$ 计算),则 π 电子 HOMO 和 LUMO 间跃迁辐射的波长为_____ pm。

9. 设 ψ 是某单粒子体系的波函数,则 $|\psi|^2 \mathrm{d}\tau$ 的物理意义是_____。

三、简答题

1. 指出下列函数中,哪几个符合概率密度函数的全部要求。

(1)e^{ix};(2)xe^{-x^2};(3)e^{-x^2}。

2. 试说明下列函数 u 是否符合合理波函数的条件。

(1)$u = x$,当 $x \geqslant 0$ 时,其他情况下 $u = 0$;

(2)$u = x^2$;

(3)$u = e^{-|x|}$;

(4)$u = \cos x$;

(5)$u = e^{-x^2}$;

(6)$u = \sin |x|$;

(7)$u = 1 - x^2$,当 $-1 \leqslant x \leqslant 1$,其他情况下 $u = 0$。

3. 将下面算符划分为线性的和非线性的。

$(1)3x^2\dfrac{\mathrm{d}^2}{\mathrm{d}x^2}$；$(2)(\qquad)^2$；$(3)\displaystyle\int\mathrm{d}x$；$(4)\exp$。

4.动量在 x 方向分量算符 $\hat{p}_x$ 和 $\mathrm{d}/\mathrm{d}x$ 算符中哪个是线性算符？哪个是厄米算符？

四、计算题

1.求速度为 $6\times10^6\,\mathrm{m\cdot s^{-1}}$ 的 α 粒子$(m=4\times1.67\times10^{-27}\,\mathrm{kg})$的德布罗意波波长。

2.计算下列粒子的德布罗意波波长，并说明所得结果的物理意义。

（1）具有 200 eV 动能的电子；

（2）具有 $10^5\,\mathrm{eV}$ 能量的光子；

（3）以 $1.0\,\mathrm{m\cdot s^{-1}}$ 速度运动的质量为 0.3 kg 的小球。

3.计算下述粒子的德布罗意波波长。

（1）质量为 $10^{-10}\,\mathrm{kg}$，运动速度为 $0.01\,\mathrm{m\cdot s^{-1}}$ 的尘埃；

（2）动能为 0.1 eV 的中子；

（3）动能为 300 eV 的自由电子。

4.用透射电子显微镜摄取某化合物的选区电子衍射图，加速电压为 200 kV，计算电子加速后运动时的波长。

5.银的临阈频率 $\nu_0=1.153\times10^{15}\,\mathrm{s^{-1}}$，现用波长为 200 nm 的光照射在银上，试求银放出的光电子的动能。

6.假定长度为 $l=200\,\mathrm{pm}$ 的一维势箱中运动的电子服从频率规则，即 $h\nu=E_{n_2}-E_{n_1}$，试求从能级 $n+1$ 跃迁到 n 时发射出的辐射波的波长。

7.金属钠的逸出功是 2.3 eV，当钠被 253.7 nm 的光照射时，击出电子的动能是多少？

8.若电子跃迁而发射可见光$(\lambda=400\sim750\,\mathrm{nm})$，求此电子的跃迁能量。

9.子弹（质量为 0.01 kg，速度为 $1\,000\,\mathrm{m\cdot s^{-1}}$）、尘埃（质量为 $10^{-9}\,\mathrm{kg}$，速度为 $10\,\mathrm{m\cdot s^{-1}}$）、做布朗运动的花粉（质量为 $10^{-13}\,\mathrm{kg}$，速度为 $1\,\mathrm{m\cdot s^{-1}}$）、原子中的电子（速度为 $1\,000\,\mathrm{m\cdot s^{-1}}$），其速度的不确定度均为原速度的 10%。判断在确定这些点位置时，不确定关系是否有意义。

10.下列函数中，哪几个是算符 $\mathrm{d}^2/\mathrm{d}x^2$ 的本征函数？并求出相应的本征值。

$(1)\mathrm{e}^{lmx}$；$(2)\sin x$；$(3)x^2+y^2$；$(4)(a-x)\mathrm{e}^{-x}$。

11. $\varphi=x\mathrm{e}^{-ax^2}$ 是算符 $\dfrac{\mathrm{d}^2}{\mathrm{d}x^2}-4a^2x^2$ 的本征函数，求其本征值。

12.下列函数中，哪几个是算符 $\dfrac{\mathrm{d}^2}{\mathrm{d}x^2}$ 的本征函数？若是，本征值是多少？

$(1)\mathrm{e}^x$；$(2)\sin x$；$(3)2\cos x$；$(4)x^3$；$(5)\sin x+\cos x$。

13. $\mathrm{e}^{im\varphi}$ 和 $\cos m\varphi$ 对算符 $i\dfrac{\mathrm{d}}{\mathrm{d}\varphi}$ 是否为本征函数？若是，本征值为多少？

14.试求一维势箱粒子基态波函数的归一化系数及在 $x=\dfrac{l}{2}\rightarrow\dfrac{l}{2}+\dfrac{l}{100}$ 区间的概率。

15.求一维势箱中电子坐标的平均值 $\bar{x}$，其波函数为 $\psi=\sqrt{\dfrac{l}{2}}\sin\dfrac{\pi x}{l}$。

16. 限制于范围 $0 < x < a$ 内的粒子，质量为 m，波函数为 $\psi = \sqrt{\dfrac{2}{a}} \sin \dfrac{\pi x}{a}$，计算：

（1）该波函数是否被归一化了？

（2）在 $0.25a < x < 0.75a$ 的范围内找到粒子的概率。

17. 直链多烯烃 $H—(CH=CH)_j—H(j=3,4,\cdots)$，若将其 π 电子近似地看作运动在边长为 $(2j+1)b$（b 为平均键长）的一维势箱中，试推导出其能级公式。计算当 $j=4$，能级 $n=3$ 时的电子能量。当 j 增大时，电子能量将怎样变化？

18. 己三烯中 π 电子若可看作在一维势箱中运动，箱长取 $0.93\ nm$。试求电子从 $n=3$ 跃迁到 $n=4$ 能级时吸收的光的波长。

19. 链型共轭分子 $CH_2CHCHCHCHCHCH_2$ 在波长 $460\ nm$ 处出现第一个强吸收峰，试按一维势箱模型估算其箱的边长。

20. 若在如下所示直链烃中运动的 π 电子可以用一维势箱近似表示其运动特征，估算这一势箱长度 $l=1.3\ nm$，则根据一维势箱能级公式估算 π 电子跃迁时所吸收的光的波长，并与实验值 $510\ nm$ 比较。

第2章

原 子 结 构

知识点思维导图

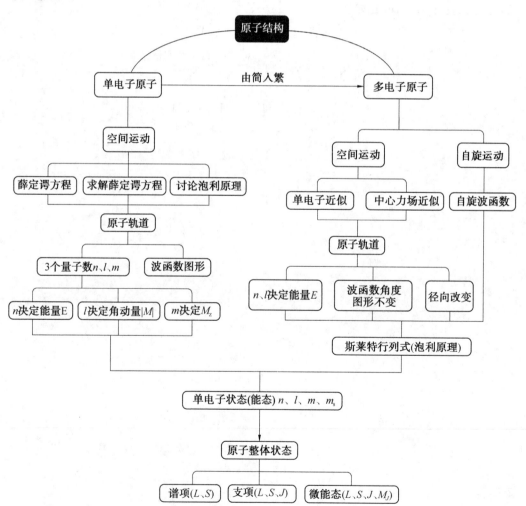

预习提纲与思考题

1. 求解氢原子和类氢原子基态和激发态波函数的思想方法是怎样的？

2. 量子数 n、l、m 和 m_s 有何物理意义？它们能取哪些数值？

3. 何谓 s 态、p 态、d 态和 f 态？s 态与 p 态、d 态的电子云分布图是怎样的？

4. 何谓电子云的径向分布图？1s、2s、2p、3d 的径向分布图是怎样的？

5. 怎样根据波函数的形式来讨论"轨道"和电子云图像？为什么不能说 p_{+1} 和 p_{-1} 即分别代表 p_x 和 p_y？

6. 能不能说界面图的界面就是 $|\psi|^2 = 0.1$ 的等密度面？为什么？

7. 怎样研究多电子原子的结构？用哪些模型？试简单说明。

8. 在多电子原子中,为什么各电子的运动状态仍可用量子数 n、m、l、m_s 描述？为什么它们的波函数角度部分与氢原子相同？

9. 电子的自旋是怎样提出来的？有何实验依据？在研究原子内电子运动时,是怎样考虑电子自旋问题的？

10. 表示一个原子的整体状态的方式有几种？光谱项、光谱支项如何表示？各代表什么含义？

11. 原子核外电子排布的规律是什么？

12. 为什么电离能都是正值,而电子亲和能却有正有负？为什么电子亲和能数值比电离能小得多？

13. 为什么不用电离能衡量原子吸引成键电子的能力,而用电负性？两者有何异同？

14. 一个多电子体系的完全状态波函数应该是什么样的数学形式？

2.1　单电子原子的薛定谔方程及其解

2.1.1　单电子原子的薛定谔方程

H原子和He$^+$、Li^{2+}等类氢离子是单电子原子,它们的核电荷数为Z,核外只有一个电子。若把原子的质量中心放在坐标原点上,绕核运动的电子与核的距离为r,电子的电荷为e,它们的静电作用势能为

$$V = -\frac{Ze^2}{4\pi\varepsilon_0 r} \tag{2.1}$$

由于电子实际上并不是围绕原子核而是绕原子的质量中心运动,故要用折合质量μ来表示,令m_e和m_N分别代表电子的质量和原子核的质量,则

$$\mu = m_e m_N/(m_e + m_N)$$

对氢原子:

$$m_N = 1\,836.1 m_e$$
$$\mu = 1\,836.1 m_e/1\,837.1 = 0.999\,46 m_e$$

所以也可以粗略地认为电子绕核运动,这样原子的坐标原点是核的位置,并把核看作不动,将V和μ代入算符$\hat{H}$,得出氢原子和类氢离子的薛定谔方程:

$$-\left(\frac{h^2}{8\pi^2\mu}\nabla^2 - \frac{Ze^2}{4\pi\varepsilon_0 r}\right)\psi = E\psi \tag{2.2}$$

式中,$\nabla^2 = \frac{\partial^2}{\partial x^2} + \frac{\partial^2}{\partial y^2} + \frac{\partial^2}{\partial z^2}$为拉普拉斯(Laplace)算符。

为了求解方便,通常按图2.1所示的关系,将变量x、y、z换成球坐标变量r、θ、φ,可得下列关系:

$$x = r\sin\theta\cos\varphi$$
$$y = r\sin\theta\sin\varphi \tag{2.3}$$
$$z = r\cos\theta$$

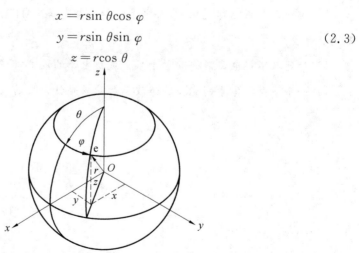

图 2.1　球极坐标变化示意图

$$r^2 = x^2 + y^2 + z^2 \tag{2.4}$$

$$\cos\theta = z/(x^2 + y^2 + z^2)^{\frac{1}{2}} \tag{2.5}$$

$$\tan\varphi = y/x \tag{2.6}$$

按偏微分关系

$$\frac{\partial}{\partial x} = \left(\frac{\partial r}{\partial x}\right)\frac{\partial}{\partial r} + \left(\frac{\partial \theta}{\partial x}\right)\frac{\partial}{\partial \theta} + \left(\frac{\partial \varphi}{\partial x}\right)\frac{\partial}{\partial \varphi} \tag{2.7}$$

将式(2.4)对 x 偏导,并按式(2.3)关系代入,得

$$2r\left(\frac{\partial r}{\partial x}\right) = 2x = 2r\sin\theta\cos\varphi$$

$$\frac{\partial r}{\partial x} = \sin\theta \tag{2.8}$$

将式(2.5)和式(2.6)对 x 偏导,并按式(2.3)关系代入,可得

$$\frac{\partial \theta}{\partial x} = \frac{\cos\theta\cos\varphi}{r} \tag{2.9}$$

$$\frac{\partial \varphi}{\partial x} = -\frac{\sin\varphi}{r\sin\theta} \tag{2.10}$$

将式(2.8)~(2.10)代入式(2.7),得

$$\frac{\partial}{\partial x} = \sin\theta\cos\varphi\frac{\partial}{\partial r} + \frac{\cos\theta\cos\varphi}{r}\frac{\partial}{\partial \theta} - \frac{\sin\varphi}{r\sin\theta}\frac{\partial}{\partial \varphi} \tag{2.11}$$

类似可得

$$\frac{\partial}{\partial y} = \sin\theta\sin\varphi\frac{\partial}{\partial r} + \frac{\cos\theta\sin\varphi}{r}\frac{\partial}{\partial \theta} + \frac{\cos\varphi}{r\sin\theta}\frac{\partial}{\partial \varphi} \tag{2.12}$$

$$\frac{\partial}{\partial z} = \cos\theta\frac{\partial}{\partial r} - \frac{\sin\theta}{r}\frac{\partial}{\partial \theta} \tag{2.13}$$

这样,就可根据直角坐标 (x,y,z) 和球坐标 (r,θ,φ) 之间的变换关系推出球坐标下的物理量算符。例如,角动量沿 z 轴分量的算符 $(\hat{M}_z)$ 可由式(2.11)和式(2.12)推得如下:

$$\hat{M}_z = -\left(\frac{\mathrm{i}h}{2\pi}\right)\left(x\frac{\partial}{\partial y} - y\frac{\partial}{\partial x}\right) = -\left(\frac{\mathrm{i}h}{2\pi}\right)\frac{\partial}{\partial \varphi} \tag{2.14}$$

角动量沿 x 轴、y 轴分量的算符 $\hat{M}_x$、$\hat{M}_y$ 分别为

$$\hat{M}_x = \frac{\mathrm{i}h}{2\pi}\left(\sin\varphi\frac{\partial}{\partial \theta} + \cot\theta\cos\varphi\frac{\partial}{\partial \varphi}\right) \tag{2.15}$$

$$\hat{M}_y = \frac{\mathrm{i}h}{2\pi}\left(-\cos\varphi\frac{\partial}{\partial \theta} + \cot\theta\sin\varphi\frac{\partial}{\partial \varphi}\right) \tag{2.16}$$

因为 $|M| = M_x^2 + M_y^2 + M_z^2$,角动量平方算符 $(\hat{M}^2)$ 为

$$\hat{M}^2 = -\left(\frac{h}{2\pi}\right)^2\left[\frac{1}{\sin\theta}\frac{\partial}{\partial \theta}\left(\sin\theta\frac{\partial}{\partial \theta}\right) + \frac{1}{\sin^2\theta}\frac{\partial^2}{\partial \varphi^2}\right] \tag{2.17}$$

拉普拉斯算符为

$$\nabla^2 = \frac{1}{r^2}\frac{\partial}{\partial r}\left(r^2\frac{\partial}{\partial r}\right) + \frac{1}{r^2\sin^2\theta}\frac{\partial}{\partial \theta}\left(\sin\theta\frac{\partial}{\partial \theta}\right) + \frac{1}{r^2\sin^2\theta}\frac{\partial^2}{\partial \varphi^2} \tag{2.18}$$

将 ∇^2 的球坐标形式代入式(2.2),得氢原子和类氢离子的球坐标下的薛定谔方程:

$$\frac{1}{r^2}\frac{\partial}{\partial r}\left(r^2\frac{\partial \psi}{\partial r}\right) + \frac{1}{r^2\sin\theta}\frac{\partial}{\partial \theta}\left(\sin\theta\frac{\partial \psi}{\partial \theta}\right) + \frac{1}{r^2\sin^2\theta}\frac{\partial^2\psi}{\partial \varphi^2} + \frac{8\pi^2\mu}{h^2}\left(E + \frac{Ze^2}{4\pi\varepsilon_0 r}\right)\psi = 0$$

$$(2.19)$$

式中,$\psi = \psi(r,\theta,\varphi)$。解此偏微分方程可采用变数分离法,把含 3 个变量的偏微分方程化为 3 个各含一个变量的常微分方程求解。

2.1.2　变数分离法

令 $\psi(r,\theta,\varphi) = R(r)\Theta(\theta)\Phi(\varphi)$,代入式(2.19),并乘 $\frac{r^2\sin^2\theta}{R\Theta\Phi}$,经微分运算,移项,可得

$$\frac{1}{\Phi}\frac{d^2\Phi}{d\varphi^2} = -\frac{\sin^2\theta}{R}\frac{d}{dr}\left(r^2\frac{dR}{dr}\right) - \frac{\sin\theta}{\Theta}\frac{d}{d\theta}\left(\sin\theta\frac{d\Theta}{d\theta}\right) - \frac{8\pi^2\mu}{h^2}r^2\sin^2\theta(E-V) \quad (2.20)$$

因式(2.20)左边不含 r、θ,右边不含 φ,欲使左右两边相等,必须等于一个常数。令此常数为 $-m^2$,则得

$$\frac{d^2\Phi}{d\varphi^2} = -m^2\Phi \quad\quad\quad (2.21)$$

$$\frac{1}{R}\frac{d}{dr}\left(r^2\frac{dR}{dr}\right) + \frac{8\pi^2\mu}{h^2}(E-V) = \frac{m^2}{\sin^2\theta} - \frac{1}{\Theta\sin\theta}\frac{d}{d\theta}\left(\sin\theta\frac{d\Theta}{d\theta}\right) \quad (2.22)$$

式(2.22)等号左右两边所含变量不同,表明等号两边同等于一个常数,令这一常数为 $l(l+1)$,则得

$$-\frac{1}{\sin\theta}\frac{d}{d\theta}\left(\sin\theta\frac{d\Theta}{d\theta}\right) + \frac{m^2\Theta}{\sin^2\theta} = l(l+1)\Theta \quad\quad (2.23)$$

$$\frac{1}{r^2}\frac{d}{dr}\left(r^2\frac{dR}{dr}\right) + \frac{8\pi^2\mu}{h^2}(E-V)R = l(l+1)\frac{R}{r^2} \quad\quad (2.24)$$

式(2.21)、式(2.23)和式(2.24)分别称为 φ 方程、Θ 方程和 R 方程。有时令波函数 ψ 的角度部分为 $Y(\theta,\varphi)$,即 $\Phi(\varphi)\Theta(\theta) = Y(\theta,\varphi)$。

将式(2.19)分解成 3 个常微分方程:R 方程、Θ 方程和 φ 方程。用解常微分方程的方法求这 3 个方程满足品优条件的解,再将它们乘在一起便得薛定谔方程的解 ψ:

$$\psi(r,\theta,\varphi) = R(r)\Theta(\theta)\Phi(\varphi) \quad\quad\quad (2.25)$$

在解式(2.21)~(2.24)时,其解都需要符合波函数所必须满足的 3 个品优条件,并从中得到对应于各个方程的量子数和能量量子化的结果。下面以解 Φ 方程为例进行讨论。

2.1.3　Φ 方程、Θ 方程和 R 方程的解

1. Φ 方程

$$\frac{d^2\Phi}{d\varphi^2} = -m^2\Phi$$

这是一个常系数二阶齐次线性方程,它有两个复数形式的独立特解

$$\Phi_m = Ae^{im\varphi} \quad\quad\quad (2.26)$$

常数 A 可由归一化条件求出:

$$\int_0^{2\pi} \Phi_m{}^* \Phi_m \mathrm{d}\varphi = \int_0^{2\pi} A^2 \mathrm{e}^{-\mathrm{i}m\varphi} \mathrm{e}^{\mathrm{i}m\varphi} = 1$$

所以

$$A = \frac{1}{\sqrt{2\pi}} \tag{2.27}$$

$$\Phi_m = \frac{1}{\sqrt{2\pi}} \mathrm{e}^{\mathrm{i}m\varphi} \tag{2.28}$$

根据波函数的品优条件，Φ_m 应是 φ 的单值函数。由于 φ 是循环坐标，在 φ 变化一周后，Φ_m 值保持不变，即

$$\Phi_m(\varphi) = \Phi_m(\varphi + 2\pi)$$
$$\mathrm{e}^{\mathrm{i}m\varphi} = \mathrm{e}^{\mathrm{i}m(\varphi + 2\pi)} = \mathrm{e}^{\mathrm{i}m\varphi} \mathrm{e}^{\mathrm{i}m2\pi}$$
$$\mathrm{e}^{\mathrm{i}m2\pi} = 1$$

根据欧拉公式有

$$\mathrm{e}^{\mathrm{i}m\varphi} = \cos m\varphi + \mathrm{i}\sin m\varphi$$
$$\cos m2\pi + \mathrm{i}\sin m2\pi = 1$$

所以 m 的取值必须为

$$m = 0, \pm 1, \pm 2, \cdots \tag{2.29}$$

m 的取值是量子化的，称为磁量子数。

式(2.28)为复数形式的函数，对角动量沿 z 轴方向分量算符 $\left(-\mathrm{i}\hbar \dfrac{\mathrm{d}}{\mathrm{d}\varphi}\right)$ 是本征函数，它对了解角动量在 z 方向上的分量具有重要意义。但是复数不便于作图，不能用图形了解原子轨道或电子云的分布。根据态叠加原理，将两个独立特解进行线性组合，仍是 Φ 方程的解。由于

$$\Phi_m = \frac{1}{\sqrt{2\pi}} \mathrm{e}^{\mathrm{i}m\varphi} = \frac{1}{\sqrt{2\pi}} \cos m\varphi + \frac{\mathrm{i}}{\sqrt{2\pi}} \sin m\varphi \tag{2.30}$$

$$\Phi_{-m} = \frac{1}{\sqrt{2\pi}} \mathrm{e}^{-\mathrm{i}m\varphi} = \frac{1}{\sqrt{2\pi}} \cos m\varphi - \frac{\mathrm{i}}{\sqrt{2\pi}} \sin m\varphi \tag{2.31}$$

将它们线性组合，得实数解为

$$\Phi_{\pm m}^{\cos} = C(\Phi_m + \Phi_{-m}) = \frac{2C}{\sqrt{2\pi}} \cos m\varphi \tag{2.32}$$

$$\Phi_{\pm m}^{\sin} = D(\Phi_m - \Phi_{-m}) = \frac{\mathrm{i}2D}{\sqrt{2\pi}} \sin m\varphi \tag{2.33}$$

根据归一化条件可求得 $C = \dfrac{1}{\sqrt{2}}$，$D = \dfrac{1}{\mathrm{i}\sqrt{2}}$，故

$$\Phi_{\pm m}^{\cos} = \frac{1}{\sqrt{\pi}} \cos m\varphi \tag{2.34}$$

$$\Phi_{\pm m}^{\sin} = \frac{1}{\sqrt{\pi}} \sin m\varphi \tag{2.35}$$

Φ 函数的三角函数形式对算符 $\left(-\mathrm{i}\hbar \dfrac{\mathrm{d}}{\mathrm{d}\varphi}\right)$ 不是本征函数，不能用以了解角动量在 z 轴方向

的分量,但它便于作图。复函数解和实函数解是线性组合关系,它们彼此之间没有一一对应关系。表 2.1 列出了求得的部分 Φ 函数的表达式。

表 2.1　函数 $\Phi_m(\varphi)$

复函数解	实函数解
$\Phi_0(\varphi) = \dfrac{1}{\sqrt{2\pi}}$	$\Phi_0(\varphi) = \dfrac{1}{\sqrt{2\pi}}$
$\Phi_1(\varphi) = \dfrac{1}{\sqrt{2\pi}}e^{i\varphi}$	$\Phi(\varphi)_{1\cos} = \dfrac{1}{\sqrt{\pi}}\cos\varphi$
$\Phi_{-1}(\varphi) = \dfrac{1}{\sqrt{2\pi}}e^{-i\varphi}$	$\Phi(\varphi)_{1\sin} = \dfrac{1}{\sqrt{\pi}}\sin\varphi$
$\Phi_2(\varphi) = \dfrac{1}{\sqrt{2\pi}}e^{i2\varphi}$	$\Phi(\varphi)_{2\cos} = \dfrac{1}{\sqrt{\pi}}\cos2\varphi$
$\Phi_{-2}(\varphi) = \dfrac{1}{\sqrt{2\pi}}e^{-i2\varphi}$	$\Phi(\varphi)_{2\sin} = \dfrac{1}{\sqrt{\pi}}\sin2\varphi$

2. Θ 方程

Θ 方程:

$$-\frac{1}{\sin\theta}\frac{d}{d\theta}\left(\sin\theta\frac{d\Theta}{d\theta}\right) + \frac{m^2\Theta}{\sin^2\theta} = l(l+1)\Theta$$

令 $k = l(l+1)$,则

$$\frac{1}{\sin\theta}\frac{d}{d\theta}\left(\sin\theta\frac{d\Theta}{d\theta}\right) - \frac{m^2\Theta}{\sin^2\theta} + k\Theta = 0 \tag{2.36}$$

引入一个新的变量 z,使

$$z = \cos\theta \tag{2.37}$$

z 的定义域是 -1 到 $+1$ 的全部实数,而且使 $\Theta(\theta)$ 能够被一个关于 z 的函数 $P(z)$ 来代表,即

$$P(z) = \Theta(\theta)$$

于是

$$\frac{d}{d\theta} = \frac{dz}{d\theta}\frac{d}{dz} = -\sin\theta\frac{d}{dz} \tag{2.38}$$

$$\frac{d\Theta}{d\theta} = \frac{dP(z)}{dz}\frac{dz}{d\theta} = -\sin\theta\frac{dP(z)}{dz} \tag{2.39}$$

式(2.36) 可写为

$$\frac{d}{dz}\left[(1-z^2)\frac{dP(z)}{dz}\right] + \left(k - \frac{m^2}{1-z^2}\right)P(z) = 0 \tag{2.40}$$

这是著名的联属勒让德(Legendre) 微分方程。可利用级数解法,即令

$$P(z) = \Theta(\theta) = (1-z^2)^{\frac{|m|}{2}} \cdot G(z) \tag{2.41}$$

式中,$|m|$ 为 m 的绝对值;

$$G(z) = a_0 + a_1 z + a_2 z^2 + \cdots = \sum_{v=0}^{\infty} a_v z^v \tag{2.42}$$

其中，v 代表 $0, 1, 2, \cdots$。

由式(2.41)有

$$\frac{\mathrm{d}P(z)}{\mathrm{d}z}(1-z^2)^{\frac{|m|}{2}} \cdot \frac{\mathrm{d}G(z)}{\mathrm{d}z} - |m| z (1-z^2)^{\frac{|m|}{2}-1} \cdot G(z)$$

故式(2.40)变为

$$(1-z^2)\frac{\mathrm{d}^2 G(z)}{\mathrm{d}z^2} - 2(|m|+1)z\frac{\mathrm{d}G(z)}{\mathrm{d}z} + [k-|m|(|m|+1)]G(z) = 0 \tag{2.43}$$

将

$$G(z) = \sum_{v=0}^{\infty} a_v z^v$$

$$G'(z) = \sum_{v=1} a_v \cdot v \cdot z^{v-1}$$

$$G''(z) = \sum_{v=2} a_v \cdot v \cdot (v-1) z^{v-2}$$

代入式(2.43)得到一个方程，要使此方程成立，只有 z 的各次项系数分别等于零，对于 z^v 项系数为

$$(v+1)(v+2)a_{v+2} + [k-|m|(|m|+1) - 2v(|m|+1) - v(v-1)]a_v = 0$$

于是

$$a_{v+2} = \frac{v(v-1) + 2v(|m|+1) + |m|(|m|+1) - k}{(v+1)(v+2)} a_v \tag{2.44}$$

但 $G(z)$ 函数必须是有限的，即要求到某项后级数中断才行。设到第 v_0 项为止，即 $a_{v_0+2} = 0$，那么要求式(2.44)的分子等于零：

$$v_0(v_0 - 1) + 2v_0(|m|+1) + |m|(|m|+1) - k = 0$$

或

$$k = (v_0 + |m|)(v_0 + |m| + 1) \tag{2.45}$$

式中，$|m|$ 是正整数；v_0 是表示项次的正整数；k 是正整数。

因为

$$k = l(l+1) \tag{2.46}$$

所以

$$l = v_0 + |m| \tag{2.47}$$

式中，l 即为角量子数。因为 v_0 可为 $0, 1, 2, \cdots$，故必有 $l \geqslant |m|$。因为 $|m|$ 是从 0 开始的整数，故 l 可以是 $0, 1, 2, \cdots$。将 l 和 m 代回式(2.40)有

$$\frac{\mathrm{d}}{\mathrm{d}z}\left[(1-z^2)\frac{\mathrm{d}P(z)}{\mathrm{d}z}\right] + \left[l(l+1) - \frac{m^2}{1-z^2}\right]P(z) = 0 \tag{2.48}$$

该方程的通解为

$$\Theta(\theta) = P(z) = (1-z^2)^{\frac{|m|}{2}} \cdot G(z)$$

$$= (1-\cos^2\theta)^{\frac{|m|}{2}}(a_0 + a_1 z + a_2 z^2 + \cdots + a_{v_0} z^{v_0}) \tag{2.49}$$

从式(2.47)知 $v_0 = l - |m|$，所以式(2.49)可写为

$$\Theta(\theta) = (\sin \theta)^{|m|} (a_0 + a_1 \cos \theta + a_2 \cos^2 \theta + \cdots + a_{l-|m|} (\cos \theta)^{l-|m|})$$

式(2.44) 变为

$$a_{v+2} = \frac{v(v-1) + 2(|m|+1)v + |m|(|m|+1) - l(l+1)}{(v+1)(v+2)} a_v \qquad (2.50)$$

例　计算 $l=3, m=0$ 时的 $\Theta(\theta)$。

解　$a_{l-|m|} (\cos \theta)^{l-|m|} = a_3 \cos^3 \theta$

则

$$\Theta_{3,0}(\theta) = a_0 + a_1 \cos \theta + a_2 \cos^2 \theta + a_3 \cos^3 \theta$$

因 $a_4 = 0$，由式(2.50) 可知 $a_2 = 0, a_0 = 0$，则

$$\Theta_{3,0}(\theta) = a_1 \cos \theta + a_3 \cos^3 \theta$$

以 $l=3, m=0, v=1$ 代入式(2.50)，得

$$a_3 = \frac{-5}{3} a_1$$

故

$$\Theta_{3,0}(\theta) = -a_1 \left(\frac{5}{3} \cos^3 \theta - \cos \theta \right)$$

再利用归一化条件 $\int_0^\pi \Theta^2(\theta) \sin \theta \mathrm{d}\theta = 1$ 可求得

$$a_1 = -\frac{3}{4} \sqrt{14}$$

于是

$$\Theta_{3,0}(\theta) = \frac{3}{4} \sqrt{14} \left(\frac{5}{3} \cos^3 \theta - \cos \theta \right)$$

其他 Θ 函数的计算与此类似。表2.2中给出了求得的部分 Θ 函数的表达式。$\Theta(\theta)$ 和 $\Phi(\varphi)$ 为波函数的角度部分，将角度部分合并起来即为球谐函数 $Y(\theta, \varphi)$，球谐函数 $Y(\theta, \varphi)$ 见表2.3。

表 2.2　联属勒让德函数 $\Theta_{lm}(\theta)$

$l=0, \mathrm{s}$ 轨道	$\Theta_{00}(\theta) = \dfrac{\sqrt{2}}{2}$
$l=1, \mathrm{p}$ 轨道	$\Theta_{10}(\theta) = \dfrac{\sqrt{6}}{2} \cos \theta$ $\Theta_{1\pm1}(\theta) = \mp \dfrac{\sqrt{3}}{2} \sin \theta$
$l=2, \mathrm{d}$ 轨道	$\Theta_{20}(\theta) = \dfrac{\sqrt{10}}{4} (3\cos^2 \theta - 1)$ $\Theta_{2\pm1}(\theta) = \mp \dfrac{\sqrt{15}}{2} \sin \theta \cos \theta$ $\Theta_{2\pm2}(\theta) = \dfrac{\sqrt{15}}{4} \sin^2 \theta$

续表2.2

$l=3,f$ 轨道	$\Theta_{30}(\theta) = \dfrac{3\sqrt{14}}{4}\left(\dfrac{5}{3}\cos^3\theta - \cos\theta\right)$
	$\Theta_{3\pm1}(\theta) = \mp\dfrac{\sqrt{42}}{8}\sin\theta(5\cos^2\theta - 1)$
	$\Theta_{3\pm2}(\theta) = \dfrac{\sqrt{105}}{4}\sin^2\theta\cos\theta$
	$\Theta_{3\pm3}(\theta) = \mp\dfrac{\sqrt{70}}{8}\sin^3\theta$

表 2.3　球谐函数 $Y_{lm}(\theta,\varphi)$

$$Y_{00} = \text{s} = \frac{1}{\sqrt{4\pi}}$$

$$Y_{10} = \text{p}_z = \sqrt{\frac{3}{4\pi}}\cos\theta = \sqrt{\frac{3}{4\pi}}\frac{z}{r}$$

$$Y_{1,\pm1} = \begin{cases} \text{p}_x = \sqrt{\dfrac{3}{4\pi}}\sin\theta\cos\varphi = \sqrt{\dfrac{3}{4\pi}}\dfrac{x}{r} \\[2mm] \text{p}_y = \sqrt{\dfrac{3}{4\pi}}\sin\theta\sin\varphi = \sqrt{\dfrac{3}{4\pi}}\dfrac{y}{r} \end{cases}$$

$$Y_{20} = \text{d}_{z^2} = \sqrt{\frac{5}{16\pi}}(3\cos^2\theta - 1) = \sqrt{\frac{5}{16\pi}}(3z^2 - r^2)$$

$$Y_{20} = \text{d}_{z^2} = \sqrt{\frac{5}{16\pi}}(3\cos^2\theta - 1) = \sqrt{\frac{5}{16\pi}}(3z^2 - r^2)$$

$$Y_{2,\pm1} = \begin{cases} \text{d}_{xz} = \sqrt{\dfrac{15}{4\pi}}\sin\theta\cos\theta\cos\varphi = \sqrt{\dfrac{15}{4\pi}}\dfrac{xz}{r^2} \\[2mm] \text{d}_{yz} = \sqrt{\dfrac{15}{4\pi}}\sin\theta\cos\theta\sin\varphi = \sqrt{\dfrac{15}{4\pi}}\dfrac{yz}{r^2} \end{cases}$$

$$Y_{2,\pm2} = \begin{cases} \text{d}_{xy} = \sqrt{\dfrac{15}{16\pi}}\sin^2\theta\sin 2\varphi = \sqrt{\dfrac{15}{4\pi}}\dfrac{xy}{r^2} \\[2mm] \text{d}_{x^2-y^2} = \sqrt{\dfrac{15}{16\pi}}\sin^2\theta\cos 2\varphi = \sqrt{\dfrac{15}{16\pi}}\dfrac{x^2-y^2}{r^2} \end{cases}$$

$$Y_{30} = \text{f}_{z^3} = \frac{1}{4}\sqrt{\frac{7}{\pi}}(5\cos^3\theta - 3\cos\theta) = \frac{1}{4}\sqrt{\frac{7}{\pi}}\frac{z}{r^3}(5z^2 - 3r^2)$$

$$Y_{3,\pm1} = \begin{cases} \text{f}_{xz^2} = \dfrac{1}{8}\sqrt{\dfrac{42}{\pi}}\sin\theta(5\cos^2\theta - 1)\cos\varphi = \dfrac{1}{8}\sqrt{\dfrac{42}{\pi}}\dfrac{x(5z^2 - r^2)}{r^3} \\[3mm] \text{f}_{yz^2} = \dfrac{1}{8}\sqrt{\dfrac{42}{\pi}}\sin\theta(5\cos^2\theta - 1)\sin\varphi = \dfrac{1}{8}\sqrt{\dfrac{42}{\pi}}\dfrac{y(5z^2 - r^2)}{r^3} \end{cases}$$

$$Y_{3,\pm2} = \begin{cases} \text{f}_{z(x^2-y^2)} = \dfrac{1}{4}\sqrt{\dfrac{105}{\pi}}\sin^2\theta\cos\theta\cos 2\varphi = \dfrac{1}{4}\sqrt{\dfrac{105}{\pi}}\dfrac{z(x^2-y^2)}{r^3} \\[3mm] \text{f}_{zxy} = \dfrac{1}{4}\sqrt{\dfrac{105}{\pi}}\sin^2\theta\cos\theta\sin 2\varphi = \dfrac{1}{2}\sqrt{\dfrac{105}{\pi}}\dfrac{zxy}{r^3} \end{cases}$$

$$Y_{3,\pm3} = \begin{cases} \mathrm{f}_{x(x^2-3y^2)} = \dfrac{1}{8}\sqrt{\dfrac{70}{\pi}}\,\sin^3\theta\cos3\varphi = \dfrac{1}{8}\sqrt{\dfrac{70}{\pi}}\,\dfrac{x}{r^3}(x^2-3y^2) \\[3mm] \mathrm{f}_{y(3x^2-y^2)} = \dfrac{1}{8}\sqrt{\dfrac{70}{\pi}}\,\sin^3\theta\sin3\varphi = \dfrac{1}{8}\sqrt{\dfrac{70}{\pi}}\,\dfrac{y}{r^3}(3x^2-y^2) \end{cases}$$

3. $R(r)$ 方程

将 $R(r)$ 方程

$$\frac{1}{r^2}\frac{\mathrm{d}}{\mathrm{d}r}\left(r^2\frac{\mathrm{d}R}{\mathrm{d}r}\right) + \frac{8\pi^2\mu}{h^2}(E-V)R = l(l+1)\frac{R}{r^2}$$

代入 $V = -\dfrac{Ze^2}{r}$ 得

$$\frac{\mathrm{d}^2R}{\mathrm{d}r^2} + \frac{2}{r}\frac{\mathrm{d}R}{\mathrm{d}r} + \left[\frac{8\pi^2\mu E}{h^2} + \frac{8\pi^2\mu e^2Z}{h^2r} - \frac{l(l+1)}{r^2}\right]R = 0 \tag{2.51}$$

式(2.51)称为联属拉盖尔(Laguerre)微分方程。此方程应对各种距离 r 都适用,但若 $r\to\infty$ 时,则变为下列极限式:

$$\frac{\mathrm{d}^2R}{\mathrm{d}r^2} + \frac{8\pi^2\mu E}{h^2}R = 0 \tag{2.52}$$

令 $\dfrac{8\pi^2\mu E}{h^2} = -\alpha^2$,则

$$\frac{\mathrm{d}^2R}{\mathrm{d}r^2} = \alpha^2R \tag{2.53}$$

这个方程解应为 $R = c\mathrm{e}^{\pm\alpha r}$,但唯独 $R = c\mathrm{e}^{-\alpha r}$ 才是合理的,因为当 $r\to\infty$ 时,$\mathrm{e}^{\alpha r}\to\infty$。然而要使 R 对各种 r 值都适用,必须在这个特解中考虑一个未知函数 $f(r)$。为此,可以假定

$$R = f(r)\mathrm{e}^{-\alpha r} \tag{2.54}$$

其中

$$f(r) = \sum_{\nu=0}^{\infty}b_\nu r^\nu \tag{2.55}$$

于是式(2.51)可写为

$$\frac{\mathrm{d}^2f}{\mathrm{d}r^2} + \left(\frac{2}{r} - 2\alpha\right)\frac{\mathrm{d}f}{\mathrm{d}r} + \left[\frac{8\pi^2\mu e^2Z}{h^2r} - \frac{2\alpha}{r} - \frac{l(l+1)}{r^2}\right]f = 0 \tag{2.56}$$

和解 $\Theta(\theta)$ 方程一样,如果将 $f(r)$、$\dfrac{\mathrm{d}f}{\mathrm{d}r}$、$\dfrac{\mathrm{d}^2f}{\mathrm{d}r^2}$ 代入式(2.56),即可得到一个关于 r 的多项式。于是可得到各系数之间的关系式为

$$b_{\nu+1} = \frac{2\alpha(\nu+1) - \dfrac{8\pi^2\mu e^2Z}{h^2}}{(\nu+1)(\nu+2) - l(l+1)}\cdot b_\nu \tag{2.57}$$

不过,当项次 $\nu = l-1$ 时,式(2.57)分母为零,故 r^ν 项的系数 $b_\nu = 0$,亦即 $b_{l-1} = 0$,不仅如此,而且 b_{l-2},b_{l-3},… 都为零。由此可知,必须有

$$\nu \geqslant l$$

所以 $f(r)$ 的级数由 b_lr^l 项开始,

$$f(r) = b_l r^l + b_{l+1} r^{l+1} + b_{l+2} r^{l+2} + \cdots \tag{2.58}$$

同样,$f(r)$ 也不应是无限项,否则 $r \to \infty$ 时 $f(r) \to \infty$。假定它到 ν_0 项中断,即 $b_{\nu_0+1} = 0$,则由式(2.57)可知,等式右端分子必须为零,亦即

$$2\alpha(\nu_0 + 1) - \frac{8\pi^2 \mu e^2 Z}{h^2} = 0 \tag{2.59}$$

运用 $\dfrac{8\pi^2 \mu E}{h^2} = -\alpha^2$,得

$$E = -\frac{2\pi^2 \mu e^4 Z^2}{h^2 (\nu_0 + 1)^2} \tag{2.60}$$

式中,ν_0 为正整数,故可用另一个正整数 n 代表 $\nu_0 + 1$,于是

$$E = -\frac{2\pi^2 \mu e^4 Z^2}{n^2 h^2} = -13.6 \frac{Z^2}{n^2} (\text{eV}) \tag{2.61}$$

其中,

$$n = \nu_0 + 1, \quad n \geqslant l + 1 \tag{2.62}$$

式(2.61)为能量公式。n 为主量子数,它也决定了角量子数 l 的取值。相应于 E_n 能量的径向波函数 $R(r)$ 可由下式求得

$$R(r) = f(r) \mathrm{e}^{-ar} = \mathrm{e}^{-ar}(b_l r^l + b_{l+1} r^{l+1} + \cdots + b_{n-1} \cdot r^{n-1}) \tag{2.63}$$

其系数 $b_l, b_{l+1}, \cdots, b_{n-1}$ 可由式(2.57)求得,最后得

$$R_{nl}(r) = b_l \mathrm{e}^{-\frac{Zr}{na_0}} \left[r + \frac{l+1-n}{l+1} \left(\frac{Z}{na_0}\right) r^{l+1} + \frac{(l+2-n)(l+1-n)}{(2l+3)(l+1)} \left(\frac{Z}{na_0}\right)^2 r^{l+2} + \cdots \right] \tag{2.64}$$

式中,a_0 为玻尔半径,$a_0 = \dfrac{h^2}{4\pi^2 \mu e^2}$,将式(2.61)代入 $\alpha^2 = -\dfrac{8\pi^2 \mu E}{h^2}$ 后,得到 $\alpha = \dfrac{Z}{na_0}$,系数 b_l 可由归一化条件 $\displaystyle\int_0^\infty R^2(r) r^2 \mathrm{d}r = 1$ 求得。这样就确定了 $R(r)$ 的具体形式,解得的部分径向波函数 $R_{nl}(r)$ 见表 2.4。

表 2.4 类氢离子的径向波函数 $R_{nl}(r)$

$$R_{1s} = 2 \left(\frac{Z}{a_0}\right)^{3/2} \mathrm{e}^{-\frac{Zr}{a_0}}$$

$$R_{2s} = \frac{1}{\sqrt{2}} \left(\frac{Z}{a_0}\right)^{3/2} \left(1 - \frac{Zr}{2a_0}\right) \mathrm{e}^{-\frac{Zr}{2a_0}}$$

$$R_{2p} = \frac{1}{2\sqrt{6}} \left(\frac{Z}{a_0}\right)^{5/2} r \mathrm{e}^{-\frac{Zr}{2a_0}}$$

$$R_{3s} = \frac{2}{3\sqrt{3}} \left(\frac{Z}{a_0}\right)^{3/2} \left(1 - \frac{2Zr}{3a_0} + \frac{2Z^2 r^2}{27 a_0^2}\right) \mathrm{e}^{-\frac{Zr}{3a_0}}$$

$$R_{3p} = \frac{8}{27\sqrt{6}} \left(\frac{Z}{a_0}\right)^{3/2} \left(\frac{Zr}{a_0} - \frac{Z^2 r^2}{6 a_0^2}\right) \mathrm{e}^{-\frac{Zr}{3a_0}}$$

$$R_{3d} = \frac{4}{81\sqrt{30}} \left(\frac{Z}{a_0}\right)^{7/2} r^2 \mathrm{e}^{-\frac{Zr}{3a_0}}$$

2.1.4　单电子原子的波函数

以上分别求得 Φ、Θ 和 R 后,把它们合并起来可得到类氢离子的定态波函数即单电子原子的波函数(类氢离子的一些波函数见表 2.5):

$$\psi_{nlm}(r,\theta,\varphi)=R_{nl}(r)\Theta_{lm}(\theta)\Phi_m(\varphi)=R_{nl}(r)Y_{lm}(\theta,\varphi) \tag{2.65}$$

式中,$\psi_{nlm}(r,\theta,\varphi)$ 常称为原子轨道波函数,简称原子轨道;n、l、m 分别为主量子数、角量子数和磁量子数,它们的物理意义和取值范围将在下面介绍;$R_{nl}(r)$ 称为波函数的径向部分;$Y_{lm}(\theta,\varphi)$ 称为波函数的角度部分,它是球谐函数,$R_{nl}(r)$ 和 $Y_{lm}(\theta,\varphi)$ 的具体表达式形式可参见有关参考书,下面列出几个球谐函数:

$$Y_\infty=\mathrm{s}=\frac{1}{\sqrt{4\pi}}$$

$$Y=\mathrm{p}_z=\sqrt{\frac{3}{4\pi}}\cos\theta$$

$$Y_{1,\pm1}=\begin{cases}\mathrm{p}_y=\sqrt{\frac{3}{4\pi}}\sin\theta\sin\varphi\\[2mm]\mathrm{p}_x=\sqrt{\frac{3}{4\pi}}\sin\theta\cos\varphi\end{cases}$$

式中,p_x 和 p_y 都是球谐函数 $Y_{1,1}(l=1,m=1)$ 和 $Y_{1,-1}(l=1,m=-1)$ 线性组合的结果;并非 p_x 对应于 $m=1$,p_y 对应于 $m=-1$。

另外,这里写出的波函数都是正交归一的,即

$$\int_0^{2\pi}\Phi_m^*\Phi_m\mathrm{d}\varphi=\delta_{mm'} \tag{2.66}$$

$$\int_0^\pi\Theta_{lm}\Theta_{l'm}\sin\theta\mathrm{d}\theta=\delta_{ll'} \tag{2.67}$$

$$\int_0^\infty R_{nl}R_{n'l}r^2\mathrm{d}r=\delta_{nn'} \tag{2.68}$$

$$\int_0^\infty\int_0^\pi\int_0^{2\pi}\psi_{nlm}^*\psi_{n'l'm'}r^2\sin\theta\mathrm{d}\varphi\mathrm{d}\theta\mathrm{d}r=\delta_{nn'}\delta_{ll'}\delta_{mm'} \tag{2.69}$$

Φ、Θ、R、Y、ψ 都已归一化,即

$$\int_0^{2\pi}\Phi^*\Phi\mathrm{d}\varphi=1$$

$$\int_0^\pi\Theta^*\Theta\sin\theta\mathrm{d}\theta=1$$

$$\int_0^\infty R^*Rr^2\mathrm{d}r=1$$

$$\int_0^\pi\int_0^{2\pi}Y^*Y\sin\theta\mathrm{d}\theta\mathrm{d}\varphi=1$$

$$\int_0^\infty\int_0^\pi\int_0^{2\pi}\psi^*\psi r^2\sin\theta\mathrm{d}r\mathrm{d}\theta\mathrm{d}\varphi=1$$

球坐标系的微体积元

$$\mathrm{d}r=\sin\theta\mathrm{d}r\mathrm{d}\theta\mathrm{d}\varphi$$

对于角量子数 l 规定的波函数,通常用符号 s,p,d,f,g,h,⋯ 依次代表 $l=0,1,2,3,4,5,⋯$ 的状态。例如,$n=2,l=0$ 的状态可写为 ψ_{2s};$n=3,l=2$ 的状态可写为 ψ_{3d},等等。

表 2.5　类氢离子的波函数 $\psi_{nlm}(r,\theta,\varphi)$,$\sigma=Zr/a_0$

$n=1,l=0,m=0$	$\psi_{1s}=\dfrac{1}{\sqrt{\pi}}\left(\dfrac{Z}{a_0}\right)^{3/2}\mathrm{e}^{-\sigma}$
$n=2,l=0,m=0$	$\psi_{2s}=\dfrac{1}{4\sqrt{2\pi}}\left(\dfrac{Z}{a_0}\right)^{3/2}(2-\sigma)\mathrm{e}^{-\sigma/2}$
$n=2,l=1,m=0$	$\psi_{2p_z}=\dfrac{1}{4\sqrt{2\pi}}\left(\dfrac{Z}{a_0}\right)^{3/2}\sigma\mathrm{e}^{-\sigma/2}\cos\theta$
$n=2,l=1,m=\pm1$	$\psi_{2p_x}=\dfrac{1}{4\sqrt{2\pi}}\left(\dfrac{Z}{a_0}\right)^{3/2}\sigma\mathrm{e}^{-\sigma/2}\sin\theta\cos\varphi$ $\psi_{2p_y}=\dfrac{1}{4\sqrt{2\pi}}\left(\dfrac{Z}{a_0}\right)^{3/2}\sigma\mathrm{e}^{-\sigma/2}\sin\theta\sin\varphi$
$n=3,l=0,m=0$	$\psi_{3s}=\dfrac{1}{81\sqrt{3\pi}}\left(\dfrac{Z}{a_0}\right)^{3/2}(27-18\sigma+2\sigma^2)\mathrm{e}^{-\sigma/3}$
$n=3,l=1,m=0$	$\psi_{3p_z}=\dfrac{\sqrt{2}}{81\sqrt{\pi}}\left(\dfrac{Z}{a_0}\right)^{3/2}(6-\sigma)\sigma\mathrm{e}^{-\sigma/3}\cos\theta$
$n=3,l=1,m=\pm1$	$\psi_{3p_x}=\dfrac{\sqrt{2}}{81\sqrt{\pi}}\left(\dfrac{Z}{a_0}\right)^{3/2}(6-\sigma)\sigma\mathrm{e}^{-\sigma/3}\sin\theta\cos\varphi$ $\psi_{3p_y}=\dfrac{\sqrt{2}}{81\sqrt{\pi}}\left(\dfrac{Z}{a_0}\right)^{3/2}(6-\sigma)\sigma\mathrm{e}^{-\sigma/3}\sin\theta\sin\varphi$
$n=3,l=2,m=0$	$\psi_{3d_{z^2}}=\dfrac{1}{81\sqrt{6\pi}}\left(\dfrac{Z}{a_0}\right)^{3/2}\sigma^2\mathrm{e}^{-\sigma/3}(3\cos^2\theta-1)$
$n=3,l=2,m=\pm1$	$\psi_{3d_{xz}}=\dfrac{\sqrt{2}}{81\sqrt{\pi}}\left(\dfrac{Z}{a_0}\right)^{3/2}\sigma^2\mathrm{e}^{-\sigma/3}\sin\theta\cos\theta\cos\varphi$ $\psi_{3d_{yz}}=\dfrac{\sqrt{2}}{81\sqrt{\pi}}\left(\dfrac{Z}{a_0}\right)^{3/2}\sigma^2\mathrm{e}^{-\sigma/3}\sin\theta\cos\theta\sin\varphi$
$n=3,l=2,m=\pm2$	$\psi_{3d_{x^2-y^2}}=\dfrac{1}{81\sqrt{2\pi}}\left(\dfrac{Z}{a_0}\right)^{3/2}\sigma^2\mathrm{e}^{-\sigma/3}\sin^2\theta\cos2\varphi$ $\psi_{3d_{xy}}=\dfrac{1}{81\sqrt{2\pi}}\left(\dfrac{Z}{a_0}\right)^{3/2}\sigma^2\mathrm{e}^{-\sigma/3}\sin^2\theta\cos2\varphi$

2.2　量子数的物理意义

用上述解得的波函数 ψ 来描述原子中电子的空间运动,称为轨道运动,电子的轨道运动可由 3 个量子数 n、l、m 决定,这三个量子数都是在解薛定谔方程中,为了使波函数有合理解,而引入的一些自然数。它们的取值分别为

$$n=1,2,3,4,\cdots \tag{2.70}$$
$$l=0,1,2,3,\cdots,n-1 \tag{2.71}$$
$$m=0,\pm 1,\pm 2,\pm 3,\cdots,\pm l \tag{2.72}$$

（1）主量子数 n。

主量子数 n 主要决定能量 E_n：

$$E_n=-\frac{Z^2}{n^2}\left(\frac{e^2}{2a_0}\right)=-\frac{2\pi^2\mu e^4 Z^2}{n^2 h^2}=-13.6\frac{Z^2}{n^2}(\text{eV}) \tag{2.73}$$

式中，Z 是核电荷数；主量子数 n 只能取正整数，这也是解 R 方程的限制。式（2.73）即单电子原子的能级公式。

E_n 也可由能量算符 $\hat{H}$ 直接作用波函数 ψ 得到，它取负值，是因为把电子距核无穷远处的能量算作零。

对于氢原子，$Z=l$，其基态（$n=1$）能量为

$$E_1=-13.595 \text{ eV}$$

若以电子质量 m_e（9.11×10^{-31} kg）代替折合质量 μ，可得

$$E_1=-2.180\times 10^{18}\text{J}=-13.606 \text{ eV}$$

其他状态时

$$E_n=-13.595\frac{1}{n^2}\text{eV} \quad n=1,2,3,\cdots \tag{2.74}$$

零点能效应是所有受一定势能场束缚的微观粒子的一种量子效应，它反映微粒在能量最低的基态时仍在运动，所以称为零点能。

对单电子体系，在 n 相同而 l、m 不同的状态时，其能量是简并的，这些状态互称为简并态。对于一个给定的 n 值，可以有 n 个不同的 l 值，而对于各个 l 值，又有（$2l+1$）个不同的 m 值，所以具有相同能量的状态的总数即简并度为

$$\begin{aligned}
g&=\sum_{l=0}^{n-1}(2l+1)\\
&=1+3+5+\cdots+2n-1\\
&=\frac{(1+2n-1)n}{2}\\
&=n^2
\end{aligned} \tag{2.75}$$

（2）角量子数 l。

将角动量平方算符 $\hat{M}^2=-\hbar^2\left[\frac{1}{\sin\theta}\frac{\partial}{\partial\theta}\left(\sin\theta\frac{\partial}{\partial\theta}\right)+\frac{1}{\sin^2\theta}\frac{\partial^2}{\partial\varphi^2}\right]$ 作用到氢原子波函数上，可得如下关系式：

$$\hat{M}^2\psi=l(l+1)\hbar^2\psi \tag{2.76}$$

根据量子力学基本假设，ψ 所代表的状态角动量平方有确定值：

$$M^2=l(l+1)\hbar^2 \quad l=0,1,2,\cdots,n-1 \tag{2.77}$$

或

$$|M|=\sqrt{l(l+1)}\hbar \tag{2.78}$$

可见,量子数 l 决定电子的原子轨道角动量的大小,这是称为角量子数的原因。

原子的角动量和原子的磁矩有关,原子只要有角动量就有磁矩存在,磁矩 μ 与角动量 M 的关系为

$$\mu = -\frac{e}{2mc}M \tag{2.79}$$

式中,m 为电子质量;e 为电子电荷;c 为光速;$\frac{e}{2mc}$ 为轨道磁矩和轨道角动量的比值,称为轨道运动的磁旋比。所以具有量子数 l 的电子,磁矩的大小 $|\mu|$ 与量子数 l 的关系为

$$|\mu| = \frac{e}{2mc}\sqrt{l(l+1)}\hbar = \sqrt{l(l+1)}\mu_B \tag{2.80}$$

式中,μ_B 为玻尔磁子,$\mu_B = \frac{e\hbar}{2mc}$。

(3) 磁量子数 m。

磁量子数是在解 Φ 方程中得到的,也可按下列思路来理解。

角动量在 z 方向分量 M_z 的算符为 $\hat{M}_z = -\mathrm{i}\hbar\dfrac{\partial}{\partial\varphi}$,将这个算符作用到氢原子 Φ 方程复数解形式的波函数上可得

$$\hat{M}_z\psi = m\hbar\psi \tag{2.81}$$

说明 ψ 所代表的状态,其角动量在 z 方向分量 M_z 有确定值:

$$M_z = m\hbar \quad m = 0, \pm 1, \pm 2, \cdots, \pm l \tag{2.82}$$

在磁场中 z 方向即磁场方向,因此 m 称为磁量子数。m 决定电子的轨道角动量在 z 方向上的分量,也决定轨道磁矩在磁场方向的分量 μ_z:

$$\mu_z = -m\mu_B \tag{2.83}$$

角动量在磁场方向分量的量子化,已通过塞曼(Zeeman)效应得到证实。

轨道角动量的 3 个分量算符互不对易,z 分量一旦有确定值,x 和 y 分量就不确定。轨道角动量作为矢量,方向也不确定,所以常用圆锥面表示该矢量的各种可能取向,如图 2.2(a)所示。 图 2.2(b)中同时给出了 5 个 d 轨道角动量的圆锥面示意图。

塞曼

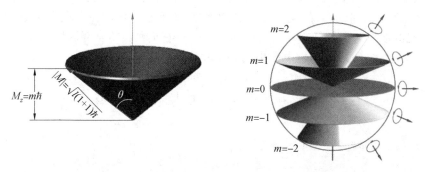

(a) 轨道角动量圆锥面示意图　　(b) d 轨道角动量的圆锥面示意图

图 2.2　轨道角动量圆锥面示意图和 d 轨道角动量的圆锥面示意图

2.3　波函数和电子云的图形

波函数(ψ,原子轨道)和电子云(ψ^2在空间的分布)是三维空间坐标的函数,将它们用图形表示出来,使抽象的数学表达式成为具体的图像,对于了解原子的结构和性质,了解共价键的形成,从而了解原子化合为分子的过程具有重要的意义。

波函数和电子云的分布和特征可用多种图形表示,下面对各种图形分别加以讨论。

如果用小黑点的疏密来表示空间各点的概率密度ψ_{1s}^2的大小,则黑点密的区域表示电子出现的概率密度大,黑点稀的区域概率密度小。概率密度分布又被形象地称为电子云,如图2.3(a)所示。

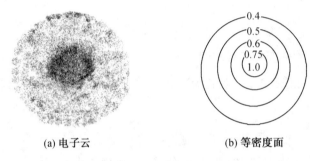

(a) 电子云　　　　　　　　(b) 等密度面

图2.3　电子云和等密度面

若将电子云图中概率密度相等的各点连接起来,会形成空心的曲面,称之为等密度面。基态的等密度面是一系列同心的球面(剖面图为同心圆),球面上概率密度的相对大小用数字在各面上标出,越靠近核的球面的概率密度越大,标记的数字也相应越大,如图2.3(b)所示。

靠近核处,概率密度很大,但是球面太小,电子出现的概率未必大;反之,离核远的地方球面很大,但该处概率密度较小,因此概率也不会最大。可以想象,一定在空间某个r处会出现概率最大的情况,考察半径为r、厚度为dr的球壳内电子出现的概率,通常用径向分布函数D来描述。

计算从半径为r处的球面到半径为$r+dr$的球面之间的薄壳层内电子出现的概率:

$\psi^2(r,\theta,\varphi)$表示在(r,θ,φ)处电子的概率密度,因而在点(r,θ,φ)附近的微体积元$d\tau$中,电子出现的概率为$\psi^2(r,\theta,\varphi)d\tau$。将$\psi^2(r,\theta,\varphi)d\tau$在$\theta$和$\varphi$的全部区域积分,其结果表示半径为$r$、厚度为$dr$的球壳内电子出现的概率。若将

$$\psi(r,\theta,\varphi)=R(r)\Theta(\theta)\Phi(\varphi)$$
$$d\tau=r^2\sin\theta drd\theta d\varphi$$

代入,并令

$$\begin{aligned}Ddr&=\int_{\varphi=0}^{2\pi}\int_{\theta=0}^{\pi}\psi^2(r,\theta,\varphi)d\tau\\&=\int_{\varphi=0}^{2\pi}\int_{\theta=0}^{\pi}[R(r)\Theta(\theta)\Phi(\varphi)]^2r^2\sin\theta drd\theta d\varphi\\&=r^2R^2dr\int_0^{\pi}\Theta^2\sin\theta d\theta\int_0^{2\pi}\Phi^2d\varphi\end{aligned}$$

$$= r^2 R^2 \, \mathrm{d}r$$

$$D = r^2 R^2(r) \tag{2.84}$$

对于 s 态

$$D = 4\pi r^2 \psi_{1s}^2 \tag{2.85}$$

式中同时包含球面和概率密度两个因素,它表明在半径为 r 的球面上单位厚度($\mathrm{d}r=1$)球壳内电子出现的概率为 $\mathrm{d}W = 4\pi r^2 \psi_{1s}^2 \mathrm{d}r$。为求最大概率时的 r 值,令

$$\frac{\mathrm{d}D}{\mathrm{d}r} = \frac{\mathrm{d}}{\mathrm{d}r}\left(4\pi r^2 \frac{Z^3}{\pi a_0^3} \mathrm{e}^{\frac{-2Zr}{a_0}}\right) = 0 \tag{2.86}$$

得 $r = \dfrac{a_0}{Z}$ 时,径向分布函数值最大(图 2.4)。

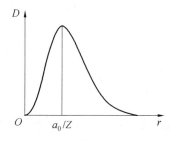

氢原子的各种波函数的径向分布有几种表示方法:① 径向波函数 $R(n,l)$ 对 r 作图,是反映在任意给定角度方向上,波函数 ψ 随 r 变化的情况(图 2.5);② $R^2(n,l)$ 对 r 作图,是反映在任意给定角度方向上,电子云密度随 r 变化的情况(图 2.5);③ 径向分布函数 D 对 r 作图(图 2.6),径向分布图中曲线最高点的位置对应最大概率时的 r 值。

图 2.4　1s 电子云的径向分布图

$D-r$ 图中,曲线峰的个数等于 $(n-l)$。在两个高峰之间函数有一个零点,以零点的 r 为径向可作一球面,在此球面上电子云密度等于零,称为节面,节面的数目等于 $(n-l-1)$。例如,3s 有 $3-0-1=2$ 个节面,3p 有 $3-1-1=1$ 个节面。

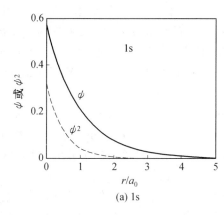

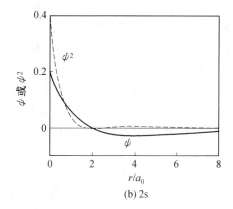

(a) 1s

(b) 2s

图 2.5　径向函数图

对于 1s 态,在核附近 D 的数值为 0。随 r 增加,D 增大,到 $r=a_0$ 处出现极大值,这是由于概率密度 ψ^2 是随 r 值增加而下降的,但壳层体积 $4\pi r^2 \mathrm{d}r$ 随 r 增加而上升,这两个随 r 变化趋势相反的因素乘在一起的结果。它表明在 $r=a_0$ 附近,在厚度为 $\mathrm{d}r$ 的球壳夹层内找到电子的概率。在这个意义上,可以说玻尔轨道是氢原子结构的粗略近似。

主量子数为 n、角量子数为 l 的状态,径向分布图中有 $(n-l)$ 个极大峰值和 $(n-l-1)$ 个为 0 值的点(不包括原点),虽然主峰位置随 l 增加而向核移近,但 l 值越小,峰数目越多,最内层的峰离核最近。n 值不同而 l 值相同的轨道,如 1s,2s,3s;2p,3p,4p;3d,4d,5d 等,

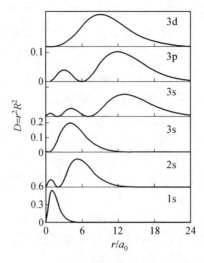

图 2.6　径向分布图

其主峰按照主量子数增加的顺序向离核远的方向排列,例如,3p态的主峰在2p态外面,4p态的主峰在3p态外面等。这说明:主量子数小的轨道在靠近原子核的内层,所以能量低;主量子数大的轨道在离核远的外层,所以能量高。这一点虽与玻尔模型的结论一致,但有本质区别:玻尔模型是行星绕太阳式的轨道,n 值大的轨道绝对在外,n 值小的轨道绝对在内。由于电子具有波动性,电子活动范围并不局限在主峰上,主量子数大的有一部分钻到离核很近的内层。

在实际讨论分子的静态结构及其在化学反应中的化学键变化问题时,原子轨道和电子云角度分布更重要,因为共价键是有方向性的。由于 $Y_{lm}(\theta,\varphi)$ 是波函数的角度部分,变量为 θ 和 φ,通常角度分布图为极坐标图,作图时从原点(核的位置)开始,沿给定 θ 和 φ 值方向,取一定长度 $|Y|$,再注明正负号表相位,将空间各方向上代表 $|Y|$ 值大小线段端点连接,即得角度分布图。

图 2.7 给出了 s、p、d 态的角度分布图,图中"$+$、$-$"号表示 $Y_{lm}(\theta,\varphi)$ 的符号。s 态的角度分布是球形对称的,在每个球壳内概率密度完全相等。p_z 的角度分布是在 xz 平面上下的两个哑铃形,xy 平面是它的节面,p_x、p_y 和 p_z 相似只是对称轴不同。五个 d 轨道的角度分布图中,d_{3z^2} 轨道表现在 z 轴方向上有两大瓣位相为正的"叶",而在 x 轴和 y 轴上有两小瓣位相为负的"叶",因为这个函数对 z 轴对称(和 φ 无关),所以在 xz 和 yz 平面上的剖面图是一样的。可以将这样的 d_{3z^2} 轨道的空间图像想象为上下两个正"气球"中间一个负的"轮胎"。d_{xz} 和 d_{yz} 轨道波函数分别为 xz 和 yz 平面上由四个瓣互成直角、符号交替的"叶子"组成,其中在一直线上、符号相同的两瓣叶子分别与坐标轴成 $45°$。作为类似的讨论,可知 $d_{x^2-y^2}$ 和 d_{xy} 轨道波函数的角度分布有与 d_{xz}、d_{yz} 相似的形状,仅四瓣叶子的伸展方向不同。对于 $l=2$ 的 d 轨道,都是两个角节面。一般来说,角度分布的节面数等于角量子数 l,所以主量子数为 n、角量子数为 l 的态共有 $(n-l)$ 个节面。

原子轨道 ψ 是 r、θ、φ 的函数,ψ 在原子核周围空间各点上的数值随 r、θ、φ 的变化而改变。由于三维数值在纸面上不易表达,通常在通过原子核及某些坐标的截面上,把面上各点的 r、θ、φ 值代入 ψ 中,然后根据 ψ 值的正负和大小画出等值线,即为原子轨道等值线

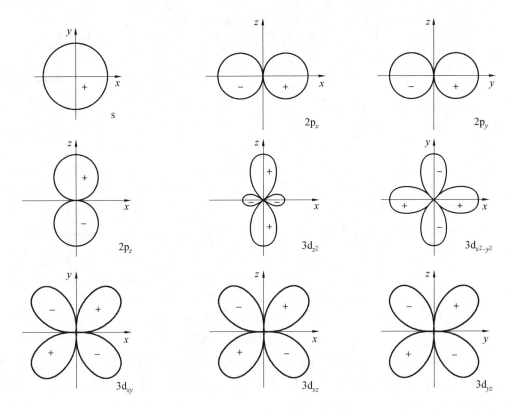

图 2.7　s、p、d 态的角度分布图

图。将等值线图围绕对称轴转动,可将平面图扩展成原子轨道空间分布图,故等值线图是绘制原子轨道空间分布图的基础。

　　图 2.8 中分别画出氢原子 s、$2p_z$、$3p_z$、$3d_{z^2}$、$3d_{x^2-y^2}$ 及 $3d_{xy}$ 等轨道的等值线图,图中等值线上注明的数字是取原子单位并乘 100 后的 ψ 值。

　　$2p_z$ 最大值点在 z 轴上,离核 $\pm 2a_0$ 处,xy 平面是 ψ 为 0 的节面;$3p_z$ 的等值线图大体轮廓与 $2p_z$ 相似,但多一个球形节面,此节面与核距离为 $6a_0$。在各种原子轨道中,主量子数越大,节面越多,能级越高。节面的多少及其形状是了解原子轨道空间分布的重要信息。s 轨道是球形对称的;3 个 p 轨道是中心反对称的,有 1 个平面型的节面;5 个 d 轨道是中心对称的,其中 $3d_{z^2}$ 轨道沿 z 轴旋转对称,有 2 个锥形节面,其顶点与核相连,锥体角度为 $110°$,其余 4 个 d 轨道均有 2 个平面型节面,只是空间分布取向不同。

　　以原子轨道等值线图为基础,可以派生出下面几种图形。

1. 电子云分布图

　　绘制出原子轨道 ψ 的等值线图后,概率密度(即电子云)ψ^2 的等值线图便很容易得到,因为 ψ 的等值线也就是 ψ^2 的等值线;ψ 在空间分布的等值面,也是 ψ^2 在空间分布的等值面(仅数值不同)。ψ^2 空间分布图中最高点的位置以及节面的数目、形状和位置均与 ψ 空间分布图相同,只是 ψ^2 不为负值,而 ψ 则有正有负。

　　与 ψ^2 分布相同的状态对应,ψ 有 $+\psi$ 和 $-\psi$ 两种,$+\psi$ 和 $-\psi$ 均可描述同一状态,对于

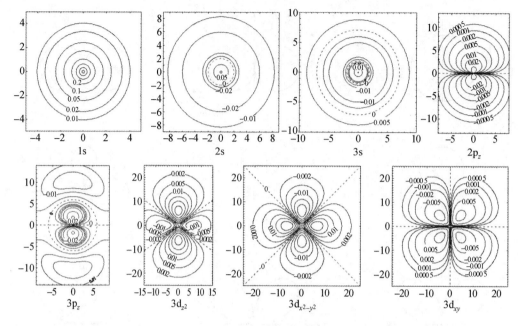

图 2.8　原子轨道等值线图

孤立原子,选择 $+\psi$ 和 $-\psi$ 均可。例如,2s 轨道可以将节面内靠近核的 ψ 选为正值,如图 2.9 所示;而通常考虑成键时,节面内靠近核的 ψ 选为负值,节面外的 ψ 则为正值。原子间相互成键时,ψ 的正负号十分重要,应正确选择。

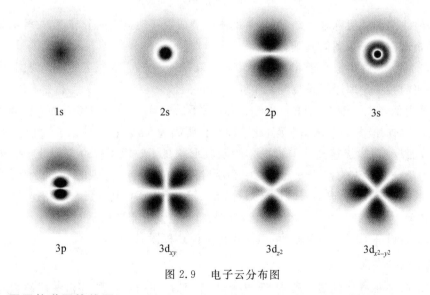

图 2.9　电子云分布图

2. 原子轨道网格线图

截面上原子轨道 ψ 的等值线图可用网格的弯曲情况表示,如图 2.10 所示。网格线平面为截面,网格平整的平面表示 ψ 为 0;网格线向上凸起,表示该处 ψ 为正值;向下凹陷表示该处 ψ 为负值。对于 s 态,平面上峰的中心位置为原子核的位置;对于 2p 态,高峰和低谷连线的中点为原子核位置。

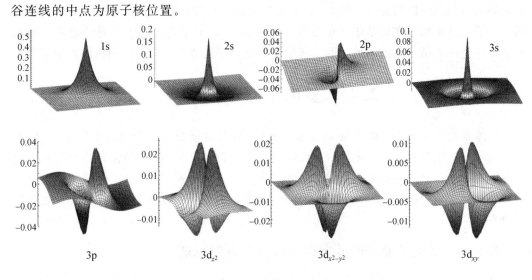

图 2.10　原子轨道网格线图

3. 原子轨道轮廓图

把 ψ 的大小轮廓和正负在直角坐标系中表达出来，以反映 ψ 在空间的图形（称为原子轨道轮廓图或简称原子轨道图）。它与界面图不同，界面图没有正负号。它与等值线图也不同，等值线图反映原子轨道在通过原点的某一平面上的等值线，能定量地反映 ψ 数值的大小和正负，而原子轨道轮廓图是三维空间中反映 ψ 的空间分布情况，具有大小和正负，

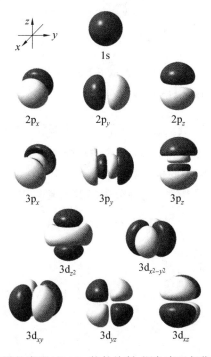

图 2.11　原子轨道轮廓图（Gview 软件绘制，深色表正相位，浅色表负相位）

但它的图线只有定性的意义。图 2.11 所示为 1s、2p、3p、3d 等共计 12 个原子轨道的轮廓图。原子轨道轮廓图在化学中有重要意义,它可为了解分子内部原子之间轨道重叠形成化学键的情况提供明显的图像。原子轨道轮廓是原子轨道空间分布图简化的实用图形。

2.4　多电子原子的结构

用薛定谔方程求能量的本征函数和本征值,只有在最简单的少数几个体系(如氢原子、谐振子、一维势箱等)中才是精确可解的。对于较复杂的体系,如含有两个及两个以上电子的原子和分子就必须用近似方法来求解。在多电子原子中,由于电子间存在复杂的瞬时相互作用,其势能函数形式比较复杂,薛定谔方程的精确求解比较困难,一般采用近似方法。

2.4.1　多电子原子的薛定谔方程及其近似求解

最简单的多电子原子是氦原子(He),它的核电荷数为 2,有两个绕核运动的电子(e_1 和 e_2),如图 2.12 所示。

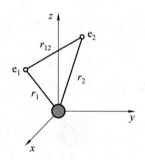

图 2.12　两电子 He 体系坐标

定核近似下,He 原子的薛定谔方程为

$$\left[-\frac{\hbar^2}{2m}(\nabla_1^2+\nabla_2^2)-\frac{2e^2}{4\pi\varepsilon_0 r_1}-\frac{2e^2}{4\pi\varepsilon_0 r_2}+\frac{e^2}{4\pi\varepsilon_0 r_{12}}\right]\psi(1,2)=E\psi(1,2) \qquad (2.87)$$

式中,左边中括号中第一项为电子 1 和电子 2 的动能项;第二、三项为电子 1 和电子 2 与核的吸引势能;第四项为两个电子的排斥势能。

为计算和书写方便,量子力学在处理分子问题时常采用原子单位制:

1 原子长度:$a_0=\dfrac{4\pi\varepsilon_0\hbar^2}{m_e e^2}=52.917\ 7\ \text{pm}$; $4\pi\varepsilon_0=1\ \text{a. u.}$; $\hbar=\sqrt{a_0 m_e e^2}=1\ \text{a. u.}$

1 原子质量:$m_e=9.11\times10^{-31}\ \text{kg}$

1 原子电荷:$e=1.602\ 2\times10^{-19}\ \text{C}$

1 原子能量:1 hartee $=e^2/4\pi\varepsilon_0 a_0=27.211\ 14\ \text{eV}=627.509\ 5\ \text{kcal}\cdot\text{mol}^{-1}=2\ 625.505\ \text{kJ}\cdot\text{mol}^{-1}$

原子单位简化后得

$$\left[-\frac{1}{2}(\nabla_1^2+\nabla_2^2)-\frac{Z}{r_1}-\frac{Z}{r_2}+\frac{1}{r_{12}}\right]\psi=E\psi \qquad (2.88)$$

对于原子序数为 Z、含 n 个电子的原子,其薛定谔方程中,若不考虑电子自旋运动及其相互作用,并假定质心和核心重合,用原子单位表示,则哈密顿算符为

$$\hat{H} = -\frac{1}{2} \sum_{i=1}^{n} \nabla_i^2 - \sum_{i=1}^{n} \frac{Z}{r_i} + \sum_{i=1}^{n} \sum_{i>j} \frac{1}{r_{ij}} \tag{2.89}$$

式中,右边第一项是各电子的动能算符;第二项是各电子与原子核相互作用的势能算符;第三项是各电子对之间相互作用的势能算符。i 和 j 表示不同的电子,因为其中有 $r_{ij} = \sqrt{(x_i - x_j)^2 + (y_i - y_j)^2 + (z_i - z_j)^2}$,涉及两个电子的坐标,无法分离变量,不能按单电子薛定谔方程的求解方法解决,如将第三项当作 0,即电子间没有相互作用,这时体系的薛定谔方程可近似表示为

$$\left(-\sum_{i=1}^{n} \frac{1}{2} \nabla_i^2 + \sum_{i=1}^{n} \frac{Z}{r_i} \right) \psi = E\psi \tag{2.90}$$

这个近似的薛定谔方程只与电子 i 有关,可进行变量分离处理。令 $\psi(1, 2, \cdots, n) = \psi_1(1)\psi_2(2)\cdots\psi_n(n)$,则式(2.90)分离变量后可分解为 n 个单电子薛定谔方程:

$$\hat{H}_i \psi_i(i) = E_i \psi_i(i) \tag{2.91}$$

式中,$\hat{H}_i$ 类似于单电子原子能量算符,可按单电子薛定谔方程的求解方法解出 ψ_i 和 E_i;在基态,电子按泡利(Pauli)原理、能量最低原理和洪德(Hund)规则填充在这些原子轨道中,ψ_i 称为单电子波函数,E_i 为与 ψ_i 对应的能量,此时多电子原子体系的近似波函数可表示为

$$\psi = \psi_1 \psi_2 \cdots \psi_n$$

体系总能量可表示为

$$E = E_1 - E_2 + \cdots - E_n \tag{2.92}$$

这种近似处理方法称为零级近似。按照零级近似,He 原子基态的能量为

$$E = E_1 + E_2 = 2E_{1s} = -13.6 \times 2^2 \times 2 = -108.8 \text{ eV}$$

实验值为 -79.006 eV。

实际上原子中电子之间存在不可忽视的相互作用,在不忽略电子相互作用的情况下,可用单电子波函数来描述多电子原子中单个电子的运动状态,这种近似称为单电子近似。这时体系中各个电子都分别在某个势场中独立运动,犹如单电子体系那样。为了从形式上把电子间的势能变成与 r_{12} 无关的函数,便于解出薛定谔方程,常用自洽场(Self-Consistent Field,SCF)法和中心力场法等方法。

(1) 自洽场法。

自洽场法(此方法最早由哈特里(Hartree)提出,后被福克(Fock)改进,故又称哈里特-福克法)假定电子 i 处在原子核及其他 $(n-1)$ 个电子的平均势场中运动,为了计算平均势场,先引进一组近似波函数求 $\sum_{i>j} \frac{1}{r_{ij}}$ 的平均值,使之成为只与 r_i 有关的函数 $V(r_i)$:

$$\hat{H} = -\frac{1}{2} \nabla_i^2 - \frac{Z}{r_i} + V(r_i) \tag{2.93}$$

式中,$V(r_i)$ 是由其他电子的波函数决定的,例如,求 $V(r_i)$ 时,需用 $\psi_2, \psi_3, \psi_4, \cdots$ 来计算;

求 $V(r_2)$ 时,需用 $\psi_1,\psi_3,\psi_4,\cdots$ 来计算。有了 $\hat{H}_i$,解这一组方程得新一轮的 $\psi_i^{(1)}$,用它计算新一轮的 $V^{(1)}(r_i)$,如法解出第二轮的 $\psi_i^{(2)}\cdots$,如此循环,直至前一轮的波函数和后一轮的波函数很好地符合,即自洽为止。自洽场法提供了单电子原子轨道图像,它把原子中任一电子 i 的运动看成在原子核及其他电子的平均势场中独立运动,犹如单电子体系那样,所以可看作原子中单电子的运动状态,即原子轨道,E_i 为原子轨道能,但自洽场所得的原子轨道能之和,并不是正好等于原子的总能量,而应扣除多计算的电子间的互斥能。

(2) 中心力场法。

中心力场法是将原子中其他电子对第 i 个电子的排斥作用看成是球对称的、只与径向有关的力场,这样第 i 个电子受其余电子的排斥作用被看成相当于 σ_i 个电子在原子中心与之相互排斥,第 i 个电子的势能函数为

$$V_i = -\frac{Z}{r_i} + \frac{\sigma_i}{r_i} = -\frac{Z-\sigma_i}{r_i} = -\frac{Z^*}{r_i} \qquad (2.94)$$

式(2.94) 在形式上与单电子原子的势能相似,式中 Z^* 称为有效核电荷;σ_i 称为屏蔽常数,其意义是除 i 电子外,其他电子对 i 的相互排斥作用使核的正电荷减小 σ_i,所以多电子原子中第 i 个电子的单电子薛定谔方程为

$$\left(-\frac{1}{2}\nabla_i^2 - \frac{Z-\sigma_i}{r_i}\right)\psi_i = E_i\psi_i \qquad (2.95)$$

式中,ψ_i 为单电子波函数,它近似地表示原子中第 i 个电子的运动状态,也称原子轨道;E_i 近似地为这个状态的能量,即原子轨道能。按解单电子原子薛定谔方程的方法,将 Z 换成 Z^*,即得 ψ_i 和相应的 E_i,ψ_i 仍由 n、l、m 这 3 个量子数所确定,而且

$$\psi_{nlm} = R'_{nl}(r)Y_{lm}(\theta,\varphi) \qquad (2.96)$$

因为解 Θ 方程和 Φ 方程时与势能项 $V(r_i)$ 无关,故 $Y_{lm}(\theta,\varphi)$ 的形式与单电子原子相同,而 $R'_{nl}(r)$ 则与单电子原子的 $R_{nl}(r)$ 不相同,与 ψ_i 对应的单电子原子轨道能为

$$E_i = -[13.6(Z^*)^2/n^2](eV) \qquad (2.97)$$

原子的总能量近似地由各个电子的能量 E_i 加和得到,也可通过实验测定全部电子电离所需的能量得到,原子中全部电子电离能之和等于原子轨道能总和的负值。

2.4.2　原子轨道能和电子结合能

原子轨道能是指与单电子波函数 ψ_i 对应的能量 E_i,原子的总能量近似等于各个电子原子轨道能之和。电子结合能是指在中性原子中,当其他电子均处在可能的最低能态时,电子从指定的轨道上电离时所需能量的负值。电子结合能反映了原子轨道能级的高低,又称原子轨道能级。

1. 原子轨道能

原子轨道能可近似由屏蔽常数计算。斯莱特(Slater) 提出估算屏蔽常数 σ 的方法:

(1) 将电子按内外次序分组:1s | 2s,2p | 3s,3p | 3d | 4s,4p | 4d | 4f | 5s,5p | 等。

(2) 外层电子对内层电子无屏蔽作用,即 $\sigma = 0$。

(3) 同一组,$\sigma = 0.35$(1s组内电子间 $\sigma = 0.30$)。

（4）对于 s、p 电子，相邻内一组的电子对它的屏蔽常数是 0.85；对于 d、f 电子，相邻内一组的电子对它的屏蔽常数均为 1.00。

（5）更内的各组 $\sigma = 1.00$。

这个方法可用于主量子数为 $1 \sim 4$ 的轨道，更高轨道的准确性较差。下面以碳原子为例说明该法的应用。碳原子的电子组态为 $1s^2 2s^2 2p^2$，1s 电子的屏蔽常数 $\sigma = 0.30$，因而有效核电荷 $Z^* = 6 - 0.30 = 5.70$，碳原子的 1s 轨道能为

$$E_{1s} = -(13.6 \text{ eV}) \times (5.70)^2 = -442 \text{ eV}$$

2s 电子的屏蔽常数 $\sigma = 2 \times 0.85 + 3 \times 0.35 = 2.75$，有效核电荷为 $Z^* = 6 - 2.75 = 3.25$，碳原子的 2s（或 2p）轨道能为

$$E_{2s} = -(13.6 \text{ eV}) \frac{3.25^2}{2^2} = -35.9 \text{ eV}$$

按斯莱特方法计算，E_{2s} 和 E_{2p} 相同，在 2s 和 2p 轨道上的 4 个电子的原子轨道能之和为 $4 \times (-35.9 \text{ eV}) = -143.6 \text{ eV}$。此数值与 C 原子的第一至第四电离能之和的负值相近，即

$$I_1 + I_2 + I_3 + I_4 = (11.26 + 24.38 + 47.89 + 64.49) \text{eV} = 148.0 \text{ eV}$$

同理，两个处在 1s 轨道上的电子的原子轨道能之和为

$$2 \times \left[-(13.6 \text{ eV}) \times \frac{(6 - 0.3)^2}{1} \right] = -884 \text{ eV}$$

与实验测定的 $(I_3 + I_5) = (392.1 + 490.0) \text{eV} = 882 \text{ eV}$ 的负值相近。这说明原子总能量近似等于用斯莱特方法计算所得的各个电子的原子轨道能之和。

按斯莱特方法计算，E_{2s} 和 E_{2p} 相同，但实际上多电子原子的 E_{2s} 和 E_{2p} 是不同的，这说明此方法过于粗略。徐光宪等给出的改进的斯莱特方法考虑了 s、p、d、f 等轨道的差异，得到较好的结果。

在计算屏蔽常数及原子的电离能时，应注意电子间的相互作用，如前所述，He 原子 $I_1 = 24.6 \text{ eV}$、$I_2 = 54.4 \text{ eV}$，这时不能简单地认为 He 原子 1s 原子轨道能为 -24.6 eV，并用以求算一个 1s 电子对另一个 1s 电子的屏蔽常数 σ，如：

徐光宪

$$-24.6 \text{ eV} = -(13.6 \text{ eV})(2 - \sigma)^2$$

这样计算得 $\sigma = 0.65$，这个数值不合理，其原因是一个电子对另一个电子既有屏蔽作用，又有互斥作用。当一个电子电离时，既摆脱了核的吸引，也把互斥作用带走了。根据电离能定义，I_1 对应的能量变化过程为 $I_1 = E(\text{He}^+) - E(\text{He})$。

He^+ 是单电子原子，即

$$E(\text{He}^+) = -2 \times (13.6 \text{ eV}) \times \frac{Z^2}{n^2} = -54.4 \text{ eV}$$

$$E(\text{He}) = -2 \times (13.6 \text{ eV}) \times \frac{(2 - \sigma)^2}{n^2} = -27.2(2 - \sigma)^2 \text{ eV}$$

$$I_1 = 24.6 = -54.4 + 27.2(2 - \sigma)^2$$

解得 $\sigma = 0.30$。

$$I_2 = E(\text{He}^{2+}) - E(\text{He}^+) = 0 - (-54.4) = 54.4 \text{ eV}$$

He 原子的 I_1 和 I_2 都不是 He 原子的 1s 原子轨道能，它的 1s 原子轨道能为 I_1 和 I_2 的平

均值的负值,即 $-(I_1+I_2)/2=-39.5$ eV。

利用屏蔽常数,还可按下式近似估算原子中某一原子轨道的有效半径 r^*:

$$r^* = \frac{n^2}{Z^*}a_0 \qquad (2.98)$$

例如,C 原子处于基态($1s^2 2s^2 2p^2$)时,2p 轨道 $Z^*=3.25$,2p 轨道的有效半径 r^* 为

$$r^* = \frac{2^2}{3.25} \times 52.9 \text{ pm} = 65 \text{ pm}$$

2. 电子结合能

假定中性原子中去掉一个电子后,其余原子轨道上电子的排布不因此而发生变化(即"轨道冻结"),这个电离能的负值即为该轨道的电子结合能。以 He 原子为例:He 原子基态有 2 个电子处于 1s 轨道,它的第一电离能(I_1)为 24.6 eV,第二电离能(I_2)为 54.4 eV。 根据上述定义,He 原子 1s 原子轨道的电子结合能为 -24.6 eV,而 He 原子的 1s 原子轨道能为

$$-\frac{(24.6+54.4)\text{eV}}{2} = -39.5 \text{ eV}$$

在徐光宪和王祥云编著的《物质结构》(第二版)中电子结合能称为中性原子的原子轨道能量。通常当原子结合成分子时,"能量"相近的原子轨道才能有效地组成分子轨道,所指的"能量"即电子结合能。

电子结合能与原子轨道能互有联系,对单电子原子,两者数值相同;对 Li、Na、K 的最外层电子,两者数值也相同;但在其他情况下则不同。 这正说明电子间存在互斥能等相互作用的因素。

3. 电子互斥能

以 Sc 原子为例,说明能级高低与电子互斥能的关系。

实验测得

$$E_{4s} = E_{\text{Sc}(3d^1 4s^2)} - E_{\text{Sc}^+(3d^1 4s^1)} = -6.62 \text{ eV}$$

$$E_{3d} = E_{\text{Sc}(3d^1 4s^2)} - E_{\text{Sc}^+(3d^0 4s^2)} = -7.98 \text{ eV}$$

由此数据可见,Sc 原子的 4s 轨道能级高。但 Sc 的基态电子组态却为 $\text{Sc}(3d^1 4s^2)$。由基态 $\text{Sc}(3d^1 4s^2)$ 向激发态 $\text{Sc}(3d^2 4s^1)$ 跃迁时,需要吸收能量 2.03 eV,即

$$E_{\text{Sc}(3d^2 4s^1)} - E_{\text{Sc}(3d^1 4s^2)} = 2.03 \text{ eV}$$

这就存在下面两个问题:

(1)Sc 原子基态的电子组态为什么是 $3d^1 4s^2$,而不是 $3d^2 4s^1$ 或 $3d^3 4s^0$ 呢?

(2) 为什么 Sc 原子(及其他过渡金属原子)电离时先失去的是 4s 电子,而不是 3d 电子?

如果通过实验测定原子及离子的电离能(I),推出原子中不同轨道上电子的互斥能(J),进行比较,就可回答上述问题。

Sc^{2+} 的电离能实验值为

$$\text{Sc}^{2+}(3d^1 4s^0) \rightarrow \text{Sc}^{3+}(3d^0 4s^0) + e^- \qquad I_d = 24.75 \text{ eV}$$

$$\text{Sc}^{2+}(3d^0 4s^1) \rightarrow \text{Sc}^{3+}(3d^0 4s^0) + e^- \qquad I_s = 21.60 \text{ eV}$$

原子中全部价电子电离时所需的能量与不同轨道上电子的电离能和电子互斥能有关,若忽略自旋成对能(因为实验证明过渡金属价电子自旋成对能较电子互斥能小,可忽略),则可得下面关系

$$E_{Sc^{2+}(3d^14s^0)} = -I_d$$

$$E_{Sc^{2+}(3d^04s^1)} = -I_s$$

$$E_{Sc^+(3d^14s^1)} = -I_d - I_s + J(d,s)$$

$$E_{Sc^+(3d^04s^2)} = -2I_s + J(s,s)$$

$$E_{Sc(3d^14s^2)} = -I_d - 2I_s + 2J(d,s) + J(s,s)$$

$$E_{Sc(3d^24s^1)} = -2I_d - I_s + J(d,d) + 2J(d,s)$$

从上述关系,可列出包括 3 个未知数($J(d,d)$、$J(d,s)$、$J(s,s)$)的 3 个方程:

$$E_{Sc(3d^24s^1)} - E_{Sc(3d^14s^2)} = I_s - I_d + J(d,d) - J(s,s) = 2.03 \text{ eV}$$

$$E_{Sc^+(3d^04s^2)} - E_{Sc(3d^14s^2)} = I_d - 2J(d,s) = 7.98 \text{ eV}$$

$$E_{Sc^-(3d^14s^1)} - E_{Sc(3d^14s^2)} = I_s - J(d,s) - J(s,s) = 6.62 \text{ eV}$$

解此 3 个联立方程,可得

$$J(d,d) = 11.78 \text{ eV}, \quad J(d,s) = 8.38 \text{ eV}, \quad J(s,s) = 6.60 \text{ eV}$$

有了上述数据,可进行如下计算:

(1) 当一个电子与 $Sc^+(3d^14s^1)$ 结合时,若进入 3d 轨道,则能量改变为

$$\Delta E_1 = -I_d + J(d,d) + J(d,s)$$
$$= -24.75 \text{ eV} + 11.78 \text{ eV} + 8.38 \text{ eV} = -4.59 \text{ eV}$$

若进入 4s 轨道,则能量改变为

$$\Delta E_2 = -I_s + J(s,s) + J(d,s)$$
$$= -21.6 \text{ eV} + 6.60 \text{ eV} + 8.38 \text{ eV} = -6.62 \text{ eV}$$

由此可见,进入 4s 轨道能量降低多些,其原因是

$$J(d,d) - J(s,s) > I_d - I_s$$

这是 3d 轨道的电子互斥能较大所致。

(2) $Sc^+(3d^14s^2)$ 电离时,若从 3d 轨道电离,则

$$I_1(3d) = I_d - 2J(d,s) = 7.98 \text{ eV}$$

若从 4s 轨道电离,则

$$I_1(4s) = I_s - J(d,s) - J(s,s) = 6.62 \text{ eV}$$

可见 $I_1(4s) < I_1(3d)$,所以失去 4s 电子比失去 3d 电子所需能量少,Sc^+ 的基态电子组态为 $3d^14s^1$。

由上述可见,由于价电子间的斥力 $J(d,d) > J(d,s) > J(s,s)$,当电子进入 $Sc^{3+}(3d^04s^0)$,因 3d 能级低,先进入 3d 轨道,再有一个电子进入 $Sc^{2+}(3d^14s^1)$ 时,因为 $J(d,d)$ 较大,电子填充在 4s 轨道上,成为 $Sc^+(3d^14s^2)$,若继续有电子进入,也出于同样原因,电子应进入 4s 轨道,这样基态 Sc 的电子组态为 $Sc(3d^14s^2)$。所以电子填充次序应使体系总能量保持最低,而不单纯按轨道能级高低的次序。

2.5　电子自旋和泡利原理

到目前为止,只考虑了电子(或其他微粒)的重心运动,即电子相对于其他质点的运动,通常称这类运动为轨道运动。但是许多实验事实,以及理论上的进一步探讨证明,仅考虑轨道运动是不全面的。事实上每一电子(以及其他微粒)除了轨道运动外,还在做不是相对于其他质点的本征运动(在此运动过程中,它的空间坐标不变),称这种运动为自旋。现已证明,自旋是粒子最基本的属性之一,本节将对电子的自旋加以讨论。

2.5.1　电子自旋

光谱学家很早就发现原子光谱具有很复杂的精细结构。例如,大家熟知的钠原子的主线系的黄色 D 线为双线,就是由距离为 6 Å 的两条线(波长分别为5 889.953 Å 和 5 895.930 Å)所组成。所有碱金属的主线系的谱线都是这样的双线,且双线间的距离迅速地随着原子序数的增大而增加。氢光谱在高分辨率的光谱仪中,得到的也是靠得很近的两条谱线。如果认为电子具有固有角动量和磁矩,即电子具有自旋运动,便可以解释这一实验事实。

乌伦贝克(Uhlenbeck)和哥德希密特(Goudsmit)在 1925 年根据实验结果指出,除轨道运动以外,电子还绕着某一轴线自旋,因此它具有自旋角动量,同时又产生了一定的自旋磁矩。很难用宏观世界的经验所获得的模型来确切地理解微粒的这个特性。

1928 年,狄拉克发展了一个电子的相对论量子力学,自旋及其所有特性都可以很自然地从狄拉克所创立的适合相对论要求的量子力学方程而得出。狄拉克的理论表明,除电子外还存在着正电子。1932 年,安德森(Anderson)发现了正电子,证实了狄拉克的理论。

但是在非相对论量子力学中,电子自旋还必须被作为假说提出,主要概括为以下三点来讨论。

(1) 与轨道角动量算符 $\hat{M}^2$,$\hat{M}_x$,$\hat{M}_y$,$\hat{M}_z$ 类似,有自旋角动量算符 $\hat{S}^2$、$\hat{S}_x$、$\hat{S}_y$、$\hat{S}_z$。$\hat{S}^2$ 是一个粒子的总自旋角动量平方算符,$\hat{S}_x$、$\hat{S}_y$ 和 $\hat{S}_z$ 是粒子在 x、y 和 z 方向的自旋角动量分量的算符。自旋角动量算符的对易和组合情况与轨道角动量算符相同。有

$$\hat{S}^2 = \hat{S}_x^2 + \hat{S}_y^2 + \hat{S}_z^2 \tag{2.99}$$

$$[\hat{S}_x,\hat{S}_y]=i\hbar\hat{S}_z, \quad [\hat{S}_y,\hat{S}_z]=i\hbar\hat{S}_x, \quad [\hat{S}_z,\hat{S}_x]=i\hbar\hat{S}_y \tag{2.100}$$

$$[\hat{S}^2,\hat{S}_x]=[\hat{S}^2,\hat{S}_y]=[\hat{S}^2,\hat{S}_z]=0 \tag{2.101}$$

(2) $\hat{S}^2$ 的本征值为 $s(s+1)\hbar^2 \left(s=0,\dfrac{1}{2},1,\dfrac{3}{2},\cdots\right)$。

$\hat{S}_z$ 的本征值为 $m_s\hbar$($m_s=-s,-s+1,\cdots,s-1,s$)。其中,s 称为电子的自旋量子数。实验证明,电子的 $s=\dfrac{1}{2}$(质子和中子的自旋量子数也是 $\dfrac{1}{2}$,但 π 介子的 $s=0$),因此,一个

电子的总自旋角动量的大小为

$$| S | = \sqrt{\frac{1}{2}\left(\frac{1}{2}+1\right)}\,\hbar^2 = \frac{1}{2}\sqrt{3}\,\hbar \qquad (2.102)$$

m_s 分别为 $+\frac{1}{2}$ 和 $-\frac{1}{2}$，单个电子的 $\hat{S}_z$ 只有两个本征函数。如果以 α 表示相应于本征值为 $+\frac{1}{2}\hbar(m_s=+\frac{1}{2})$ 的自旋本征函数，以 β 表示相应于本征值为 $-\frac{1}{2}\hbar(m_s=-\frac{1}{2})$ 的自旋本征函数，由于 $\hat{S}_z$ 与 $\hat{S}^2$ 可以对易，因此可以把 $\hat{S}_z$ 的本征函数取为 $\hat{S}^2$ 的本征函数，得到

$$\hat{S}_z\alpha = \frac{1}{2}\hbar\alpha, \qquad \hat{S}_z\beta = -\frac{1}{2}\hbar\beta \qquad (2.103)$$

$$\hat{S}^2\alpha = \frac{1}{2}\left(\frac{1}{2}+1\right)\hbar^2\alpha = \frac{3}{4}\hbar^2\alpha, \qquad \hat{S}^2\beta = \frac{1}{2}\left(\frac{1}{2}+1\right)\hbar^2\beta = \frac{3}{4}\hbar^2\beta \qquad (2.104)$$

"自旋向上"和"自旋向下"即分别指 $m_s=+\frac{1}{2}$ 和 $m_s=-\frac{1}{2}$ 的情况，如图 2.13 所示。

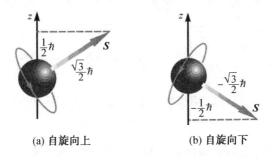

(a) 自旋向上　　　　　(b) 自旋向下

图 2.13　电子自旋矢量沿 z 轴方向分量的两种可能取向

因为 $\hat{S}_z$ 不能与 $\hat{S}_x$ 或 $\hat{S}_y$ 对易，所以 α 和 β 不是这些算符的本征函数。

过去处理的波函数都只是粒子的空间坐标的函数即 $\psi=\psi(x,y,z)$，现在考虑电子自旋以后，自旋本征函数 α 和 β 又怎样作为变量引入波函数中呢？通常将自旋磁量子数 m_s（实际上是与自旋角动量在 z 方向分量有关的自旋量子数）作为决定自旋本征函数的变量，设

$$\alpha = \alpha(m_s), \qquad \beta = \beta(m_s) \qquad (2.105)$$

电子自旋本征函数的变量 m_s 只能取两个不连续的值 $+\frac{1}{2}$ 和 $-\frac{1}{2}$，因此一个粒子的自旋本征函数的归一化条件为

$$\sum_{m_s=-\frac{1}{2}}^{+\frac{1}{2}} | \alpha(m_s) |^2 = 1, \qquad \sum_{m_s=-\frac{1}{2}}^{+\frac{1}{2}} | \beta(m_s) |^2 = 1 \qquad (2.106)$$

由于本征函数 α 和 β 相应于厄米算符 $\hat{S}_z$ 不同的本征值，因此它们互相是正交的，即

$$\sum_{m_s=-\frac{1}{2}}^{+\frac{1}{2}} \alpha^*(m_s)\beta(m_s) = 0 \qquad (2.107)$$

为满足式(2.106)和式(2.107),必须有

$$\alpha(m_s)=1 \quad 对于 \quad m_s=+\frac{1}{2}$$

$$\alpha(m_s)=0 \quad 对于 \quad m_s=-\frac{1}{2}$$

$$\beta(m_s)=1 \quad 对于 \quad m_s=-\frac{1}{2}$$

$$\beta(m_s)=0 \quad 对于 \quad m_s=+\frac{1}{2}$$

上式可以用更简便的δ_{ij}符号来表示:

$$\alpha(m_s)=\delta_{m_s,\frac{1}{2}}, \quad \beta(m_s)=\delta_{m_s,-\frac{1}{2}} \tag{2.108}$$

过去在考虑一个质点的三个变量的空间坐标的波函数时,它的归一化条件为

$$\int_{-\infty}^{\infty}\int_{-\infty}^{\infty}\int_{-\infty}^{\infty}|\psi(x,y,z)|^2\mathrm{d}x\mathrm{d}y\mathrm{d}z=1$$

现在引入电子自旋后,就需要考虑包括空间变量和自旋变量在内的电子完全波函数,因此归一化条件为

$$\sum_{m_s=-\frac{1}{2}}^{\frac{1}{2}}\int_{-\infty}^{\infty}\int_{-\infty}^{\infty}\int_{-\infty}^{\infty}|\psi(x,y,z,m_s)|^2\mathrm{d}x\mathrm{d}y\mathrm{d}z=1 \tag{2.109}$$

记号$\int|\psi(x,y,z,m_s)|^2\mathrm{d}\tau$常用作表示如式(2.109)对所有自旋变量求和以及对所有空间变量积分。

(3)自旋着的电子产生的作用犹如小的磁铁,它所具有的磁矩为

$$\mu_s=-\frac{g_e\mu_B}{\hbar}S \tag{2.110}$$

式中,g_e为朗德(Landé)g因子,约等于2;μ_B为玻尔磁子;负号则表示磁矩矢量的方向是与自旋轴反平行的。由于

$$\mu_B=\frac{e\hbar}{2mc} \tag{2.111}$$

因此电子的自旋磁矩的值为

$$|\mu_s|=g_e\frac{e}{2mc}|S|=\sqrt{3}\frac{e\hbar}{2mc} \tag{2.112}$$

在无外场情况下,除了$s(l=0,m=0)$态外,其余的态(p,d,…)都因电子的轨道运动而具有轨道角动量。电子自旋角动量在z方向分量有两种取值,则这两种取值与轨道角动量相互作用(称为自旋－轨道耦合)而使轨道能级发生分裂,即p、d轨道的每一个能级可分裂为两个能级,钠光谱的D黄线是价电子从3p跳回到3s态产生的,因而就有双线出现。但这种自旋－轨道耦合作用较小,所以得到的是靠得很近的两条谱线。图2.14表示出钠D黄线的双线的产生。

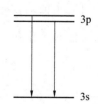

图2.14　钠D黄线的双线的产生

2.5.2　泡利原理

1. 全同粒子

全同粒子是指在质量、电荷、自旋等固有性质方面完全相同,而无法用物理测量的方法加以区别的微观粒子。例如,所有的电子是全同粒子,所有的质子也是全同粒子。全同粒子的特点是,在同样的条件(如同样的外场)下它们的行为完全相同。因此,可以用一个全同粒子去代换另一个粒子而不会引起物理状态的改变。

在经典力学中,即使两个粒子的固有性质完全相同,也可以加以区别。因为它们在运动过程中的任何时刻,都有确定的位置和速度,所以粒子都有确定的运动途径,也就可以将它们加以区别。在量子力学中,如果微粒都具有不同的质量、电荷或自旋,那么这些性质中的任何一个都可以用来区别微粒。但是,如果是全同粒子,由于其具有不确定关系,那种在经典力学中出现的粒子的轨道是不可能存在的,因此将微粒加以区别也是不可能的。也就是说,相互作用的等同粒子体系的波函数必须是粒子之间不可分辨的。那么,该如何表示全同粒子的波函数呢?

2. 对称函数和反对称函数

现在来导出在量子力学中,由于全同粒子的不可区分性而对波函数所需附加的限制。

先来考虑两个全同粒子的体系,它们的坐标和自旋分别为(x_1, y_1, z_1, m_{s1})和(x_2, y_2, z_2, m_{s2}),用q_1表示第一个粒子的四个变量,用q_2表示第二个粒子的四个变量,则下面将证明对于一切非简并态波函数必须是

$$\psi(q_1, q_2) = \psi(q_2, q_1) \tag{2.113}$$

或者

$$\psi(q_1, q_2) = -\psi(q_2, q_1) \tag{2.114}$$

式(2.113)相当于粒子 1 和粒子 2 交换一下,波函数不变,这种类型的波函数称为对称波函数;式(2.114)相当于粒子 1 和粒子 2 交换一下,波函数改变符号,这种类型的波函数称为反对称波函数。

式(2.113)和式(2.114)的证明很简单,如下。

设$\psi(q_1, q_2)$满足下列薛定谔方程:

$$\hat{H}\psi(q_1, q_2) = E\psi(q_1, q_2) \tag{2.115}$$

定义一个交换算符$\hat{P}_{12}$,当把它作用到波函数上时,相当于把粒子 1 和粒子 2 的所有坐标交换一下,因此

$$\hat{P}_{12}\psi(q_1, q_2) = \psi(q_2, q_1) \tag{2.116}$$

由于式(2.115)中的$\hat{H}$一定是对称的,因此$\psi(q_2, q_1)$也是式(2.115)的解。但是在非简并态的情况下,式(2.115)只存在一个解,如果有其他解存在,则一定是某个常数 A 乘$\psi(q_1, q_2)$,因此

$$\hat{P}_{12}\psi(q_1,q_2)=\psi(q_2,q_1)=A\psi(q_1,q_2) \tag{2.117}$$

再将 $\hat{P}_{12}$ 作用在式(2.117)两边:

$$\hat{P}_{12}\hat{P}_{12}\psi(q_1,q_2)=A\hat{P}_{12}\psi(q_1,q_2)=A^2\psi(q_1,q_2) \tag{2.118}$$

但是当将两个粒子的变量交换后再把这些变量交换一下,就回复到原来的波函数,所以

$$\hat{P}_{12}\hat{P}_{12}\psi(q_1,q_2)=\psi(q_1,q_2) \tag{2.119}$$

将式(2.119)代入式(2.118),得到

$$\psi(q_1,q_2)=A^2\psi(q_1,q_2) \tag{2.120}$$

所以 $A^2=1$, $A=\pm1$,将此结果代入式(2.117),即得

$$\hat{P}_{12}\psi(q_1,q_2)=\pm\psi(q_1,q_2) \tag{2.121}$$

这样,式(2.113)和式(2.114)得到证明。

将上述讨论推广到 n 个粒子的体系中时,只要将波函数写为 $\psi(q_1,q_2,q_3,\cdots,q_n)$,将交换算符写为 $\hat{P}_{ij}$,表示将第 i 个粒子与第 j 个粒子交换的算符,应用同样的方法即可得到下述结论:

$$\hat{P}_{ij}\psi(q_1,q_2,q_3,\cdots,q_n)=\pm\psi(q_1,q_2,q_3,\cdots,q_n) \tag{2.122}$$

由此可知,n 个全同粒子的非简并态波函数,对于其中的任意两个粒子的各种可能的互相交换必须是对称的或者是反对称的。

3. 由非对称函数构成对称和反对称函数

式(2.113)、式(2.114)和式(2.122)都是在非简并态的情况下推导得来的。如果是在简并态的情况下,$\hat{P}_{ij}\psi$ 虽然仍是方程 $\hat{H}\psi=E\psi$ 的解(其中 $\psi=\psi(q_1,q_2,q_3,\cdots,q_n)$),但不一定是 ψ 乘一个常数。这样 ψ 则为既非对称,又非反对称的非对称波函数。由此可见,全同粒子波函数不一定是由它的薛定谔方程直接得到的解。为此必须设法由薛定谔方程直接得到的解来构成合乎一定对称性的解。

依量子力学的态叠加原理,可以用本征函数的线性叠加作为全同粒子体系的波函数。以两个全同粒子组成的体系为例,设 $\varphi(q_1,q_2)$ 是此体系薛定谔方程的解,则 $\varphi(q_2,q_1)$ 也是解,从而粒子体系的波函数为

$$\psi=c\varphi(q_1,q_2)+c'\varphi(q_2,q_1) \tag{2.123}$$

将交换算符 $\hat{P}_{12}$ 作用于式(2.123),得到

$$\hat{P}_{12}\psi=c\varphi(q_2,q_1)+c'\varphi(q_1,q_2) \tag{2.124}$$

但是,全同粒子的波函数应该是对称或反对称的,所以

$$\hat{P}_{12}\psi=\pm\psi=\pm c\varphi(q_1,q_2)\pm c'\varphi(q_2,q_1) \tag{2.125}$$

比较式(2.124)和式(2.125),并注意到对于任意函数,如果要上列等式成立,则两式的系数必须分别相等,即

$$c' = \pm c$$

将此代入式(2.123),得到

$$\psi = c[\varphi(q_1, q_2) \pm \varphi(q_2, q_1)] \tag{2.126}$$

用同样的方法可以得到当 $n = 3$ 时,全同粒子的波函数可以用下列方法构成

$$\psi = c[\varphi(q_1, q_2, q_3) + \varphi(q_2, q_3, q_1) + \varphi(q_3, q_1, q_2)] \pm$$
$$[\varphi(q_2, q_1, q_3) + \varphi(q_1, q_3, q_2) + \varphi(q_3, q_2, q_1)] \tag{2.127}$$

4. Pauli 原理表述

从上面讨论中得知,对于全同粒子体系的波函数只有对称和反对称两种可能情况。Pauli 从光谱学研究结果对原子中电子的波函数提出了以下假定:一个多电子体系的波函数对于交换其中的任何两个电子,必须是反对称的。 这一重要假定称为 Pauli 原理,它为元素周期表的事实所证明。Pauli 在量子力学建立前(1925 年)就提出了他的假定,当时是这样表述的:"在一个多电子体系中,不可能有两个或两个以上的电子,有相同的四个量子数。"

相对论的量子场论的研究证明,凡是具有半整数自旋($s = \frac{1}{2}, \frac{3}{2}, \cdots$)的粒子的波函数必须是反对称的,例如电子、质子、中子等,这些粒子称为费米(Fermi)子。具有整数自旋($s = 0, 1, \cdots$)的粒子的波函数是对称的,它们所处的量子态不受 Pauli 原理限制,也就是说,有不只一个粒子处于同一量子态,这种粒子称为玻色(Bose)子,例如 π 介子、光子等。

对于一个遵从泡利原理的全同费米子体系来说,它的波函数应该是反对称的,即

$$\psi(q_1, q_2, q_3, \cdots, q_n) = -\psi(q_2, q_1, q_3, \cdots, q_n) \tag{2.128}$$

假设电子 1 和电子 2 的四个量子数完全相同,即

$$x_1 = x_2, \quad y_1 = y_2, \quad z_1 = z_2, \quad m_{s1} = m_{s2}$$

将式(2.128)中的 q_2 换作 q_1,得到

$$\begin{cases} \psi(q_1, q_2, q_3, \cdots, q_n) = -\psi(q_1, q_2, q_3, \cdots, q_n) \\ 2\psi(q_1, q_2, q_3, \cdots, q_n) = 0 \\ \psi(q_1, q_2, q_3, \cdots, q_n) = 0 \end{cases} \tag{2.129}$$

因此,两个电子处于相同量子态时 $\psi = 0$,即在三维空间中的同一点上找到两个具有相同自旋电子的概率为零。可见,电子的波函数必须是反对称的,从而迫使具有相同自旋的电子相互分开,因此泡利原理又称为泡利不相容原理。但是"不相容"并不是一个真实的物理力,它只是反映了电子的波函数在电子交换时必须是反对称的这一事实。

2.5.3　斯莱特行列式

既然对于电子等全同粒子,交换其中任意两个粒子的坐标,波函数必须反对称,那么就必须找到一种新的完全波函数形式。当忽略掉电子间的相互作用和轨道与自旋的相互作用后时,可将单电子完全波函数写为轨道波函数 ψ_i 和自旋波函数 η_i 的乘积,这样,一个具有 n 个电子的多电子原子的完全波函数可表示为

$$\Psi = \psi_1(1)\eta_1(1)\psi_2(2)\eta_2(2)\cdots\psi_n(n)\eta_n(n) \tag{2.130}$$

式中,下角标是轨道标号;ψ 括号内数字为电子的空间坐标;η 括号内的数字为电子的自旋

坐标。当交换两个电子的位置时,式(2.130)并不满足反对称要求,但可得到一个新的乘积,即

$$\Psi = \phi_1(2)\, \eta_1(2)\, \phi_2(1)\, \eta_2(1) \cdots \phi_n(n)\, \eta_n(n) \tag{2.131}$$

这样的乘积共有 $n!$ 个。如果将这 $n!$ 个乘积在考虑反对称性要求下组成一个线性组合,则将符合泡利原理的完全波函数的要求,这就是斯莱特行列式:

$$\Psi = \frac{1}{\sqrt{n!}} \begin{vmatrix} \phi_1(1)\, \eta_1(1) & \phi_2(1)\, \eta_2(1) & \cdots & \phi_n(1)\, \eta_n(1) \\ \phi_1(2)\, \eta_1(2) & \phi_2(2)\, \eta_2(2) & \cdots & \phi_n(2)\, \eta_n(2) \\ \vdots & \vdots & & \vdots \\ \phi_1(n)\, \eta_1(n) & \phi_2(n)\, \eta_2(n) & \cdots & \phi_n(n)\, \eta_n(n) \end{vmatrix} \tag{2.132}$$

式中, $\frac{1}{\sqrt{n!}}$ 为归一化系数。斯莱特行列式表明:每一列中所有元素有同样的自旋－轨道,而在同一行中所有元素都为同一粒子,不能说体系中个别粒子处于何单粒子态上,只能说整个 n 个粒子体系的状态为 Ψ。当交换任两个电子的全部坐标时,相当于行列式的两列对调,故行列式变号,使 Ψ 满足反对称要求。若两个电子同属一个轨道,且自旋方向相同时,相当于行列式的两行相同,于是行列式的值为零。由此可知,多电子体系中不可能有两个电子具有完全相同的四个量子数,只是全同粒子体系反对称要求的一个推论。

例如,对于锂原子的基态,试想将三个电子都放在1s轨道上,即 $n_1 = n_2 = n_3 = 0, l_1 = l_2 = l_3 = 0, m_1 = m_2 = m_3 = 0$,则依泡利原理,第四个量子数 m_s 必须都不同,然而 m_s 只能取 $\pm\frac{1}{2}$ 两个值,那么四个"可能态"是 ↑↑↑、↓↓↓、↑↑↓、↓↓↑,显然这四个态的反对称波函数的值都为零。要想得到不为零的反对称波函数,就要将其中一个电子安排到能量较高的 2s 轨道,这个电子的自旋可以为 α 也可以为 β,相应的斯莱特行列式为

$$\Psi_{Li}(1,2,3) = \frac{1}{\sqrt{6}} \begin{vmatrix} 1s\alpha(1) & 1s\beta(1) & 2s\alpha(1) \\ 1s\alpha(2) & 1s\beta(2) & 2s\alpha(2) \\ 1s\alpha(3) & 1s\beta(3) & 2s\alpha(3) \end{vmatrix} \tag{2.133}$$

及

$$\Psi_{Li}(1,2,3) = \frac{1}{\sqrt{6}} \begin{vmatrix} 1s\alpha(1) & 1s\beta(1) & 2s\beta(1) \\ 1s\alpha(2) & 1s\beta(2) & 2s\beta(2) \\ 1s\alpha(3) & 1s\beta(3) & 2s\beta(3) \end{vmatrix} \tag{2.134}$$

通常斯莱特行列式还有其他表示方法:代替写自旋函数 α 和 β,常在空间函数上加一横以表示自旋是 β,而空间函数上不加横则意味着自旋是 α,因此上面的两个斯莱特行列式可写为

$$\Psi_{Li}(1,2,3) = \frac{1}{\sqrt{6}} \begin{vmatrix} 1s(1) & \overline{1s}(1) & 2s(1) \\ 1s(2) & \overline{1s}(2) & 2s(2) \\ 1s(3) & \overline{1s}(3) & 2s(3) \end{vmatrix} \tag{2.135}$$

及

$$\Psi_{\mathrm{Li}}(1,2,3) = \frac{1}{\sqrt{6}} \begin{vmatrix} 1\mathrm{s}(1) & \overline{1\mathrm{s}}(1) & \overline{2\mathrm{s}}(1) \\ 1\mathrm{s}(2) & \overline{1\mathrm{s}}(2) & \overline{2\mathrm{s}}(2) \\ 1\mathrm{s}(3) & \overline{1\mathrm{s}}(3) & \overline{2\mathrm{s}}(3) \end{vmatrix} \tag{2.136}$$

还可以进一步用只指定自旋－轨道的缩写记法：

$$\Psi_{\mathrm{Li}}(1,2,3) = |\ 1\mathrm{s}\ \overline{1\mathrm{s}} 2\mathrm{s}\ | \tag{2.137}$$

及

$$\Psi_{\mathrm{Li}}(1,2,3) = |\ 1\mathrm{s}\ \overline{1\mathrm{s}}\ \overline{2\mathrm{s}}\ | \tag{2.138}$$

式中的垂线表示组成行列式并乘 $\frac{1}{\sqrt{6}}$。

2.6　单电子原子的光谱项和原子光谱

2.6.1　原子的电子组态

用主量子数 n、角量子数 l 描述的原子中电子排布方式,称为原子的电子组态。在一般情况下用记号 $(n_1 l_1)^{x_1}\ (n_2 l_2)^{x_2} \cdots (n_k l_k)^{x_k} \cdots$ 表示,例如碳原子的电子组态是 $1\mathrm{s}^2 2\mathrm{s}^2 2\mathrm{p}^2$。所有 $(n_k l_k)$ 都被充满(即有 $2(2l+1)$ 个电子)的组态称为闭壳层组态,如 $1\mathrm{s}^2$、$1\mathrm{s}^2 2\mathrm{s}^2 2\mathrm{p}^6$ 等,否则就称为开壳层组态,如 $1\mathrm{s}^2 2\mathrm{s}^1$、$1\mathrm{s}^2 2\mathrm{s}^2 2\mathrm{p}^2$ 等。

对于多电子原子,电子组态仅仅是原子整体状态的一种粗略描述,更细致的描述需要给出原子的“状态”。显然,一个闭壳层组态只能包含一种状态,即简并度为 1,而开壳层的组态包含的状态数(即简并度)为

$$g = \prod_i \frac{[2(2l_i+1)]!}{x_i!\ [2(2l_i+1)-x_i]!} \tag{2.139}$$

实际上对 i 的连乘积只需考虑开壳层。例如,碳原子的基态简称 p^2 组态。其中,1s 和 2s 轨道都分别填有两个电子,构成了闭壳层,2p 轨道有两个电子构成了开壳层,式(2.139)中 l 取 1,所以组成 p^2 组态的微观状态数就可能有

$$g = \frac{[2(2l+1)]!}{2!\ [2(2l+1)-2]!} = \frac{6!}{2!\ 4!} = 15$$

已知原子中个别电子的运动状态可以用 n、l、m、m_s 这四个量子数来描述,而原子的整体状态取决于核外所有电子的轨道和自旋状态。然而,由于原子中各电子间存在着相当复杂的作用,不但波函数要满足反对称要求,轨道运动和自旋运动所产生的磁矩之间也存在相互作用。所以原子状态不是所有电子微观状态的简单加和,对其描述应该用原子光谱项。

2.6.2　原子的量子数和角动量的耦合

在没有外界影响的情况下,一个微粒的运动或包含若干微观运动的体系,其总角动量是保持不变的,这就是角动量守恒原理。当原子内只有一个电子时,虽可粗略地认为它的轨道角动量和自旋角动量彼此独立,又都保持守恒不变,但严格说来,这两个运动产生的

磁矩间会有磁的相互作用,不过它们的总角动量却始终保持恒定。当原子核外有几个电子时,由于静电作用,各电子的轨道运动势必发生相互影响,因而个别电子的角动量无法确定,但所有电子的轨道运动总角动量仍保持不变。同样,个别电子的自旋角动量也是不确定的。它们也会发生相互作用,而有一个总的、确定的自旋角动量。并且这两个运动的总角动量亦不是严格地完全独立的,它们又会进一步发生组合,成为一个恒定的总角动量,且在某一个方向上有恒定的分量。

将这种由几个角动量相互作用得到一个总的、确定的角动量的组合方式,称为角动量的耦合。角动量的耦合存在以下两种可能的方式。一种是将每个电子的轨道角动量 l 和自旋角动量 s 先组合得到总角动量 j,然后将各电子的总角动量再组合起来以求得原子的总角动量 J,这种组合方式称为 $J-J$ 耦合。另一种是将每个电子的轨道角动量或自旋角动量先分别组合起来,得到原子的总轨道角动量 L 和总自旋角动量 S,然后再进一步组合得到原子的总角动量 J,这种组合方式称为 $L-S$ 耦合,又称 Russell−Saunders 耦合。一般来说,对于原子核电荷数 $Z \geqslant 40$ 的重原子,由于其每个电子的轨道和自旋的相互作用比各电子间的相互作用都要大,故采用 $J-J$ 耦合将会得到较好的结果;反之,对于 $Z \leqslant 40$ 的轻原子,各电子间的相互作用要远大于个别电子间的轨道和自旋相互作用,于是 $L-S$ 耦合将是更好、更方便的近似方法。

这里仅讨论 $L-S$ 耦合的情况。先看轨道运动:

因为每一个电子的轨道运动都有一个轨道角动量,它在空间可以用一个矢量 l 表示,它的长度就是轨道角动量的大小,即

$$| l | = \sqrt{l(l+1)}\, \hbar (=| M |) \tag{2.140}$$

式中,l 为轨道角量子数。既然轨道角动量是一个矢量,那么就可用矢量的加法,把各电子的轨道角动量加起来得到原子的总轨道角动量 L。它仍然是一个矢量,其长度也可类似地写为

$$| L | = \sqrt{L(L+1)}\, \hbar \tag{2.141}$$

式中,L 为原子的总轨道角动量量子数,它的取值可由个别电子的角量子数 l 来确定:

$$L = l_1 + l_2, l_1 + l_2 - 1, \cdots, | l_1 - l_2 | \tag{2.142}$$

与电子的轨道角动量在 z 方向的分量 l_z 一样,原子的总轨道角动量在 z 方向的分量 L_z 也是量子化的,可以写为

$$l_z = M_z = m\hbar \quad m = l, l-1, \cdots, -l+1, -l \tag{2.143}$$

$$L_z = M_L \hbar \quad M_L \begin{cases} = \sum m \\ = \underbrace{L, L-1, \cdots, 0, \cdots, -L+1, -L}_{2L+1\,个} \end{cases} \tag{2.144}$$

式中,M_L 为总轨道磁量子数。在所有微观状态中,最大的 M_L 值就是该组态中的最大 L 值。对于每一个允许的 L 值,都有 $2L+1$ 个 M_L 值与之对应。

将这些对于轨道角动量的讨论结果用于自旋角动量,则可得到原子的总自旋角动量也是量子化的:

$$| S | = \sqrt{S(S+1)}\, \hbar$$

式中，S 为总自旋量子数。S 允许值为

$$S = s_1 + s_2, s_1 + s_2 - 1, \cdots, \mid s_1 - s_2 \mid \qquad (2.145)$$

总自旋角动量在 z 方向的分量 S_z 为

$$S_z = M_S \hbar \quad M_S \begin{cases} = \sum m_s \\ = \underbrace{S, S-1, \cdots, 0, \cdots, -S+1, -S}_{2S+1 \text{个}} \end{cases} \qquad (2.146)$$

式中，M_S 为总自旋磁量子数。但是，S 的取值究竟可能为哪些数，还需由满足泡利原理要求的 $M_S = \sum m_s$ 的可能取值来判断。例如，$1s^2$ 按照 s 轨道上两个电子自旋量子数 $s_1 = s_2 = \dfrac{1}{2}$；$S = 1, 0$；当 $S = 1$ 时 M_S 可取 $1, 0, -1$，但实际上 S 不可能为 1，因为两个电子在同一个 $1s$ 轨道上，自旋必相反，即 $m_{s_1} = \dfrac{1}{2}, m_{s_2} = -\dfrac{1}{2}$，$M_S$ 的取值只能为 0。

在 $L-S$ 耦合中，原子总角动量是由总轨道角动量 $\boldsymbol{L}$ 和总自旋角动量 $\boldsymbol{S}$ 耦合得到，即

$$\boldsymbol{J} = \boldsymbol{L} + \boldsymbol{S} \qquad (2.147)$$

$\boldsymbol{J}$ 也是量子化的

$$\mid \boldsymbol{J} \mid = \sqrt{J(J+1)} \, \hbar \qquad (2.148)$$

式中，J 为总角动量量子数，根据量子力学原理及实验事实的要求，它的取值为

$$J = L + S, L + S - 1, \cdots, \mid L - S \mid \qquad (2.149)$$

当 $L \geqslant S$ 时，J 可取 $2S+1$ 个数值；当 $L < S$ 时，J 可取 $2L+1$ 个数值。

如果进一步用总角动量在 z 方向的分量 J_z 来标记总角动量的取向，则

$$J_z = M_J \hbar \quad M_J = \underbrace{J, J-1, \cdots, -J+1, -J}_{2J+1 \text{个}} \qquad (2.150)$$

也就是说，总角动量在 z 方向的分量共有 $2J+1$ 个不同的数值，用它可以表示在外磁场作用下能级的分裂。

为了便于掌握符号，避免混淆，将单个电子和原子的各种角动量及其量子数的可能取值比较列入表 2.6。

表 2.6　单个电子和原子的各种角动量及其量子数的可能取值比较

单个电子的角动量	原子的角动量	量子数的可能取值
$\mid \boldsymbol{l} \mid = \sqrt{l(l+1)} \, \hbar$	$\mid \boldsymbol{L} \mid = \sqrt{L(L+1)} \, \hbar$	$L = l_1 + l_2, l_1 + l_2 - 1, \cdots, \mid l_1 - l_2 \mid$
$\mid \boldsymbol{s} \mid = \sqrt{s(s+1)} \, \hbar$	$\mid \boldsymbol{S} \mid = \sqrt{S(S+1)} \, \hbar$	$S = s_1 + s_2, s_1 + s_2 - 1, \cdots, \mid s_1 - s_2 \mid$
$l_z = m\hbar = M_z$	$L_z = M_L \hbar$	$M_L \begin{cases} = \sum m \\ = L, L-1, \cdots, 0, \cdots, -L+1, -L \end{cases}$
$s_z = m_s \hbar = M_{sz}$	$S_z = M_S \hbar$	$M_S \begin{cases} = \sum m_s \\ = S, S-1, \cdots, 0, \cdots, -S+1, -S \end{cases}$
—	$\mid \boldsymbol{J} \mid = \sqrt{J(J+1)} \, \hbar$	$J = L + S, L + S - 1, \cdots, \mid L - S \mid$
—	$J_z = M_J \hbar$	$M_J = J, J-1, \cdots, -J+1, -J$

因此,对原子来说,用 L、S、J、M_J 这四个量子数就能很好地表示它的整体状态。下面介绍如何用这四个量子数来建立原子光谱项。

2.6.3　原子光谱项

前面用 s,p,d,f,… 表示各个别电子的角动量量子数 $l=0,1,2,3,…$ 所对应的状态,相应地,用大写字母 S,P,D,F,… 依次表示原子的总轨道角动量量子数 $L=0,1,2,3,…$ 所对应的状态。对于一种确定的电子组态(如 $2p^2$ 组态),可以有几种不同的 S、L、J 状态,这些状态的自旋、轨道与总角动量不同,包含着不同的电子间相互作用状况,因而能量有所不同。根据原子光谱的实验数据及量子力学理论可以得出结论:对原子的同一组态而言,L 和 S 都相同而 M_L、M_S 不都相同的各状态,若不计及轨道和自旋相互作用,且没有外界磁场作用下,都具有完全相同的能量。因此,把同一组态中由同一个 L 和同一个 S 所构成的各状态合称为一个光谱项,每一个光谱项相当于一个能级。

对于 $S=1$ 的各状态而言,由于其 S_z 有三种可能值 $\hbar$、0、$-\hbar$,故称之为三重态或多重度为 3;对于 $S=0$ 的各状态而言,由于其 S_z 只能取 0,故称之为单重态或多重度为 1。一般来说,总自旋角动量量子数为 S 的各状态,其自旋多重度为 $2S+1$。在光谱学符号中通常把多重度写在 L 值的左上角,即

$$^{2S+1}L$$

作为原子的光谱项的符号。例如,$L=2$,$S=\frac{1}{2}$ 的光谱项就是 ^2D。

另外,又由于轨道和自旋的相互作用,不同的 J 所对应的能级会有微小的差别,因此将 J 的数值记在 L 值的右下角,即为光谱支项:

$$^{2S+1}L_J$$

例如,$L=1$,$S=1$,则它们的 J 可能取 2、1、0,而 $2S+1=3$,所以应有三个光谱支项:$^3P_2$、$^3P_1$、$^3P_0$。因此在 $L\geqslant S$ 时,自旋多重度 $2S+1$ 成为一个光谱项中所包含的光谱支项的数目(当 $L<S$ 时,一个光谱项包含 $2L+1$ 个光谱支项,但习惯上仍称 $2S+1$ 为多重度)。^1S 称为单重态 S,^3P 称为三重态 P 等。^3P 的三个支项的能量差异较小,而 ^3P 和另一个谱项 ^1P 的能量差异较大。

而对于给定的 J 来说,又可沿磁场方向(z 方向)有 $2J+1$ 个不同取向。故当外磁场存在时,原属同一光谱支项又可发生分裂,得到 $2J+1$ 个状态能级。

下面举例说明如何从原子的基组态导出光谱项。

(1)H 原子。

基组态为 $1s^1$,故 $L=0$,$S=\frac{1}{2}$,$J=\frac{1}{2}$,对应的光谱项为 ^2S,光谱支项为 $^2S_{\frac{1}{2}}$。

(2)He 原子。

基组态为 $1s^2$,故 $l_1=l_2=0$,两个电子同处于一个 s 轨道,自旋方向必相反,$m_{s1}=\frac{1}{2}$,$m_{s2}=-\frac{1}{2}$,$M_S=\sum m_s=0$,故 $L=0$,$S=0$,$J=0$,对应的光谱项为 ^1S,光谱支项为 ^1S。由此可得到以下结论。

① 凡是充满壳层的总轨道角动量的自旋角动量均为 0(因闭壳层电子云分布为球对称,$M_L = \sum m = 0$,故 $L = 0$;又同一轨道内电子两两成对,$M_S = \sum m_s = 0$,$S = 0$,即闭壳层上的 L 和 S 均为 0),它们对整个原子的 L 和 S 均无贡献,故推求光谱项时闭壳层部分可以不考虑,只需考虑开壳层上价电子即可。

② 周期表中 ⅡA 族原子的基态都为 ns^2 型外层电子结构,故其对应的光谱项和光谱支项均与 He 原子有相同类型。

③ 既然闭壳层的总角动量为 0,故 p^2 组态的总角动量和 p^4 组态的总角动量相互抵消。也就是说,它们大小相等,方向相反。

因此,p^2 和 p^4 的光谱项也相同,为 ^1S、^1D、^3P;同理,已知 p^1 组态光谱项为 ^2P,即可知 p^5 组态的光谱项也为 ^2P,但应注意光谱支项的能级次序正好相反。

(3)C 原子。

基组态为 $1s^2 2s^2 2p^2$,按照上面讨论,只需考虑两个 2p 电子即可,$l_1 = l_2 = 1$,$s_1 = s_2 = \frac{1}{2}$,按角动量耦合规则 $L = 2, 1, 0$,$S = 1, 0$。 所以由组合的结果可得六个光谱项 ^1S、^1P、^1D、^3S、^3P、^3D。可是实际上发现,对于这种具有相同 n、l 的电子 $2p^2$(称为等价电子),并没有这六个光谱项,而是受泡利原理限制,只有 ^1S、^1D、^3P 三个光谱项;只是对于有不同的 n 或 l,或者两个都不同的电子(如 $2p^1 3p^1$)(称为非等价电子)才具有这六个光谱项。

对于三重态 ^3P 来说($L = 1, S = 1, J = 2, 1, 0$),还可以有三个光谱支项:$^3P_2$、$^3P_1$、$^3P_0$。而这些支项还可以在磁场中分别分裂成五种、三种和一种状态(因为每个 J 可以从 J 到 $-J$ 取 $2J + 1$ 个 M_J)。对 ^1D 只有一个 $^1D_2$ 光谱支项,它在磁场中也可分裂成五种状态。至于 ^1S 就只有 $^1S_0$,它在磁场中也不分裂。p^2 组态所对应的能级示意图如图 2.15 所示。

2.6.4　原子光谱项对应能级的相对大小

元素原子状态的能量是由所有电子的动能、核吸引势能、各电子间库仑(Coulomb)排斥能、自旋平行电子间的交换能以及轨道和自旋相互作用能等五个部分组成。在 $L-S$ 耦合中,同一组态各光谱项之间能量上的差异,主要是处于开壳层中电子间的库仑排斥能和交换能的不同所导致的;而一个谱项的分裂即支项之间的能量差则主要来自于轨道和自旋相互作用能的影响。

洪德在总结了大量光谱数据后,归纳出以下几条简单规则。

(1)具有最大多重度,即 S 值最大的谱项的能级为最低,也即最稳定。稳定性随 S 值的减小而减弱。所以基态具有最大的多重度。这意味着电子有倾向取得自旋平行(m_s 取相同值)的状态,且要求 m 必须取不同值,也即电子必须分占空间取向不同的各空间轨道。这样既可获得高交换能的补偿,又减小了库仑排斥能的大小。例如,当两个 p 电子分占在不同取向的两个 p 轨道(p_{+1} 和 p_0)时,l_1 和 l_2 的取向使 $l_1 + l_2 = L$,$L = 1$,两电子相距较远,故库仑排斥能较小,若两电子再自旋平行又可获得交换能的补偿,所以对应的 ^3P 谱项的能级最低。若两个 p 电子自旋反平行配对于同一个 p_{+1}(或 p_{-1})轨道,则 l_1 和 l_2 的取向可使 $L = 2$,这时电子间排斥作用较大,且没有交换能的补偿,故其对应的 ^1D 谱项能级就较高。

（2）若不止一个谱项有最大多重度，则以有最大 L 值的谱项的能级为最低。

必须指出，Hund 规则的这两点只给出能级最低的谱项，而不能用于决定其余谱项的能级顺序，它们可以通过计算得到。

（3）对于一定的 S 和 L 值，在开壳层半充满前，J 越小的光谱支项所对应的能级越低。这是因为此时轨道磁矩和自旋磁矩的方向越不一致，其相互作用能愈小。反之，在半充满后则 J 越大者越稳定。这是因为相比于全充满状态，缺少电子的状态相当于一个"空穴"（或带正电荷的电子），p^2 组态中电子数等于 p^4 中空穴数，所以光谱项类型虽然相同但光谱支项的能级顺序是不同的。

如有外界磁场作用，则当 J 的 z 分量 J_z 不同时，也有不同的能量。上述各光谱项及光谱支项以及它们在磁场中分裂的情况如图 2.15 所示。

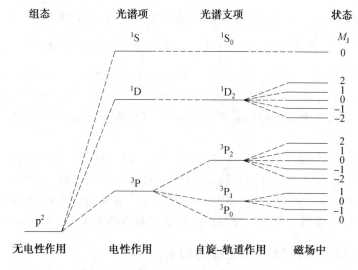

图 2.15　p^2 组态所对应的能级示意图

2.6.5　原子能级和原子光谱的关系

当原子中电子由较高能级 E_2 跳回较低能级 E_1 时，会以电磁辐射形式向外放出能量，因而出现了光谱线，其波数 $\tilde{\nu}$ 为

$$\tilde{\nu} = \frac{1}{\lambda} = \frac{\nu}{c} = \frac{1}{hc}(E_2 - E_1) \tag{2.151}$$

式中，c 为光速。因此，可以用相应于起始和终止状态中外层电子的跃迁来分析光谱。在多电子原子中，最简单的是碱金属原子光谱，因为除了一个最外层电子外所有电子都处于闭壳层。

然而，实验证明，只有满足一定条件的跃迁才被允许产生原子光谱。这种条件称为原子光谱的选择定则：

$$\begin{cases} \Delta S = 0 \\ \Delta L = \pm 1 \\ \Delta J = 0, \pm 1 \end{cases} \tag{2.152}$$

根据选择定则,可以方便地确定所得谱线相当于哪些能级间的电子跃迁所产生,从而进一步探讨它们与原子结构的关系。例如,钠原子的基态为 $3s^1$,它的激发态可以为 np^1、$nd^1 (n = 3, 4, 5, \cdots)$,也可以为 ns^1、$nf^1 (n = 4, 5, 6, \cdots)$。这些组态与其相应的光谱项见表 2.7。

表 2.7　组态与光谱项对应表

组态	ns^1	np^1	nd^1	nf^1
光谱项	$^2S_{1/2}$	$^2P_{1/2}\,^2P_{1/2}$	$^2D_{3/2}\,^2D_{5/2}$	$^2F_{5/2}\,^2F_{7/2}$

根据选择定则和钠原子的能级,可以推知钠原子光谱只能包括下列谱线系:

$np \rightarrow 3s$ 主系(principal)　　$^2P_{1/2,3/2} \rightarrow\,^2S_{1/2}$　　$n \geqslant 3$

$ns \rightarrow 3p$ 锐系(sharp)　　$^2S_{1/2} \rightarrow\,^2P_{1/2,3/2}$　　$n \geqslant 4$

$nd \rightarrow 3p$ 漫系(diffuse)　　$^2D_{/32,5/2} \rightarrow\,^2P_{1/2,3/2}$　　$n \geqslant 3$

$nf \rightarrow 3d$ 基系(fundamental)　　$^2F_{5/2,7/2} \rightarrow\,^2D_{3/2,5/2}$　　$n \geqslant 4$

在讨论电子自旋时,提到钠光谱双线(Na 的 D 线)出现于黄色可见光区的波长 $\lambda_1 = 589.593$ nm(由 $3p(^2P_{1/2}) \rightarrow 3s(^2S_{1/2})$)和 $\lambda_2 = 588.996$ nm(由 $3p(^2P_{3/2}) \rightarrow 3s(^2S_{1/2})$)即主系领头的线(图 2.16)。

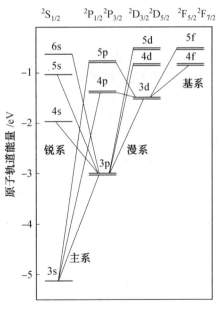

图 2.16　Na 原子能级图

2.6.6　原子光谱项的推求

下面介绍如何从一给定的电子组态推导出谱项。

（1）只包括全充满壳层的组态。

在这样的组态中，有一电子 $m_s=\dfrac{1}{2}$，就有一电子 $m_s=-\dfrac{1}{2}$。令表征总电子自旋角动量的 z 分量的量子数是 M_S，M_S 唯一可能的数值就是零（$M_S=\sum m_s=0$），因此 S 必须为零。在一个闭壳层中每有一个磁量子数为 m 的电子，就有一个磁量子数为 $-m$ 的电子，例如，$2p^6$ 组态有两个 $m=+1$ 电子，两个 $m=-1$ 电子和两个 $m=0$ 电子。用 M_L 来表示总电子轨道角动量的 z 分量的量子数，有 $M_L=\sum m=0$，于是得出结论 L 必须为零。总之，一个闭壳层的组态只能产生一个谱项：^1S。对于闭壳层和开壳层组成的组态，闭壳层对 L 和 S 没有贡献，在求谱项时可以忽略。

（2）非等价的两个电子。

在推导谱项时，不需要担心泡利原理所加的任何限制。由 l_1 和 l_2 可简单地求出可能的 L 值；把 s_1 和 s_2 组合起来给出 $S=0,1$。若有多于两个的非等价电子，则把单个的 l 组合起来求出 L 的数值，把单个的 s 组合起来求出 S 的数值。例如，考虑一个 pdf 组态。可能的 L 值由式（2.142）给出。三个自旋角动量量子数组合起来，每一个是 $\dfrac{1}{2}$，给出 $S=\dfrac{3}{2}$，$\dfrac{1}{2}$。式（2.142）中 $L=3$ 的三种可能的每一个可以与 $S=\dfrac{1}{2}$ 两个可能的每一个组合，给出六个 ^2F 谱项。以此方式继续下去，求出有 pdf 组态产生的谱项是（每一个谱项出现的次数放在括号里）：$^2S(2)$、$^2P(4)$、$^2D(6)$、$^2F(6)$、$^2G(6)$、$^2H(4)$、$^2I(2)$、^4S、$^4P(2)$、$^4D(3)$、$^4F(3)$、$^4G(3)$、$^4H(2)$、^4I。

（3）等价电子。

等价电子有相同的 n 和 l，由于要避免给两个电子以同样的四个量子数，使问题复杂化，因此按照非等价电子中推导光谱项方法，推导出的光谱项不会在等价电子光谱项中全部出现，会有部分光谱项因不符合泡利原理而消失。作为一例，考虑由两个等价 p 电子（一个 np^2 组态）产生的谱项。碳的基态组态是 $1s^22s^22p^2$。两个电子的 m 和 m_s 的可能值见表 2.8，表中亦给出 M_L 和 M_S。

表 2.8　两个等价 p 电子的量子数

m_1	m_{s1}	m_2	m_{s2}	$M_L=\sum m$	$M_S=\sum m_s$
1	$\frac{1}{2}$	1	$-\frac{1}{2}$	2	0
1	$\frac{1}{2}$	0	$\frac{1}{2}$	1	1
1	$\frac{1}{2}$	0	$-\frac{1}{2}$	1	0
1	$-\frac{1}{2}$	0	$\frac{1}{2}$	1	0
1	$-\frac{1}{2}$	0	$-\frac{1}{2}$	1	-1
1	$\frac{1}{2}$	-1	$\frac{1}{2}$	0	1

续表2.8

m_1	m_{s1}	m_2	m_{s2}	$M_L = \sum m$	$M_S = \sum m_s$
1	$\frac{1}{2}$	-1	$-\frac{1}{2}$	0	0
1	$-\frac{1}{2}$	-1	$\frac{1}{2}$	0	0
1	$-\frac{1}{2}$	-1	$-\frac{1}{2}$	0	-1
0	$\frac{1}{2}$	0	$-\frac{1}{2}$	0	0
0	$\frac{1}{2}$	-1	$\frac{1}{2}$	-1	1
0	$\frac{1}{2}$	-1	$-\frac{1}{2}$	-1	0
0	$-\frac{1}{2}$	-1	$\frac{1}{2}$	-1	0
0	$-\frac{1}{2}$	-1	$-\frac{1}{2}$	-1	-1
-1	$\frac{1}{2}$	-1	$-\frac{1}{2}$	-2	0

注意,一些组合未在表2.8中出现。例如,$m_1=1,m_{s1}=\frac{1}{2},m_2=1,m_{s2}=\frac{1}{2}$,因为它违反泡利原理;$m_1=1,m_{s1}=-\frac{1}{2},m_2=1,m_{s2}=\frac{1}{2}$,这个组合与 $m_1=1,m_{s1}=-\frac{1}{2},m_2=1,m_{s2}=-\frac{1}{2}$ 仅是交换电子1和电子2的区别。表2.8中每一行代表一个斯莱特行列式,当展开时它包括自旋-轨道所有可能的电子交换的项。两行彼此的区别仅是交换两个电子时,对应于相同的斯莱特行列式,因而只将其中之一列于表中。

表2.8中 M_L 的最大值是2,它应当对应于 $L=2$ 的D谱项。$M_L=2$ 连同 $M_S=0$ 出现,表示D谱项的 $S=0$;因此一个 ^{1}D谱项对应于五个状态:
$$\begin{cases} M_L=2 & 1 & 0 & -1 & -2 \\ M_S=0 & 0 & 0 & 0 & 0 \end{cases} \tag{2.153}$$

表2.8中 M_S 的最高值是1,表示 $S=1$ 的谱项是三重的。$M_S=1$ 连同 $M_L=1,0,-1$ 出现,它表示一个P谱项。因此有一个 ^{3}P谱项对应于九个状态
$$\begin{cases} M_L=1 & 1 & 1 & 0 & 0 & 0 & -1 & -1 & -1 \\ M_S=1 & 0 & -1 & 1 & 0 & -1 & 1 & 0 & -1 \end{cases} \tag{2.154}$$

从表2.8中去掉式(2.153)和式(2.154)状态,只剩一个状态,它有 $M_L=0$,$M_S=0$,对应于一个 ^{1}S谱项。因此一个 p^2 组态产生的谱项是 ^{1}S、^{3}P、^{1}D(对比来说,两个非等价p电子产生六个谱项 ^{1}S、^{3}S、^{1}P、^{3}P、^{1}D、^{3}D)。

表2.9列出了由各种等价与非等价电子组态产生的谱项。这些结果用求 p^2 谱项的方法可以推导出来,但步骤可能较烦琐。

表 2.9　原子中电子组态产生的光谱项

组态	光谱项
等价电子	
s^2	^1S
p、p^5	^2P
p^2、p^4	^1S,^1D,^3P
p^3	^2P,^2D,^4S
d、d^9	^2D
d^2、d^8	^1S,^1D,^1G,^3P,^3F
d^3、d^7	^2P,$^2D(2)$,^2F,^2G,^2H,^4P,^4F
d^4、d^6	$^1S(2)$,$^1D(2)$,^1F,$^1G(2)$,^1I,$^3P(2)$,^3D,$^3F(2)$,^3G,^3H,^5D
d^5	^2S,^2P,$^2D(3)$,$^2F(2)$,$^2G(2)$,^2H,^2I,^4P,^4D,^4F,^4G,^6S
非等价电子	
ss	^1S,^3S
sp	^1P,^3P
sd	^1D,^3D
pp	^3D,^1D,^3P,^1P,^3S,^1S

2.6.7　快速推求基谱支项(光谱基项)

某个组态能量最低的光谱项称为基谱项,能量最低的光谱支项称为基谱支项(光谱基项)。

根据洪德规则,电子要尽量自旋平行向上,并尽量向 m 大的轨道上填充以得到最大 S 和 L 值,确定光谱项。

例,求 O 原子基态 $2p^4$ 的光谱基项:

m 值:　1　　0　　−1

↑↓	↑	↑

$S=1$,$L=1$,^3P。

根据洪德规则,半充满后,J 越大能级越低,因此 J 取 $L+S$。

p^4 为半满后,光谱基项为 $^3P_2$。

电子能态与原子能态的关系如图 2.17 所示。

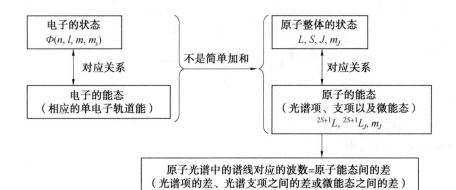

图 2.17　电子能态与原子能态的关系

2.7　本章学习指导

2.7.1　例题

例 2.1　已知氢原子 $\psi_{1s}=\sqrt{\dfrac{1}{\pi a_0^3}}\,e^{-r/a_0}$，试求此状态电子出现在 $r=a_0$ 的圆球内的概率是多少。

解　$\displaystyle\int_0^{a_0}\int_0^{\pi}\int_0^{2\pi}\mid\psi_{1s}\mid^2 r^2\sin\theta\mathrm{d}r\mathrm{d}\theta\mathrm{d}\varphi=\dfrac{4}{a_0^3}\int_0^{a_0}r^2 e^{-2r/a_0}\,\mathrm{d}r$。

（对氢原子可直接用 $\displaystyle\int_0^{a_0}4\pi r^2\mid\psi_{1s}\mid^2\mathrm{d}r$）分部积分，得

$$\int_0^{a_0}\int_0^{\pi}\int_0^{2\pi}\mid\psi_{1s}\mid^2 r^2\sin\theta\mathrm{d}r\mathrm{d}\theta\mathrm{d}\varphi=\frac{4}{a_0^3}\left[e^{-2r/a_0}\left(-\frac{r^2 a_0}{2}-\frac{a_0^2 r}{2}-\frac{a_0^3}{4}\right)\right]_0^{a_0}$$

$$=\frac{4}{a_0^3}\left(-\frac{a_0^3}{2}e^{-2}-\frac{a_0^3}{2}e^{-2}-\frac{a_0^3}{4}e^{-2}+\frac{a_0^3}{4}\right)$$

$$=5e^{-2}+1=0.32$$

即此状态电子出现在 $r=a_0$ 的圆球内的概率是 0.32。

例 2.2　（1）对氢原子基态，求离核 2 倍玻尔半径之外的电子概率；

（2）对氢原子基态，求经典禁区找到电子的概率；

（3）用 90% 的概率的规定，求规定 1s 氢轨道的球半径。

解　（1）氢原子基态波函数为

$$\psi_{1s}=\left(\frac{1}{\pi a_0^3}\right)^{1/2}e^{-r/a_0}$$

设所求概率为 P_1，则

$$1-P_1=\int_0^{2a_0}\int_0^{\pi}\int_0^{2\pi}\frac{1}{\pi a_0^3}e^{-2r/a_0}r^2\sin\theta\mathrm{d}r\mathrm{d}\theta\mathrm{d}\varphi$$

$$=\frac{4}{a_0^3}\int_0^{2a_0}r^2 e^{-2r/a_0}\,\mathrm{d}r$$

$$= \frac{4}{a_0^3} \left[e^{-2r/a_0} \left(\frac{r^2}{-2/a_0} - \frac{2r}{4/a_0{}^2} - \frac{2}{8/a_0^3} \right) \right]_0^{2a_0}$$

$$= \frac{4}{a_0^3} \left(\frac{a_0^3}{4} - \frac{13a_0^3}{4e^4} \right) = 1 - \frac{13}{e^4}$$

$$P_1 = \frac{13}{e^4} = 0.24$$

（2）经典禁区是指 $r = a_0$ 以外的区域。

设所求概率为 P_2，则

$$1 - P_2 = \frac{4}{a_0^3} \int_0^{a_0} r^2 e^{-2r} dr$$

$$= \frac{4}{a_0^3} \left[e^{-2r/a_0} \left(\frac{a_0 r^2}{2} + \frac{a_0^2 r}{2} + \frac{a_0^3}{4} \right) \right]_0^{a_0}$$

$$= \frac{4}{a_0^3} \left(\frac{a_0^3}{4} - \frac{5a_0^3}{4e^2} \right) = 1 - \frac{5}{e^2} = 0.32$$

$$P_2 = 0.68$$

注：若题中所谓"经典禁区"是指 $r = a_0$ 以内的区域，则答案应为 $1 - 0.68 = 0.32$。

（3）设所求轨道的球半径为 r_0，则

$$\frac{4}{a_0^3} \int_0^{r_0} r^2 e^{-2r/a_0} dr = 0.9$$

或

$$\frac{4}{a_0^3} \int_{r_0}^{\infty} r^2 e^{-2r/a_0} dr = 0.1$$

由上式解得

$$\frac{4}{a_0^3} \frac{2!}{(2/a_0)^3} e^{-2r_0/a_0} \left(1 + \frac{2r_0}{a_0} + \frac{2r_0^2}{a_0^2} \right) = 0.1$$

即

$$0.1 e^{-2r_0/a_0} = 1 + \frac{2r_0}{a_0} + \frac{2r_0^2}{a_0^2}$$

令 $x = 2r_0/a_0$，则上式可化为

$$0.1 e^x = 1 + x + \frac{x^2}{2}$$

即

$$e^x = 5(x^2 + 2x + 2)$$

上式是无法用常规解法解开的。下面介绍一种近似解法 —— 迭代法。

$$x = \ln[5(x^2 + 2x + 2)] = \ln 5 + \ln(x^2 + 2x + 2)$$
$$= 1.61 + \ln(x^2 + 2x + 2)$$

取

$$x_n = 1.61 + \ln(x_{n-1}^2 + 2x_{n-1} + 2)$$

为迭代式。令 $x_0 = 3$ 为起始值（起始值的选择是任意的），结果精确至 0.01，得

$$x_1 = 1.61 + \ln(3^2 + 2 \times 3 + 2) = 4.44$$

$$x_2 = 1.61 + \ln(4.44^2 + 2 \times 4.44 + 2) = 5.03$$
$$x_3 = 1.61 + \ln(5.03^2 + 2 \times 5.03 + 2) = 5.23$$
$$x_4 = 1.61 + \ln(5.23^2 + 2 \times 5.23 + 2) = 5.29$$
$$x_5 = 1.61 + \ln(5.29^2 + 2 \times 5.29 + 2) = 5.31$$
$$x_6 = 1.61 + \ln(5.31^2 + 2 \times 5.31 + 2) = 5.32$$
$$x_7 = 1.61 + \ln(5.32^2 + 2 \times 5.32 + 2) = 5.32$$

可见，x_6、x_7 在规定的精确度内一致，故 $x = 5.32$，则 $r_0 = \dfrac{x a_0}{2} 2.66 a_0$。

例 2.3 氢原子基态的概率密度的极大值在何处?

解 从概率密度的概念出发，运用数学上的函数极值的讨论方法。

氢原子基态的概率密度为

$$\mid \psi_{1s} \mid^2 = \frac{1}{\pi a_0^3} e^{-2r/a_0}$$

因为 e^{-2r/a_0} 是递减函数，τ 的取值范围为 $[0, \infty)$，所以，极大值只能在 $[0, \infty)$ 的左端点 (即 $r = 0$) 取得。

例 2.4 对于类氢离子基态，求:

(1)r 的平均值;

(2)r 的最概然值;

(3) 求 2p 态的 $\bar{r}$。

解 类氢离子基态为

$$\psi_{1s} = \frac{1}{\pi^{1/2}} \left(\frac{Z}{a_0} \right)^{3/2} e^{-Zr/a_0}$$

(1) 直接代入平均值公式计算得

$$\bar{r} = \int \psi_{1s}^* r \psi_{1s} \mathrm{d}r = \int_0^\infty \int_0^\pi \int_0^{2\pi} \frac{Z^3}{\pi a_0^3} e^{-2Zr/a_0} r r^2 \sin\theta \mathrm{d}r \mathrm{d}\theta \mathrm{d}\varphi$$
$$= 4 \frac{Z^3}{a_0^3} \int_0^\infty r^3 e^{-2Zr/a_0} \mathrm{d}r$$

应用积分公式得

$$\bar{r} = \frac{4Z^3}{a_0^3} \frac{3!}{(2Z/a_0)^4} = \frac{3a_0}{2Z}$$

(2) 求 r 的最概然值就是求 D(径向分布函数) 取最大值时的 r 值，即令 $\dfrac{\mathrm{d}D}{\mathrm{d}r} = 0$，求得 r 值。

$$D = R_{1s}^2 r^2 = \frac{4Z^3}{a_0^3} r^2 e^{-2Zr/a_0}$$

$$\frac{\mathrm{d}D}{\mathrm{d}\tau} = \frac{4Z^3}{a_0^3} \frac{\mathrm{d}}{\mathrm{d}\tau} (r^2 e^{-2Zr/a_0})$$

$$= \frac{4Z^3}{a_0^3} \left(2r e^{-2Zr/a_0} - r^2 \frac{2Z}{a_0} e^{-2Zr/a_0} \right) = 0$$

$$r^2 \frac{Z}{a_0} - r = 0$$

即

$$r = \frac{a_0}{Z}$$

(3) 因 $\bar{r}$ 只与 r 有关，为方便计算只取径向因子，查表知：

$$R_{2p} = \frac{1}{2\sqrt{6}} \left(\frac{Z}{a_0}\right)^{5/2} r e^{-2Zr/a_0}$$

$$\bar{r} = \int_0^\infty R_{2p}^* r R_{2p} r^2 \mathrm{d}r = \frac{Z^5}{24a_0^5} \int_0^\infty r^5 e^{-2Zr/a_0} \mathrm{d}r$$

$$= \frac{Z^5}{24a_0^5} \frac{5!}{(Z/a_0)^6} = \frac{5a_0}{Z}$$

例 2.5 哪些氢原子状态的 ψ 在核处不为零？

解 $\psi = R_{nl}(r) Y_{lm}(\theta,\varphi)$，要使 $r=0$ 时 $\psi \neq 0$，则 ψ 的表达式中不能含有 r 的幂指数因子（除零次幂）。因为 $Y_{lm}(0,\varphi)$ 不含 r，所以 r 只与 $R_{nl}(r)$ 有关，氢原子的径向因子为

$$R_{nl}(r) = r^l e^{-r/na_0} \sum_{j=0}^{n-l-1} b_j r^j$$

由上式可知，只有在 $l=0$ 时，$r^l = r^0 = 1$ 才能满足 $r=0$ 时，$R_{nl}(r) \neq 0$，从而 $\psi \neq 0$。$l=0$ 的状态即 s 态，所以，s 态的 ψ_s 在核处不为零。

例 2.6 试验证：一定角量子数 l 的所有角度分布函数 $Y^2(\theta,\varphi)$ 的总和是与 θ、φ 无关的常数。由此可得出什么结论？

解 5 个 d 轨道的 θ、φ 部分的平方和为

$$\sum Y^2(\theta,\varphi) = K\left[\frac{1}{2}(3\cos^2\theta-1)^2 + 6\sin^2\theta\cos^2\theta(\cos^2\varphi+\sin^2\varphi) + \right.$$

$$\left. \frac{3}{2}\sin^4\theta(\cos^2 2\varphi + \sin^2 2\varphi)\right]$$

$$= \frac{K}{2}\left[(2-3\sin^2\theta)^2 + 12\sin^2\theta(1-\sin^2\theta) + 3\sin^4\theta\right]$$

$$= 2K$$

说明：一定角量子数 l 的所有角度分布函数 $Y^2(\theta,\varphi)$ 的总和是与 θ、φ 无关的常数。得出的结论是：总电子云密度分布是球形对称的。

例 2.7 已知 He 原子的第一电离能 $I_1 = 24.48$ eV、第二电离能 $I_2 = 54.28$ eV，试计算其 K 壳层中两个电子间的相互作用能，并估计其有效核电荷和屏蔽常数。

解 如果 He 原子中 K 壳层中的两个电子没有相互作用，则这两个电子的电离势都应相当于只含 1 个电子的第二电离势 I_2。实际上第一电离势要小一些，这种差别就是由下述电子间的作用引起的。

电子相互作用能为 $I_2 - I_1 = 29.8$ eV。

当类氢原子同一原子轨道中有两个电子时，则有效电荷 Z^* 可由平均电离势 $\bar{I} = \frac{I_1 + I_2}{2}$ 通过下式计算：

$$Z^* = \sqrt{\frac{\bar{I} n^2}{13.6}} = \sqrt{\frac{39.5 \times 1^2}{13.6}} = 1.7$$

而屏蔽常数则为

$$\sigma = Z - Z^* = 0.3$$

可见与斯莱特规则是一致的。

例 2.8　由对应的薛定谔方程的解,算出 He 原子的能量,在计算中两个电子相斥的势能可以忽略不计。将计算值与实验值 $E_1 = -79$ eV 对比,并计算出类氢离子 He^+ 的能量 E_1'。导出第一电离能(反应式为:$He \longrightarrow He^+ + e^-$),并与实验值 $I = 24.6$ eV 比较。得出什么结论?

解　当忽略两个电子相斥的势能时,氦原子的哈密顿算符可写为

$$H = -\frac{h^2}{2m} \nabla_1{}^2 - \frac{h^2}{2m} \nabla_2{}^2 + V_1 + V_2$$

式中,$V_1 = -\dfrac{2e^2}{r_1}$;$V_2 = -\dfrac{2e^2}{r_2}$。

哈密顿算符可写为下列形式:

$$H = H_1 + H_2$$

式中,H_1 仅与第一个电子有关;H_2 仅与第二个电子有关。

令 $\psi(1,2) = \varphi(1) \cdot \varphi(2)$,则可写为 $H_1 \varphi_1 = E_1 \varphi_1$ 和 $H_2 \varphi_2 = E_2 \varphi_2$。由此有 $E_1 + E_2 = E$。

这样即回到单电子问题,其能量如下:

$$E = -13.6 \text{ eV} \times \frac{Z^2}{n^2} = -\frac{54.4}{n^2} \text{eV}$$

由于 $Z = 2$,在基态 $n = 1$ 时,两个自旋方向相反的电子都处于 1s 原子轨道。基态能量值为

$$E = -54.4 \text{ eV} \times 2 = -108.8 \text{ eV}$$

与经验值(-79 eV)相差很大。

对类氢离子 He^+,它的能量可由下式准确算出:

$$E' = -13.6 \text{ eV} \times 4 = -54.4 \text{ eV}$$

由此电离值为

$$I = E' - E = 54.4 \text{ eV}$$

由于 E 值的关系,结果与经验值(24.6 eV)相差很大。

例 2.9　当考虑到电子之间的相互作用时,采用屏蔽常数 $\sigma = 0.31$。重新进行例 2.8 计算,算出基态的氦原子能量以及第一电离能,结论如何?

解　将例 2.8 计算中的 $Z = 2$ 用有效核电荷 Z^* 取代:

$$Z^* = Z - \sigma = 1.69$$

基态能量则可写为

$$E = -13.6 \text{ eV} \times Z^{*2} \times 2 = -77.7 \text{ eV}$$

$E' = -54.4$ eV 值仍为有效,电离能可由下式结算出:

$$I = E' - E = 23.3 \text{ eV}$$

这样求出的数值与实验值更为接近。

例 2.10　基态自由钇(Y)原子的电子可能排布为

$$1s^2 2p^6 3s^2 3p^6 3d^{10} 4s^2 4p^6 4d^1 5s^2 \qquad\qquad (a)$$

或

$$1s^2 2p^6 3s^2 3p^6 3d^{10} 4s^2 4p^6 4d^2 5s^1 \qquad\qquad (b)$$

由光谱实验确定其光谱基项为 $^2D_{3/2}$，试判断它是哪种电子排布。

解　按洪德规则，可用以下方法求出光谱基项。对于电子组态(a)，只考虑满壳层以外的 $4d^1$ 电子。首先，电子自旋方向要求尽可能平行，这时只有 1 个电子，故 $S=\frac{1}{2}$；其次，要求轨道向量尽可能与自旋向量方向相反，由于 $L=2$，故得到 $J=2-\frac{1}{2}=\frac{3}{2}$。因此，电子组态(a)的光谱基项为 $^2D_{3/2}$。

同理，对电子组态(b)，$5s^1$ 的 $S_1=\frac{1}{2}$，$L_1=0$；$4d^2$ 的 $S_2=\frac{1}{2}+\frac{1}{2}=1$，$L_2=|-2-1|=|-3|$。因此，整个原子：

$$S=S_1+S_2=\frac{3}{2}$$

$$L=L_1+L_2=|-3|=3$$

其光谱基项为 $^4F_{3/2}$。

对比实验结果可见第一种排布(a)是正确的。

例 2.11　设对电子的状态不用 n、l、m、m_s，而用 n、l、j、m_j 量子数描述。试以 $n-2$ 为例，证明在一定 n 值时状态的数目仍为 $2n^2$ 个。

解　对于一定的 n 值，$l=0,1,2,\cdots,n-1$；$j=l\pm\frac{1}{2}$；$m_j=-j,-j+1,\cdots,j-1,j$。

所以，在一定 n 值时状态的数目为

$$\sum_{i=1}^{n-1}\sum_{j-l-\frac{1}{2}}^{j-l+\frac{1}{2}}(2j+1)=\sum\left[2\left(l+\frac{1}{2}\right)+1+2\left(l-\frac{1}{2}\right)+1\right]$$

$$=\sum 2(2l+1)=2n^2$$

后一等号用了等差级数。

例如，当 $n=2$ 时，对这两套方案分别有以下两种情况。

(1)

n	l	m	m_s
2	0	0	$\frac{1}{2},-\frac{1}{2}$
	1	1	$\frac{1}{2},-\frac{1}{2}$
		0	$\frac{1}{2},-\frac{1}{2}$
		-1	$\frac{1}{2},-\frac{1}{2}$

(2)

n	l	j	m_j
2	0	$\frac{1}{2}$	$\frac{1}{2}, -\frac{1}{2}$
	1	$\frac{1}{2}$	$\frac{1}{2}, -\frac{1}{2}$
		$\frac{3}{2}$	$\frac{3}{2}, \frac{1}{2}, -\frac{1}{2}, -\frac{3}{2}$

显然,它们都具有 $2n^2 = 2 \times 2^2 = 8$ 种状态。

例 2.12　对一个在 p 态的氢原子,测量 M_z 可能的结果是 $-h$、0、h,对下列每个波函数,给出这 3 个结果的每一个概率:

$(1) \psi_{2p_z}$;$(2) \psi_{2p_x}$;$(3) \psi_{2p_y}$;$(4) \psi_{2p_1}$。

解　(1) 从 ψ_{2p_z} 即为 ψ_{210} 可知 M_z 只取 0,取 0 的概率为 1。

$(2) \psi_{2p_x} = \dfrac{1}{\sqrt{2}}(\psi_{2p_1} + \psi_{2p_{-1}})$。

故测量 M_z 为 0 的概率为 0,$-h$ 和 h 各 $\dfrac{1}{2}$。

$(3) \psi_{2p_y} = \dfrac{i}{\sqrt{2}}(\psi_{2p_1} - \psi_{2p_{-1}})$。

故答案与(2)相同。

$(4) \psi_{2p_1}$ 即 ψ_{211},故测量 M_z 为 h 的概率为 1,结果为 $-h$ 和 0 的概率为 0。

例 2.13　确定 Ca 原子的光谱项。1 个 4s 电子激发到 4p 能级,写出这个激发态中 Ca 的光谱项,指出有一个单简并态($S=0$)与一个三简并态($S=1$)。

解　Ca 的原子序 $Z=20$,它的电子结构可写为

$$1s^2 2s^2 2p^6 3s^2 3p^6 4s^2$$

考虑两个外层电子,在基态时,得到 ↑ ↓,$M_L = 0$,所以是 S 态。$M_S = 0$,$S = 0$ 时,自旋多重简并性 $2S+1=1$,以 ^1S 符号表示基态。

在激发态,有一个电子在 4s 能级,而另一个电子在 4p 能级,M_L 的最大值为 1,是 P 态。

若两个电子保持自旋反平行,$S=0$,则为单简并态 ^1P。

若两个电子具有自旋平行,$S=1$,则为三简并态 ^3P。

两种状态可表示如下:

$$↓ \quad 4p \quad ↑$$

$$↑ \quad 4s \quad ↑$$

$$^1P \text{ 态} \quad ^3P \text{ 态}$$

例 2.14　给出 1 ~ 10 号元素光谱基项的标记。

解　光谱支项的符号为 $^{2S+1}L_J$,其中:

$$J = L+S, L+S-1, \cdots, |L-S|$$

洪德规则：S 最大者能级最低；若 S 相同，则 L 最大者能级最低。对于 S 和 L 都相同的光谱支项，支壳层未半充满至半充满时，J 最小者能级最低；支壳层超过半充满时，J 最大者能级最低。

1~10 号元素的光谱基项如下：

元素：H、He、Li、Be、B、C、N、O、F、Ne

光谱基态：$^2S_{1/2}$、$^1S_0$、$^2S_{1/2}$、$^1S_0$、$^2P_{1/2}$、$^3P_0$、$^4S_{3/2}$、$^3P_2$、$^2P_{3/2}$、$^1S_0$

例 2.15　电子组态 $1s^2 2s^2 2p^6 3s^2 3p^1 5g^1$ 对应什么谱项？

解　只考虑 3p 和 5g。p 对应于 $l=1$，g 对应于 $l=4$；所以，$L=5,4,3$，对应于 H、G、F；$S=0$ 或 1，所以，$2S+1=1$ 或 3。故所求光谱项为

$$1F、{}^1G、{}^1H、{}^3F、{}^3G、{}^3H$$

例 2.16　给出 21~30 号元素的光谱基项标记。这些元素中哪个是具有最多简并度的光谱基项？

解　所求光谱基项标记如下：

原子序数：21、22、23、24、25、26、27、28、29、30

元素符号：Sc、Ti、V、Cr、Mn、Fe、Co、Ni、Cu、Zn

组态：$3d^1 4s^2$、$d^2 s^2$、$d^3 s^2$、$d^5 s^1$、$d^6 s^2$、$d^5 s^2$、$d^7 s^2$、$d^8 s^2$、$d^{10} s^1$、$d^{10} s^2$

光谱基项：$^2D_{3/2}$、$^3F_2$、$^4F_{3/2}$、$^7S_3$、$^6S_{5/2}$、$^5D_4$、$^4F_{9/2}$、$^3F_4$、$^2S_{1/2}$、$^1S_0$

可见，27 号元素 Co 的光谱基项 $4F_{9/2}$ 具有最多的简并度，它是十重简并的：

$$M_J = \pm\frac{1}{2}, \pm\frac{3}{2}, \pm\frac{5}{2}, \pm\frac{7}{2}, \pm\frac{9}{2}$$

例 2.17　下面的每一情况中能填入多少个电子？

(1) 主量子数为 n 的壳层；

(2) 量子数为 n 和 l 的支壳层；

(3) 一个轨道；

(4) 一个自旋轨道。

解　(1) 主量子数为 n 的壳层一共有 $\sum\limits_{l=0}^{n-1}(2l+1)=n^2$ 个轨道，每个轨道可填入自旋相反的两个电子，故一共可填入 $2n^2$ 电子。

(2) 量子数为 n 和 l 的支壳层一共有 $(2l+1)$ 个轨道，共可填入 $2(2l+1)$ 个电子。

(3) 一个轨道可填入自旋相反的两个电子。

(4) 一个自旋轨道只能填入一个电子。

例 2.18　设氢原子处在 $\psi = C_1 Y_{11} + C_2 Y_{10}$ 态，求：

(1) M_z 的可能值和平均值；

(2) $\hat{M}^2$ 的本征值；

(3) M_x 和 M_y 的可能值。

解　(1) Y_{11} 和 Y_{10} 是 $\hat{M}_z$ 的本征函数，但 ψ 不是 $\hat{M}_z$ 的本征函数，所以无确定值，其可能值为 $\hbar$ 和 0，平均值为

$$C_1^2 \hbar + C^2 0_2 = C_1^2 \hbar$$

(2) $\hat{M}^2 \psi = C_1 \hat{M}^2 Y_{11} + C_2 \hat{M}^2 Y_{10} = 2\hbar^2 (C_1 Y_{11} + C_2 Y_{10}) = 2\hbar^2 \varphi$

取本征值为 $2\hbar^2$。

(3) 由 $M^2 = M_x^2 + M_y^2 + M_z^2$ 得

$$M_x^2 + M_y^2 = M^2 - M_z^2$$

当 $M_z = \hbar$ 时：

$$M_x^2 + M_y^2 = \hbar^2$$

当 $M_z = 0$ 时：

$$M_x^2 + M_y^2 = 2\hbar^2$$

M_x 和 M_y 可以取满足这两个圆方程的一切可能值。

例 2.19　计算 Li 原子的第一电离能。

解　Li^+ 电子组态为 $1s^2$，Li 电子组态为 $1s^2 2s^1$。依斯莱特法，得

$$I_1 = -E_{2s} = -\frac{(3 - 2 \times 0.85)^2}{2^2} E_H$$

$$= -0.423 E_H = 5.75 \text{ eV}$$

例 2.20　写出一维势箱中两个电子的第一激发态的包含空间及自旋因子的完全波函数，并指出多重度及能量最低状态。

解　此题属于电子自旋和泡利原理应用题。由 $\hat{H} = \hat{H}_1 + \hat{H}_2$ 和 $\psi = \varphi_1 \varphi_2$ 得

$$\psi = \varphi_1(1) \varphi_2(2) = \frac{2}{l} \sin \frac{\pi x_1}{l} \sin \frac{2\pi x_2}{l}$$

式中，

$$\hat{H}_1 \varphi_1 = E_1 \varphi_1 \quad \varphi_1 = \sqrt{\frac{2}{l}} \sin \frac{\pi x_1}{l}$$

$$\hat{H}_2 \varphi_2 = E_2 \varphi_2 \quad \varphi_2 = \sqrt{\frac{2}{l}} \sin \frac{2\pi x_2}{l}$$

由于此波函数是非对称的，所以，交换电子坐标并进行线性组合，再归一化，可得

$$\psi_S = \frac{1}{\sqrt{2}} [\varphi_1(1) \varphi_2(2) + \varphi_1(2) \varphi_2(1)] (对称)$$

$$\psi_A = \frac{1}{\sqrt{2}} [\varphi_1(1) \varphi_2(2) - \varphi_1(2) \varphi_2(1)] (反对称)$$

又考虑两个电子的自旋状态，有

$$\alpha(1)\alpha(2), \beta(1)\beta(2) (对称)$$

$$\alpha(1)\beta(2), \alpha(2)\beta(1) (非对称)$$

将非对称的两个自旋状态线性组合，得

$$\frac{1}{\sqrt{2}} [\alpha(1)\beta(2) + \alpha(2)\beta(1)] (对称)$$

$$\frac{1}{\sqrt{2}} [\alpha(1)\beta(2) - \alpha(2)\beta(1)] (反对称)$$

为满足泡利原理,组合如下:

单态:

$$\psi_s = \frac{1}{2}\varphi_1(1)\varphi_2(2) + \varphi_1(2)\varphi_2(1)][\alpha(1)\beta(2) - \alpha(2)\beta(1)]$$

三态:

$$\psi_t = \frac{1}{\sqrt{2}}[\varphi_1(1)\varphi_2(2) - \varphi_1(2)\varphi_2(1)] \times \begin{cases} \alpha(1)\alpha(2) \\ \beta(1)\beta(2) \\ \frac{1}{\sqrt{2}}\alpha(1)\beta(2) + \alpha(2)\beta(1) \end{cases}$$

显然,ψ_t 态能量低。

例 2.21 试用一维势箱模型处理直链多烯,求出 π 电子 HOMO 和 LUMO 的能量和第一吸收带波长公式。

解 设由 $2k$ 个(k 是正整数)碳原子构成直链烯烃,平均键长为 d,则箱长为 $(2k+1)d$。依能级公式,得

$$E_n = \frac{n^2 h^2}{8m(2k+1)^2 d^2}$$

第一吸收带能量为

$$\Delta E = E(\text{LUMO}) - E(\text{HOMO})$$
$$= \frac{(k+1)^2 h^2}{8m(2k+1)^2 d^2} - \frac{k^2 h^2}{8m(2k+1)^2 d^2}$$
$$= \frac{h^2}{8m(2k+1)^2 d^2}$$

又

$$\Delta E = h\nu = \frac{hc}{\lambda}$$

故波长为

$$\lambda = \frac{hc}{\Delta E} = \frac{8m(2k+1)d^2 c}{h}$$

例 2.22 用无机化学中学到的原子基态电子排布知识,再利用洪德规则,试总结出原子光谱基项的推求方法。

解 根据洪德规则,基态的微观状态有最大的 $\sum m_{si}$ 值和最大的 $\sum m_i$ 值,所以,可直接由基态微观状态写出对应的谱项。再根据在壳层半充满前 J 越小的光谱支项所对应的能级越低,半充满后 J 越大的光谱支项所对应的能级越低,即可推求光谱基项。现举例如下。

例 1:写出 C 原子的光谱基项。

第一步:写出基态原子的电子组态。

基态 C 原子的组态为 $1s^2 2s^2 2p^2$。

第二步:用方框表示外壳层轨道,并注明每个轨道对应的磁量子数 m,按从小到大排成一排。然后将电子用 ↑ 或 ↓(↑ 表示 $m_s = \frac{1}{2}$,↓ 表示 $m_s = -\frac{1}{2}$)表示填入轨道(当然不

能违反泡利原理和洪德规则),注意尽可能在 m 值大的轨道中填充和尽可能方向朝上。

m值:	1	0	-1
2p:	↑	↑	

第三步:按下式计算出 L 和 S(基态) 值。

$$S = \sum m_{si}$$

$$L = \sum m_i$$

从而确定基谱项:

$$\left. \begin{array}{l} S = \dfrac{1}{2} + \dfrac{1}{2} = 1 \\ L = 1 + 0 = 1 \end{array} \right\} {}^3\mathrm{P}$$

第四步:按下式计算 J 值。

半满充前:$J = |L - S|$。

半充满后:$J = L + S$。

从而确定光谱基项。

C 属半满前,故

$$J = |1 - 1| = 0$$

所以,C 原子光谱基项为 ${}^3\mathrm{P}_0$。

例 2:写出 P 原子的光谱基项。

基态 P 原子的组态为 $1s^2 2s^2 2p^6 3s^2 3p^3$,属于半充满。

m值:	1	0	-1
3p:	↑	↑	↑

$$\left. \begin{array}{l} S = \dfrac{1}{2} + \dfrac{1}{2} + \dfrac{1}{2} = \dfrac{3}{2} \\ L = 1 + 0 + (-1) = 0 \end{array} \right\} {}^4\mathrm{S}$$

$$J = L + S = \dfrac{3}{2}(只有 1 个值)$$

所以,P 的光谱基项是 ${}^4\mathrm{S}_{3/2}$。

以上是同科电子的例子,对于非同科电子(凡是 n 和 l 不同的电子称为非同科电子),先将它们划分为两部分(或几部分) 的同科电子,而每一部分的同科电子都按上述方法处理求得 L_1、L_2、S_1、S_2 等,之后按公式

$$L = \sum L_i$$

$$S = \sum S_i$$

求出基谱项。再利用公式

$$J = L + S 或 |L - S|$$

求出其光谱基项。

例 3:写出 Pt 的光谱基项。

基态 Pt 原子的外层电子组态为 $5d^9 6s^1$。

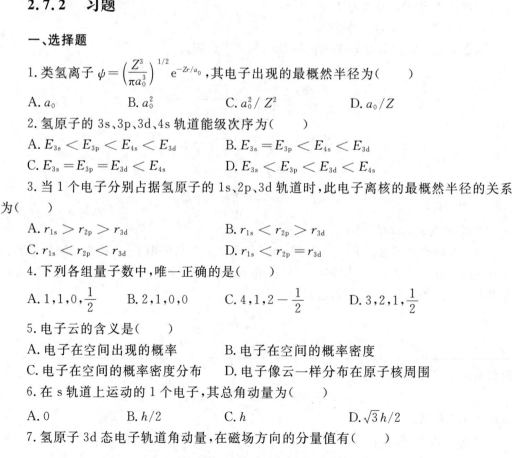

所以，Pt 的光谱基项为 $^3D_3$。

2.7.2　习题

一、选择题

1.类氢离子 $\psi = \left(\dfrac{Z^3}{\pi a_0^3} \right)^{1/2} e^{-Zr/a_0}$，其电子出现的最概然半径为（   ）

A. a_0　　　　　B. a_0^2　　　　　C. a_0^2 / Z^2　　　　　D. a_0 / Z

2.氢原子的 3s、3p、3d、4s 轨道能级次序为（   ）

A. $E_{3s} < E_{3p} < E_{4s} < E_{3d}$　　　　　B. $E_{3s} = E_{3p} < E_{4s} < E_{3d}$

C. $E_{3s} = E_{3p} = E_{3d} < E_{4s}$　　　　　D. $E_{3s} < E_{3p} < E_{3d} < E_{4s}$

3.当 1 个电子分别占据氢原子的 1s、2p、3d 轨道时，此电子离核的最概然半径的关系为（   ）

A. $r_{1s} > r_{2p} > r_{3d}$　　　　　B. $r_{1s} < r_{2p} > r_{3d}$

C. $r_{1s} < r_{2p} < r_{3d}$　　　　　D. $r_{1s} < r_{2p} = r_{3d}$

4.下列各组量子数中，唯一正确的是（   ）

A. $1,1,0,\dfrac{1}{2}$　　B. $2,1,0,0$　　C. $4,1,2 - \dfrac{1}{2}$　　D. $3,2,1,\dfrac{1}{2}$

5.电子云的含义是（   ）

A.电子在空间出现的概率　　　　B.电子在空间的概率密度

C.电子在空间的概率密度分布　　D.电子像云一样分布在原子核周围

6.在 s 轨道上运动的 1 个电子，其总角动量为（   ）

A. 0　　　　　B. $h/2$　　　　　C. h　　　　　D. $\sqrt{3} h/2$

7.氢原子 3d 态电子轨道角动量，在磁场方向的分量值有（   ）

A.2 个　　　　　B.1 个　　　　　C.3 个　　　　　D.5 个

8.已知 He 原子的第一电离能为 24.48 eV,第二电离能为 54.28 eV,则两电子间的相互作用能和屏蔽常数是(　　　)

A.29.8 eV 和 0.3　　　　　　　　B.29.8 eV 和 0.6

C.13.6 eV 和 0.3　　　　　　　　D.27.2 eV 和 0.3

9.激发态 He($1s^1 2s^1$) 的光谱项是(　　　)

A.$^1S, ^2S$　　　　B.$^1S, ^3S$　　　　C.$^1S, ^1P$　　　　D.$^2S, ^2P$

10.原子光谱项 $^1D_2$ 所包含的微观状态数为(　　　)

A.2　　　　　　B.3　　　　　　C.4　　　　　　D.5

11.4d 电子的轨道角动量应为(　　　)

A.$\sqrt{6}\,h$　　　B.$2\sqrt{3}\,h$　　　C.$2\sqrt{5}\,h$　　　D.$2\sqrt{6}\,h$

12.一个主量子数为 n 的壳层,最多可填充电子的数目为(　　　)

A.$2n^2$　　　　　　B.n^2　　　　　　C.$2n$　　　　　　D.n

13.氢原子下列状态是 $\hat{M}_x$(角动量磁场分量)算符本征函数的是(　　　)

A.ψ_{2p_x}　　　B.ψ_{211}　　　C.ψ_{2p_y}　　　D.$\psi_{211} + \psi_{21-1}$

14.He$^+$ $n=4$ 的状态有(　　　)

A.4 个　　　　　B.8 个　　　　　C.16 个　　　　　D.20 个

15.氢原子的轨道角度分布函数 Y_{10} 的图形是(　　　)

A.两个相切的圆　　　　　　　　B.“8” 字形

C.两个相切的球　　　　　　　　D.两个相切的实心球

16.B 原子基态能量最低的光谱支项是(　　　)

A.$^2P_{1/2}$　　　B.$^2P_{3/2}$　　　C.$^3P_0$　　　D.$^1S_0$

17.氢原子基态电子径向概率分布的极大值在(　　　)

A.$r=0$ 处　　　B.$r=a_0$ 处　　　C.$r=2a_0$ 处　　　D.$r=\infty$ 处

18.如果氢原子的电离能为 13.6 eV,则 Li^{2+} 的电离能为(　　　)

A.13.6 eV　　　B.27.2 eV　　　C.54.4 eV　　　D.122.4 eV

19.He$^+$ 在 $2p_y$ 状态时,物理量有确定值的只有(　　　)

A.能量　　　　　　　　　　　　B.能量和角动量

C.能量、角动量及其分量　　　　D.角动量及其分量

20.在氢原子波函数中,$R(r)$ 函数决定于(　　　)

A.n　　　　　　B.l　　　　　　C.m　　　　　　D.n 和 l

二、填空题

1.原子轨道是指 _____。

2.氢原子 ψ_{210}、ψ_{211}、ψ_{300}、ψ_{311} 状态,与 $3p_x$ 角度分布相同的是 _____。

3.在无外磁场时,原子 Na、Mg、Al 基态,存在自旋与轨道间的磁相互作用的是 _____。

4.量子数为 n 和 l 的支壳层中最多能填 _____ 个电子。

5. 写出下列原子的光谱基项：

(1)B _____;(2)F _____;(3)Na _____;(4)C _____。

6. 类氢离子复波函数 ψ_{2p_1} 与实波函数 ψ_{2p_x} 的径向分布 _____ 同，角度分布 _____ 同。

7. 氢原子基态电子的轨道磁矩 $\mu=$ _____，自旋磁矩 $\mu_s=$ _____。

8. 氢原子的 $2p_z$ 状态的能量 $E=$ _____ eV，角动量 $M=$ _____，角动量磁场分量 $M_z=$ _____。

9. He^+ 的 $3p_x$ 状态，波函数径向节面数为 _____，角度节面数为 _____。

10. 给出 Li 原子基态 1s 电子和 2s 电子的能量值：

$E_{1s}=$ _____ eV；$E_{2s}=$ _____ eV。

11. Li 原子最外层的屏蔽常数 $\sigma=1.74$，Li^{2+} 的 $\psi_{1s}=\left(\dfrac{Z^3}{\pi a_0^3}\right)^{\frac{1}{2}}e^{-Zr/a_0}$，则 Li^{2+} 电子径向分布最大值离核的距离为 _____，Li^{2+} 电子离核的平均距离为 _____，Li 原子的第一电离能为 _____ eV。

12. He 原子的哈密顿算符 $\hat{H}=$ _____。

13. Ca 原子激发态 $[Ar]3d^2$ 基谱项为 _____。

14. 已知氢原子中电子的一个状态为 $\psi_{n,l,m}(r,\theta,\varphi)=\dfrac{1}{2\sqrt{6}}(a_0)^{-3/2}\dfrac{r}{a_0}e^{-r/a_0}\cdot\dfrac{\sqrt{3}}{2\sqrt{\pi}}\cos\theta$，则量子数 n 为 _____，l 为 _____，m 为 _____，轨道名称为 _____。

15. 氢原子 E_{4s} _____ E_{3d}，氮原子的 E_{4s} _____ E_{3d}，钠原子的 E_{4s} _____ E_{3d}，铁原子的 E_{4s} _____ E_{3d}（填"$<$"或"$>$"）。

三、判断题

1. 对任何原子（不是离子），必有 $E_{3s}<E_{3p}<E_{4s}<E_{3d}$。（　　　）

2. 实波函数 ψ_{2p_z}、ψ_{2p_y} 分别对应于复波函数 ψ_{21+1}、ψ_{21-1}。（　　　）

3. 多电子原子的原子轨道角度分布图与类氢离子的图形完全一样。（　　　）

4. 任何分子中，LUMO 轨道能量一定高于 HOMO 轨道能量。（　　　）

5. 原子轨道（AO）是原子中的单电子波函数，它描述了电子运动的确切轨迹。（　　　）

6. n、l、m、m_s 四个量子数共同确定一个原子轨道，这 4 个量子数是解薛定谔方程过程中得到的量子数。（　　　）

7. 原子轨道的绝对值平方就是化学中广为使用的"电子云"概念，即概率密度。（　　　）

四、计算题

1. 对于 He^+，回答下列问题。

(1) 它的哪个轨道的能量与 H 原子的 1s 轨道能量相同？

(2) 对于 He^+ 的 $3p_x$ 轨道，指出其节面数、能量、角动量、角动量 z 分量的值。

(3)He^+ 的 $3p_x$ 轨道与另外哪些轨道简并？在 He 原子中 $3p_x$ 轨道又与哪些轨道简并？

2.已知 Li 原子最外层电子的屏蔽常数为 1.74,Li^{2+} 的 $\psi_{1s} = (Z^3/\pi a_0^3)^{1/2} \exp(- Zr/a_0)$。

(1) 计算 Li^{2+} 的 1s 电子径向分布最大值离核的距离。

(2) 计算 Li^{2+} 的 1s 电子离核的平均距离。

(3) 计算 Li 的第一电离能。

3.计算氢原子基态到第一激发态跃迁时,光谱线的频率和波长(实验值:$\tilde{\nu} = 8.225\ 956 \times 10^5\ \text{m}^{-1}, \lambda = 1.215\ 664 \times 10^7\ \text{m}$)。

4.写出氢原子量子数 n、l、m 所能采取的数值及相互关系。求当 $n=1,2,3,4$ 时的简并度。

5.氢原子基态波函数为 $\psi_{1s} = C e^{-r/a_0}$。试证归一化系数 $C = 1/\sqrt{\pi a_0^3}$,并求在 x、y、z 为 $a_0 \to a_0 + \dfrac{1}{100} a_0$ 范围内电子出现的概率(在 $\mathrm{d}x\mathrm{d}y\mathrm{d}z$ 的微体积元内 ψ 可近似作常数看待)。

6.已知归一化的氢原子基态的波函数为

$$\psi_{1s} = \frac{1}{\sqrt{\pi}} \left(\frac{1}{a_0} \right)^{3/2} e^{-r/a_0}$$

试由量子力学能量表达式 $E = \int \psi^* \hat{H} \psi \mathrm{d}\tau$ 推求基态的能量。

7.试写出下列原子的光谱基项。

(1)Be;(2)C;(3)O;(4)Cl;(5)As。

8.下面两个碳的电子组态分别对应多少微能态?

(1)$1s^2 2s^2 2p^2$;(2)$1s^2 2s^2 2p^1 3p^1$。

9.当 $n=4$ 时,共有多少个状态不同的电子? $n=4$、$l=3$ 时,又有多少个状态不同的电子?

10.已知氢原子的 ψ_{2p_z},试计算:

(1) 原子轨道能量 E;

(2) 轨道角动量 $|M|$、轨道磁矩 $|\mu|$;

(3) 轨道角动量在磁场方向分量;

(4) 节面的个数、位置和形状。

11.对氢原子,$\psi = c_1 \Psi_{210} + c_2 \Psi_{211} + c_3 \Psi_{31-1}$,所有波函数都已归一化,请计算:

(1) 能量平均值及能量 -3.4 eV 出现的概率;

(2) 角动量平均值及角动量为 $\sqrt{2}\hbar$ 出现的概率;

(3) 角动量在 z 轴方向分量的平均值及角动量在 z 轴分量为 $2\hbar$ 出现的概率。

12.已知 He 原子的第一电离能为 24.59 eV,试计算:

(1) 第二电离能、1s 的单电子原子轨道能和电子结合能;

(2) 基态能量;

(3) 屏蔽常数;

(4) 根据(3)中的计算结果,求 H$^-$ 的基态能量。

13.写出下列元素原子光谱基项符号。

(1)Si;(2)Mn;(3)Br;(4)Nb;(5)Ni。

第3章

分 子 结 构

知识点思维导图

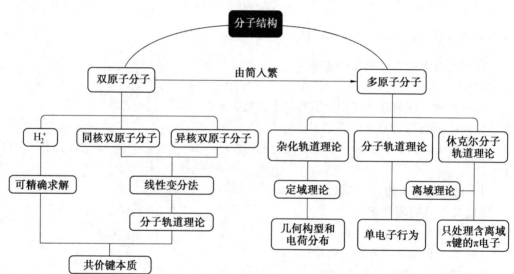

预习提纲与思考题

1. 何为变分法？何为线性变分法？试述其大意。

2. 久期方程和久期行列式是如何得到的？

3. 分子轨道的定义是什么？分子轨道理论有哪些要点？

4. 以 HF 为例说明原子轨道通过线性组合成分子轨道（LCAO－MO）的成键三原则。

5. 何谓键级？它与键长、键能有何关系？何谓键的极性？它与组合系数有何联系？

6. 定域与非定域分子轨道的区别与联系如何？

7. 试说明杂化轨道理论的要点、主要类型和几何构型。

8. 解释平面型分子的分子轨道（MO）能量通常有如下次序：$\sigma < \pi < \pi^* < \sigma^*$。

9. 杂化轨道理论中的等性杂化与不等性杂化有何区别？对键角有何影响？

10. 杂化轨道 sp^n 的能级高低与 $n(n=1,2,3)$ 的关系如何？

11. 为什么 C_2H_2 比 C_2H_4 及 C_2H_6 更容易形成金属盐？而 C_2H_4 的 π 键比 C_2H_2 的活泼，又是何原因？

12. 原子的杂化状态与分子构型有何关系？

13. 试总结出原子生成共价键数目的规律。

14. SF_6 是绝缘性能良好的液体（可作变压器油），这与它的成键情况有何关系？

15. 共轭 π 键的离域能是怎样计算出来的？它的物理意义是什么？

16. 举例说明共轭效应。

17. 简单 MO 法（HMO 法）的主要假定是什么？

18. 链状和环状的共轭体系的久期行列式各有何特点？

19. 何谓芳香性？试由环丁二烯和苯的共轭效应说明苯的芳香性。

20. 何谓分子图？它有什么作用？

3.1　H_2^+ 的结构和共价键的本质

H_2^+ 是最简单的分子,虽不稳定,很容易从周围获得一个电子变为氢分子,但已经通过实验证明了它的存在,并已测定出它的键长为 106 pm,键解离能为 255.4 kJ·mol^{-1}。本着从简到繁的思路,单电子的 H_2^+ 是最简单的双原子分子体系,可为讨论多电子的双原子分子结构提供许多基本的概念和处理的思路和方法。

3.1.1　H_2^+ 的薛定谔方程

H_2^+ 是一个包含两个原子核和一个电子的体系,其坐标关系如图 3.1 所示。图中,A 和 B 代表原子核;r_a 和 r_b 分别代表电子与两个核的距离;R 代表两核之间的核间距。

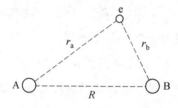

图 3.1　H_2^+ 的坐标

H_2^+ 的薛定谔方程以原子单位表示为

$$\left(-\frac{1}{2}\nabla^2 - \frac{1}{r_a} - \frac{1}{r_b} + \frac{1}{R}\right)\psi = E\psi \tag{3.1}$$

式中,ψ 和 E 分别为 H_2^+ 的单电子波函数和能量。等号左边括号中,第一项代表电子的动能算符;第二项和第三项代表电子分别受核 Λ 和 B 的吸引能;第四项代表两个原子核的静电排斥能。

该薛定谔方程不包含核动能项,这主要是基于玻恩 — 奥本海默(Born — Oppenheimer)近似,即定核近似或绝热近似。由于电子质量比原子核质量小得多($m_e \ll m_n$,大约 1 836 倍),电子运动速度比核快得多,电子绕核运动时,核可以看作不动,电子处在固定的核势场中运动,因此由该薛定谔方程解得的波函数 ψ 只反映电子的运动状态。这样把核看作不动,固定核间距 R 解薛定谔方程,得到分子的电子波函数和能级,改变 R 值可得一系列波函数和相应的能级,与电子能量最低值相对应的 R 即平衡核间距 R。

3.1.2　变分法

1.最低能量原理

设体系的哈密顿算符为 $\hat{H}$,它的真实本征函数为 φ_i,即

$$\hat{H}\varphi_i = E_i\varphi_i \tag{3.2}$$

$\{\varphi_i\} = \varphi_0, \varphi_1, \varphi_2, \cdots, \varphi_i, \varphi_{i+1}, \cdots$ 组成一个正交归一完备集,其能量依次增加,即

$$E_0 \leqslant E_1 \leqslant E_2 \leqslant \cdots \leqslant E_i \leqslant E_{i+1} \leqslant \cdots \tag{3.3}$$

$$\int \varphi_i^{\ *} \varphi_j \mathrm{d}\tau = \delta_{ij} \tag{3.4}$$

又设 ψ 为满足这一体系的边界条件的任何品优函数,则

$$W = \frac{\int \psi^* \hat{H} \psi \mathrm{d}\tau}{\int \psi^* \psi \mathrm{d}\tau} \geqslant E_0 \tag{3.5}$$

式(3.5) 称为最低能量原理:用任何近似状态函数 ψ 计算的能量的平均值一定大于或等于真正的基态本征状态 φ_0 的本征值 E_0。

证明:用完全集合 $\{\varphi_i\}$ 展开 ψ,即

$$\psi = \sum_i c_i \varphi_i \tag{3.6}$$

考虑下列积分

$$\Delta = \int \psi^* (\hat{H} - E_0) \psi \mathrm{d}\tau = \int \psi^* \hat{H} \psi \mathrm{d}\tau - E_0 \int \psi^* \psi \mathrm{d}\tau \tag{3.7}$$

把式(3.6) 代入式(3.7),并利用式(3.2) 和式(3.4) 得

$$
\begin{aligned}
\Delta &= \int \sum_i c_i^{\ *} \varphi_i^{\ *} (\hat{H} - E_0) \sum_j c_j \varphi_j \mathrm{d}\tau \\
&= \sum_i \sum_j c_i^{\ *} c_j (E_j - E_0) \int \varphi_i^{\ *} \varphi_j \mathrm{d}\tau \\
&= \sum_i \sum_j c_i^{\ *} c_j (E_j - E_0) \delta_{ij} \\
&= \sum_i c_i^{\ *} c_i (E_i - E_0)
\end{aligned} \tag{3.8}
$$

因 $c_i^{\ *} c_i \geqslant 0, E_i - E_0 \geqslant 0$,所以

$$\Delta \geqslant 0 \tag{3.9}$$

代入式(3.7) 得

$$W = \frac{\int \psi^* \hat{H} \psi \mathrm{d}\tau}{\int \psi^* \psi \mathrm{d}\tau} \geqslant E_0$$

2. 变分法

用变分法求体系的近似基态波函数 ψ 及近似基态能量 W 即是利用上述最低能量原理的一种近似处理方法。选择 ψ 时使它包含若干可以调节的参数 $c_1, c_2, \cdots$,那么由式(3.5) 求得的 W 将是这些参数的函数,即

$$W = W(c_1, c_2, \cdots)$$

求 W 对 $c_1, c_2, \cdots$ 的偏导数,并使之等于零:

$$\frac{\partial W}{\partial c_1} = \frac{\partial W}{\partial c_2} = \cdots = 0 \tag{3.10}$$

则可求得当 W 等于最低值 W_0 时,$c_1, c_2, \cdots$ 应采取哪些数值。因 W 是 E_0 的上限,所以最低的 W_0 最接近 E_0,这样得到的最低值 W_0 可以作为基态能量 E_0 的近似值,而相应的 ψ_0 则为近似的基态波函数。一般而言,ψ 函数的选择越接近真实函数,它所包含的可调参数越

多,则 $W_0 - E_0$ 越小,ψ 通常称为尝试变分函数。

例题:用变分法求长度为 l 的一维势箱中质点的基态能量值。

已知在势箱外面 $\psi = 0$,边界条件为在 $x = 0$ 和 $x = l$ 处 $\psi = 0$。因此尝试变分函数必须满足这些边界条件。适合这些条件的一个简单的函数是抛物线函数,$\psi = x(l-x)$,其中 $0 \leqslant x \leqslant l$。由于 ψ 并未归一化,因此应用式(3.5):

$$
\begin{aligned}
W &= \frac{\displaystyle\int \psi^* \, \hat{H} \psi \, \mathrm{d}\tau}{\displaystyle\int \psi^* \, \psi \, \mathrm{d}\tau} \\[2mm]
&= \frac{\displaystyle\int_0^l x(l-x)\left(-\frac{\hbar^2}{2m}\frac{\mathrm{d}^2}{\mathrm{d}x^2}\right)\left[x(l-x)\right]\mathrm{d}x}{\displaystyle\int_0^l \left[x(l-x)\right]^2 \mathrm{d}x} \\[2mm]
&= \frac{-\dfrac{\hbar^2}{m}\displaystyle\int_0^l (x^2 - lx)\,\mathrm{d}x}{\displaystyle\int_0^l x^2 (l-x)^2 \mathrm{d}x} \\[2mm]
&= \frac{\dfrac{\hbar^2 l^3}{6m}}{\dfrac{l^5}{30}} = \frac{5h^2}{4\pi^2 l^2 m}
\end{aligned}
$$

已知一维势箱中质点的能量为 $\dfrac{h^2}{8ml^2}$,因此误差百分率为 $\dfrac{(5/4\pi^2) - 1/8}{1/8} \times 100\% = 1.3\%$。从结果看,误差不太大。

3. 变分法的扩展

上面讨论的变分法有两个限制:首先,由它只能得到关于基态能量和波函数的近似值;其次,它只是提供了基态能量值的上限。下面将变分法扩展到可以用来求第一激发态的能量。设体系稳定态的能量依次为

$$E_0 \leqslant E_1 \leqslant E_2 \leqslant \cdots \tag{3.11}$$

定义积分

$$\Delta_1 = \int \psi^* (\hat{H} - E_1) \psi \, \mathrm{d}\tau \tag{3.12}$$

式中,ψ 是归一化的并满足边界条件,将 ψ 展开:

$$\psi = \sum_k c_k \varphi_k \tag{3.13}$$

式中,φ_k 是真实波函数,用式(3.6)以后的同样步骤,即可得到与式(3.8)相同的方程式,只是其中的 E_0 为 E_1 所代表,即

$$\Delta_1 = \sum_k |c_k|^2 (E_k - E_1) \tag{3.14}$$

式中,除第一项外都是非负的;展开项系数应为

$$c_k = \int \varphi_k^* \, \psi(x) \, \mathrm{d}x \tag{3.15}$$

如果将变分函数 ψ 限制与真实基态波函数 φ_0 正交,则有

$$c_0 = \int \varphi_0{}^* \psi \mathrm{d}\tau = 0 \tag{3.16}$$

且假定 ψ 是归一化的，那么式(3.14)第一项为零便可得出 $\Delta_1 \geqslant 0$，因此

$$\int \psi^* \hat{H} \psi \mathrm{d}\tau \geqslant E_1 \tag{3.17}$$

式(3.17)提供了一个求出第一激发态能量上限的方法。但如果不知道基态波函数便难以应用此式。然而要 $c_0 = 0$，可利用宇称性，若已知基态波函数的奇偶性，便可适当地选取 ψ，使 $\int \varphi_0{}^* \psi \mathrm{d}\tau = 0$。例如，在一维空间的问题中，$V$ 常是 x 的偶函数，此时，基态波函数总是偶的。因此，只要将第一激发态波函数取作奇函数，则 c_0 即等于零。

4. 线性变分法

如果 ψ 采用若干独立函数 φ_i 的线性组合

$$\psi = \sum_i c_i \varphi_i \tag{3.18}$$

式中，c_i 为待定参数，则这样的变分法称为线性变分法。由式(3.5)得

$$W = \frac{\int \psi^* \hat{H} \psi \mathrm{d}\tau}{\int \psi^* \psi \mathrm{d}\tau} = \frac{\int \sum_i c_i \varphi_i{}^* \hat{H} \sum_i c_j \varphi_j \mathrm{d}\tau}{\int \sum_i \sum_j c_i c_j \varphi_i{}^* \varphi_j \mathrm{d}\tau} = \frac{\sum_i \sum_j c_i c_j H_{ij}}{\sum_i \sum_j c_i c_j S_{ij}} \tag{3.19}$$

式中，

$$S_{ij} = \int \varphi_i{}^* \varphi_j \mathrm{d}\tau = S_{ji} \tag{3.20}$$

$$H_{ij} = \int \varphi_i{}^* \hat{H} \varphi_j \mathrm{d}\tau = H_{ji} \tag{3.21}$$

将式(3.20)和式(3.11)代入式(3.19)得

$$W \sum_i \sum_j c_i c_j S_{ij} = \sum_i \sum_j c_i c_j H_{ij}$$

对 c_k 求上式的偏导数：

$$\frac{\partial W}{\partial c_k} \sum_i \sum_j c_i c_j c_{ij} + W \frac{\partial}{\partial c_k} \sum_i \sum_j c_i c_j S_{ij} = \frac{\partial}{\partial c_k} \sum_i \sum_j c_i c_j H_{ij} \quad k = 1, 2, \cdots, n \tag{3.22}$$

要使 W 最小，必须使

$$\frac{\partial W}{\partial c_k} = 0 \quad k = 1, 2, \cdots, n \tag{3.23}$$

且

$$\frac{\partial}{\partial c_k} \sum_i \sum_j c_i c_j S_{ij} = \sum_i c_i S_{ik} + \sum_j c_j S_{kj} = \sum_i c_i S_{ik} + \sum_i c_i S_{ki} = 2 \sum_i c_i S_{ik} \tag{3.24}$$

$$\frac{\partial}{\partial c_k} \sum_i \sum_j c_i c_j H_{ij} = \sum_i c_i H_{jk} + \sum_j c_j H_{kj} = \sum_i c_i H_{ik} + \sum_i c_i H_{ki} = 2 \sum_i c_i H_{ik} \tag{3.25}$$

将式(3.23)～(3.25)代入式(3.22)，得

$$W \sum_i c_i S_{ik} = \sum_i c_i H_{ik}$$

或

$$\sum_i (H_{ik} - W S_{ik}) c_i = 0 \quad i = 1, 2, \cdots, n \tag{3.26}$$

这是含有 n 个独立变量 $c_1, c_2, \cdots, c_n$ 的齐次线性联立方程组。要使此方程组有非零解,则本征行列式必须为零,即

$$| H_{ik} - W S_{ik} | = \begin{vmatrix} H_{11} - S_{11} W & H_{12} - S_{12} W & \cdots & H_{1n} - S_{1n} W \\ H_{21} - S_{21} W & H_{22} - S_{22} W & \cdots & H_{2n} - S_{2n} W \\ \vdots & \vdots & & \vdots \\ H_{n1} - S_{n1} W & H_{n2} - S_{n2} W & \cdots & H_{nn} - S_{nn} W \end{vmatrix} = 0 \tag{3.27}$$

式(3.26)习惯上被称为久期方程,式(3.27)为久期行列式。

由于矩阵 $\boldsymbol{H}_{ik}$ 和 $\boldsymbol{S}_{ik}$ 是厄米对称的,所以式(3.27)的 n 个根都是实根。n 个根中的最小者 W_0 是 E_0 的上限。将 W_0 代入式(3.26),并利用归一化条件,可求出对应于 W_0 的近似基态波函数 ψ_0。

式(3.27)的其他根 $W_1, W_2, \cdots, W_{n-1}$ 分别为真实激发态的本征能级 $E_1, E_2, \cdots, E_{n-1}$ 的上限,相应于 $W_1, W_2, \cdots, W_{n-1}$ 的变分函数 $\psi_1, \psi_2, \cdots, \psi_{n-1}$ 都是相互正交并和 ψ_0 正交,它们可以作为各激发态的近似波函数。

5. 变分法解 H_2^+ 薛定谔方程

因为电子运动到核 A 附近区域时,ψ 近似于原子轨道 φ_a;同样,当电子运动到核 B 附近区域时,ψ 近似于 φ_b。根据电子的波动性,波可以叠加,ψ 将会在一定程度上继承和反映原子轨道的性质,所以可用原子轨道的线性组合

$$\psi = c_a \varphi_a + c_b \varphi_b$$

作为 H_2^+ 的变分函数,式中 c_a 和 c_b 为待定参数,而

$$\varphi_a = \frac{1}{\sqrt{\pi}} e^{-r_a}, \quad \varphi_b = -\frac{1}{\sqrt{\pi}} e^{-r_b}$$

将 ψ 代入 $W = \dfrac{\displaystyle\int \psi^* \hat{H} \psi \, d\tau}{\displaystyle\int \psi^* \psi \, d\tau}$,得

$$W(c_a, c_b) = \frac{\displaystyle\int (c_a \varphi_a + c_b \varphi_b) \hat{H} (c_a \varphi_a + c_b \varphi_b) \, d\tau}{\displaystyle\int (c_a \varphi_a + c_b \varphi_b)^2 \, d\tau} \tag{3.28}$$

由于 H_2^+ 的两个核是等同的,而 ψ_a 和 ψ_b 又都是归一化函数,展开式(3.28),并令

$$H_{aa} = \int \varphi_a^* \hat{H} \varphi_a \, d\tau = H_{bb} = \int \varphi_b^* \hat{H} \varphi_b \, d\tau \tag{3.29}$$

$$S_{aa} = \int \varphi_a^* \varphi_a \, d\tau = S_{bb} = \int \varphi_b^* \varphi_b \, d\tau \tag{3.30}$$

$$S_{ab} = \int \varphi_a^* \varphi_b \, d\tau = \int \varphi_b^* \varphi_a \, d\tau = S_{ba} \tag{3.31}$$

$$H_{ab} = \int \varphi_a^* \hat{H} \varphi_b \, d\tau = H_{ba} = \int \varphi_b^* \hat{H} \varphi_a \, d\tau \tag{3.32}$$

得

$$W(c_a,c_b)=\frac{c_a^2 H_{aa}+2c_a c_b H_{ab}+c_b^2 H_{bb}}{c_a^2 S_{aa}+2c_a c_b S_{ab}+c_b^2 S_{bb}}=\frac{Y}{Z}$$

对 c_a、c_b 偏微商求极值,得

$$\frac{\partial W}{\partial c_a}=\frac{1}{Z}\frac{\partial Y}{\partial c_a}-\frac{Y}{Z^2}\frac{\partial Z}{\partial c_a}=0$$

$$\frac{\partial W}{\partial c_b}=\frac{1}{Z}\frac{\partial Y}{\partial c_b}-\frac{Y}{Z^2}\frac{\partial Z}{\partial c_b}=0$$

消去 Z,因为 $\dfrac{Y}{Z}=W$,得

$$\frac{\partial E}{\partial c_a}-W\frac{\partial Z}{\partial c_a}=0,\quad \frac{\partial Y}{\partial c_b}-W\frac{\partial Z}{\partial c_b}=0$$

将 Y、Z 值代入,并用式(3.29)～(3.32)简化,可得到久期方程

$$c_a(H_{aa}-W)+c_b(H_{ab}-WS_{ab})=0 \tag{3.33}$$

$$c_a(H_{ab}-WS_{ab})+c_b(H_{bb}-W)=0 \tag{3.34}$$

为使 c_a 和 c_b 有不完全为零的解,可得久期行列式

$$\begin{vmatrix} H_{aa}-W & H_{ab}-WS_{ab} \\ H_{ab}-WS_{ab} & H_{bb}-W \end{vmatrix}=0 \tag{3.35}$$

解此行列式,得 E 的两个解:

$$W_1=\frac{H_{aa}+H_{ab}}{1+S_{ab}} \tag{3.36}$$

$$W_2=\frac{H_{aa}-H_{ab}}{1-S_{ab}} \tag{3.37}$$

将 W_1 值代入式(3.33)～(3.34)的 W,得 $c_a=c_b$,相应的波函数

$$\psi_1=c_a(\varphi_a+\varphi_b) \tag{3.38}$$

将 W_2 值代入式(3.33)～(3.34)的 W,得 $c_a=-c_b$,相应的波函数

$$\psi_2=c_a'(\varphi_a-\varphi_b) \tag{3.39}$$

通过波函数归一化条件,可求得

$$c_a=(2+2S_{ab})^{-\frac{1}{2}} \tag{3.40}$$

$$c_a'=(2-2S_{ab})^{-\frac{1}{2}} \tag{3.41}$$

3.1.3　积分 H_{aa}、H_{bb}、S_{ab} 的意义和 H_2^+ 的结构

1. 库仑积分

通常把 H_{aa} 和 H_{bb} 称为库仑积分,又称 α 积分。根据 $\hat{H}$ 算符表达式,可得

$$H_{aa}=\int\varphi_a^*\hat{H}\varphi_a d\tau=\int\varphi_a^*\left(-\frac{1}{2}\nabla^2-\frac{1}{r_a}-\frac{1}{r_b}+\frac{1}{R}\right)\varphi_a d\tau$$

$$=\int\varphi_a^*\left(-\frac{1}{2}\nabla^2-\frac{1}{r_a}\right)\varphi_a d\tau+\frac{1}{R}\int\varphi_a^*\varphi_b d\tau-\int\varphi_a^*\frac{1}{r_b}\varphi_a d\tau$$

$$=E_H+\frac{1}{R}-\int\frac{\varphi_a^2}{r_b}d\tau$$

$$= E_H + J \tag{3.42}$$

式中，E_H 代表基态氢原子的能量；

$$J = \frac{1}{R} - \int \frac{1}{r_b} \varphi_a^2 \, d\tau \tag{3.43}$$

式中，$-\int \frac{1}{r_b} \varphi_a^2 \, d\tau$ 表示电子处在 φ_a 轨道时受到核 B 作用的平均吸引能。由于 φ_a 为球形对称，它的平均值近似等于电子在核 A 处受到的核 B 吸引能，其绝对值与两核排斥能 $1/R$ 相近，因符号相反，几乎可以抵消。据计算，H_2^+ 的 R 等于平衡核间距 R 时，J 值只是 E_H 的 5.5%，所以 $H_{aa} \approx E_H$。

2. 交换积分

H_{ab} 和 H_{ba} 称为交换积分，又称 β 积分，交换积与核 A 和核 B 重叠程度有关，因而是与核间距 R 有关的函数。

$$H_{ab} = E_H S_{ab} + \frac{1}{R} S_{ab} - \int \frac{1}{r_a} \varphi_a \varphi_b \, d\tau = E_H S_{ab} + K \tag{3.44}$$

$$K = \frac{1}{R} S_{ab} - \int \frac{1}{r_a} \varphi_a \varphi_b \, d\tau \tag{3.45}$$

在分子的核间距条件下，K 为负值，S_{ab} 为正值，$E_H = -13.6$ eV，这就使 H_{ab} 为负值。所以当两个原子接近成键时，体系能量降低，H_{ab} 项起重大作用。

3. 重叠积分

S_{ab} 称重叠积分，简称 S 积分。

$$S_{ab} = \int \varphi_a \varphi_b \, d\tau \tag{3.46}$$

它与核间距离 R 有关：当 $R = 0$ 时，$S_{ab} = 1$；当 $R = \infty$ 时，$S_{ab} \to 0$；当 R 为其他值时，S_{ab} 的数值叮通过具体计算得到。

将上述关系代入式(3.36)～(3.37)，可得

$$E_1 = E_H + \frac{J + K}{1 + S} \tag{3.47}$$

$$E_2 = E_H + \frac{J - K}{1 - S} \tag{3.48}$$

积分 J、K、S 可在以核 A 和核 B 为焦点的椭圆坐标中求得，其结果以原子单位表示，则得

$$J = \left(1 + \frac{1}{R}\right) e^{-2R} \tag{3.49}$$

$$K = \left(\frac{1}{R} - \frac{2R}{3}\right) e^R \tag{3.50}$$

$$S = \left(1 + R + \frac{R^2}{3}\right) e^{-R} \tag{3.51}$$

所以这些积分都是与 R 有关的数量，R 值给定后，可具体计算其数值。例如当 $R = 2a_0$ 时，$J = 0.0275$ a. u. ，$K = -0.1127$ a. u. ，$S = 0.5863$ a. u. ，而

$$\frac{J + K}{1 + S} = -0.0537 \text{ a. u.}$$

$$\frac{J-K}{1-S}=0.338\ 8\ \text{a. u.}$$

可见，$E_1<E_H<E_2$。

图 3.2 给出 H_2^+ 的能量随核间距的变化曲线（即 $E-R$ 曲线）。由图可见，E_1 随 R 的变化出现在最低点，从能量的角度说明 H_2^+ 能稳定存在。但计算所得的 E_1 曲线的最低点为 170.8 kJ・mol^{-1}，对应 132 pm，与实验值最低点 269.5 kJ・mol^{-1} 对应 106 pm 相比较还有较大差别。

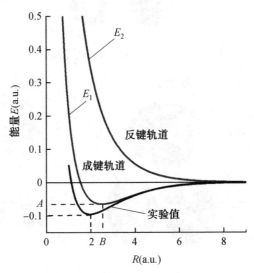

图 3.2　H_2^+ 的能量核间距的变化曲线（H + H$^+$ 能量为 0）

E_2 随 R 增加而单调地下降，当 $R\rightarrow\infty$ 时，E_2 值为 0，即 H + H$^+$ 的能量。

由上述结果可见，用变分法近似解 H_2^+ 的薛定谔方程，可得两个波函数 ψ_1 和 ψ_2，以及相应的能量 E_1 和 E_2：

$$\psi_1=\frac{1}{\sqrt{2+2S}}(\varphi_a+\varphi_b),\quad E_1=\frac{\alpha+\beta}{1+S} \tag{3.52}$$

$$\psi_2=\frac{1}{\sqrt{2-2S}}(\varphi_a-\varphi_b),\quad E_2=\frac{\alpha-\beta}{1-S} \tag{3.53}$$

相应的概率密度函数（即电子云）分别为

$$\psi_1^2=\frac{1}{2+2S}(\varphi_a^2+\varphi_b^2+2\varphi_a\varphi_b) \tag{3.54}$$

$$\psi_2^2=\frac{1}{2-2S}(\varphi_a^2+\varphi_b^2-2\varphi_a\varphi_b) \tag{3.55}$$

ψ_1 的能量比 1s 轨道低，当电子从氢原子的 1s 轨道进入 ψ_1 时，体系的能量降低，ψ_1 为成键轨道。相反，电子进入 ψ_2 时，H_2^+ 的能量就要比原来的氢原子和氢离子的能量高，ψ_2 称为反键轨道。图 3.3 所示为一个氢原子和一个氢离子的 1s 轨道叠加形成的 H_2^+ 分子轨道图。电子在两种轨道上形成的概率分布不同。其中，成键轨道上的电子云有向键区转移的倾向，而反键轨道上的电子云则有离开键区的倾向（图 3.4）。

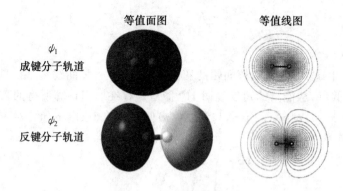

图 3.3　H_2^+ 分子轨道图

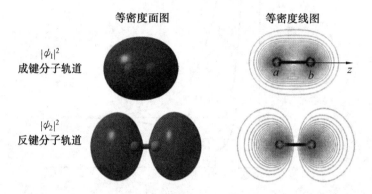

图 3.4　H_2^+ 分子电子概率密度图

因此,考察共价键的形成,应先考虑原子轨道(AO)按各种位相关系叠加形成分子轨道(MO),AO 同号叠加形成能量降低的成键 MO,异号叠加形成能量升高的反键 MO,电子填充到了能量较低的成键 MO 上,形成了稳定分子。图 3.5 给出了 H_2^+ 分子轨道能级示意图。

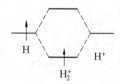

图 3.5　H_2^+ 分子轨道能级示意图

3.1.4　共价键的本质

电子云分布的差值图,是将 ψ_1^2 按空间各点逐点地减去处在核 A 位置的 φ_a^2 和处在核 B 位置的 φ_b^2 后,绘出的差值等值线图。图 3.6 给出 H_2^+ 电子云分布的差值图,图中实线表示电子云增加的等值线,虚线表示电子云减少的等值线。由图可见,ψ_1^2 轨道的成键作用,实质上是将分子两端原子外侧的电子抽调到两个原子核之间,增加了核间区域的电子云,聚集在核间的电子云,同时受到两个原子核的吸引,即核间的电子云把两个原子核结合在一起,这是 H_2^+ 得以形成的原因。

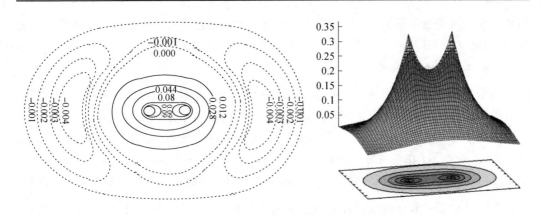

图 3.6　H_2^+ 电子云分布的差值图

在核外侧电子云分布比两个原子间电子云分布少。在核间电子云较成键前密集。核间电子概率密度的增大使电子同时受到两个核的吸引，从而降低了电子的势能，势能的降低可以看作是成键的原因之一。但实际上两核靠近时电子势能的降低与核排斥能 $1/R$ 的增大要相消（且是同一数量级大小），成键效应还应包含其他因素，即原子轨道指数 k 的增大（由 $R=\infty$ 时的 $k=1$ 增至 $R=R_e=2.02$ a.u. 时的 $k=1.24$），意味着有效核电核增加，电子云紧缩，进一步降低了电子的势能。

共价键的形成是原子轨道（或分子轨道）互相叠加，组成新的分子轨道，而不是电子云叠加，原子轨道有正有负，按波的规律叠加，有的加强，有的削弱，形成成键分子轨道或反键分子轨道，而电子云是指 $|\psi|^2$，它只反映电荷的分布，无所谓正负号。从物理意义考虑，同号电荷互相接近，只会出现静电排斥作用。由原子轨道叠加成分子轨道 ψ 时，在 $|\psi|^2$ 中将出现交叉项 $2\varphi_a\varphi_b$，使电子分布的差值图不为 0；但若由电子云 $|\varphi_a|^2$ 和 $|\varphi_b|^2$ 叠加，差值图为 0，就没有成键时电子云分布改变的效应。

从能量角度看，聚集在核间运动的电子，同时受两个核正电荷的吸引，降低体系的能量，有利于电子在核间聚集。

一切化学过程都归结为化学的吸引和排斥的过程，由一个氢原子和一个氢原子核组成 H_2^+，也是排斥和吸引对立统一的过程。当核间距离很大时，相互作用可以忽略，能量等于一个氢原子和一个氢原子核能量之和，一般以它作为能量的相对零点；核间距离逐渐缩小时，两个原子轨道的重叠逐渐增大，成键轨道的能量逐渐降低；当两个核进一步接近时，两个核正电荷相斥又会使能量上升。在吸引和排斥这两个矛盾因素的作用下，得到图 3.2 中能量和核间距离的关系曲线（E_1）。曲线（E_1）有一最低点，这是体系平衡时稳定存在的情况，这时核间距离就是 H_2^+ 的键长。

3.2　分子轨道理论和双原子分子的结构

3.2.1　简单分子轨道理论

H_2^+ 是最简单的分子，其他分子的电子数较多，要复杂一些，但 H_2^+ 成键的一般原理和概念可推广到其他双原子分子乃至多原子分子,这已被量子力学计算和实验所证实。将 H_2^+ 成键的一般原理推广,可得适用于一般分子的分子轨道理论。

1. 分子轨道的概念

如果分子中每个电子都是在由各个原子核和其余电子组成的平均势场中运动,则第 i 个电子的运动状态用波函数 ψ_i 描述,ψ_i 称为分子中的单电子波函数,又称分子轨道,即分子轨道是单电子轨道(空间)运动的波函数。这是单电子近似,是分子轨道理论的出发点。$\psi_i^* \psi_i$ 为电子 i 在空间分布的概率密度,即电子云分布;$\psi_i^* \psi_i \mathrm{d}\tau$ 表示该电子在空间某点附近微体积元 $\mathrm{d}\tau$ 中出现的概率。当把其他电子和核形成的势场当作平均场来处理时,势能函数只与电子本身的坐标有关,分子中第 i 个电子的哈密顿算符 $\hat{H}_i$ 可单独分离出来,服从 $\hat{H}_i \psi_i = E_i \psi_i$。式中,$\hat{H}_i$ 包含第 i 个电子的动能算符项、这个电子和所有核作用的势能算符项,以及它与其他电子作用的势能算符项的平均值。解此方程,可得一系列分子轨道 $\psi_1, \psi_2, \cdots, \psi_n$,以及相应能量 $E_1, E_2, \cdots, E_n$。分子中的电子根据泡利原理、能量最低原理和 Hund 规则增填在这些分子轨道上。分子的总波函数 ψ 为各个单电子波函数的乘积,分子的总能量为各个电子所处分子轨道的分子轨道能之和。

2. 分子轨道的形成

基于变分法,分子轨道 ψ 可以近似地用能级相近的原子轨道线性组合(Linear Combination of Atomic Orbital,LCAO)而成。这些原子轨道通过线性组合成分子轨道时,轨道数目不变,轨道能级改变。两个能级相近的原子轨道组合成分子轨道时,能级低于原子轨道的称为成键轨道,高于原子轨道的称为反键轨道,等于原子轨道的称为非键轨道。

并非所有原子轨道都可以有效地组成分子轨道,两个原子轨道有效地组合成分子轨道(LCAO－MO)必须满足线性组合的三原则,即对称性匹配、最大重叠和能量相近。

(1) 对称性匹配。

对称性匹配是指两个原子轨道组成分子轨道时,两原子轨道沿键轴必须具有相同的对称类型。对称性匹配条件是首要的,它决定这些原子轨道是否能组合成成键轨道,而其他两个条件只影响组合的效率。图 3.7 给出了轨道重叠时的对称性匹配与不匹配的对比。

(2) 最大重叠。

轨道最大重叠是使 β 积分增大、成键时体系能量降低较多,从而给两个轨道的重叠方向以一定的限制,此即共价键具有方向性的根源(图 3.8)。对称性匹配即指原子轨道重叠时,具有相同的符号,保证 β 积分不为 0,成键轨道形成,符号相反,反键轨道形成。

(3) 能量相近。

能级高低相近条件可近似证明如下:设 φ_a 和 φ_b 为 A、B 两个原子的能级高低不同的原子轨道,$E_a < E_b$。当它们组合成分子轨道时,即 $\psi = c_a \varphi_a + c_b \varphi_b$。展开式(3.35),并假设 $W = E, H_{aa} = E_a, H_{bb} = E_b, H_{ab} = \beta, S_{ab} = 0$,则有

$$(E_a - E)(E_b - E) - \beta^2 = 0$$

对称性不匹配	对称性匹配
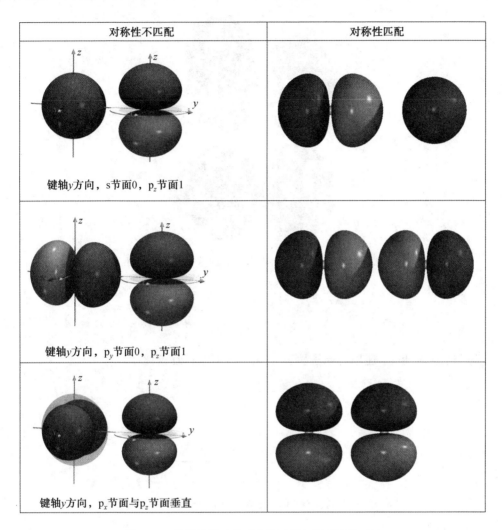 键轴y方向，s节面0，p_z节面1	
键轴y方向，p_y节面0，p_z节面1	
键轴y方向，p_x节面与p_z节面垂直	

图 3.7　轨道重叠时的对称性匹配与不匹配的对比

解之,得分子轨道能量 E 的两个解:

$$E_1 = \frac{1}{2}\left[(E_a + E_b) - \sqrt{(E_b - E_a)^2 + 4\beta^2}\,\right] = E_a - h$$

$$E_2 = \frac{1}{2}\left[(E_a + E_b) + \sqrt{(E_b - E_a)^2 + 4\beta^2}\,\right] = E_b + h$$

式中,$h = \frac{1}{2}\left[\sqrt{(E_b - E_a)^2 + 4\beta^2} - (E_b - E_a)\right] > 0$。因为 $h > 0$,所以如图 3.9 所示,能级高低关系为 $E_1 < E_a < E_b < E_2$(E_1 是成键轨道的能级,E_2 是反键轨道的能级)。E_1 比 E_a 低,降低值为 h;E_2 比 E_b 高,升高值为 h。

h 不仅与 β 有关,与 $(E_b - E_a)$ 的差值也有关。当 $E_a = E_b$ 时,$h = |\beta|$,β 是负值,所得结果与解 H_2^+ 所得的式(3.36)~(3.37)结果相同;当 $(E_b - E_a) \gg |\beta|$ 时,$h \approx 0$,$E_1 \approx E_a$,$E_2 \approx E_b$。从式(3.33)~(3.34)出发,如将 E 值分别用 $E_1 = E_a - h$ 和 $E_2 = E_b + h$ 代入,化简,可得

图 3.8　相同核间距不同接近方向重叠程度示意图

$$\left(\frac{c_\mathrm{b}}{c_\mathrm{a}}\right)_1 = -\frac{h}{\beta} \approx 0, \quad \psi_1 \approx \varphi_\mathrm{a}$$

$$\left(\frac{c_\mathrm{b}}{c_\mathrm{a}}\right)_2 = \frac{h}{\beta} \approx 0, \quad \psi_2 \approx \varphi_\mathrm{b}$$

分子轨道 ψ_1 和 ψ_2 还原为原子轨道 φ_a 和 φ_b，不能有效成键。

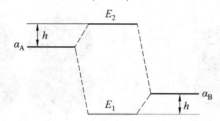

图 3.9　能级高低不同的原子轨道组成分子轨道的能级关系

（4）系数的意义。

① 对于分子轨道，$\psi = c_\mathrm{a}\varphi_\mathrm{a} + c_\mathrm{b}\varphi_\mathrm{b}$。

② 系数的平方表示 AO 对 MO 的贡献：总贡献为 1，$c_\mathrm{a}^2 + c_\mathrm{b}^2 = 1$。

③ 对于 H_2^+，$c_\mathrm{a} = c_\mathrm{b}$ 表明两个原子轨道对分子轨道的贡献是相同的。

④ 对于异核双原子分子，$c_\mathrm{a} \neq c_\mathrm{b}$。当 $c_\mathrm{a}^2 > c_\mathrm{b}^2$，表明分子轨道的电子云偏向 A 原子，化学键有极性。

（5）反键轨道的意义。

对于反键轨道的理解非常重要，要避免认为反键轨道是没有成键：

① 反键轨道是整个分子轨道中不可缺少的组成部分，反键轨道几乎占总分子轨道数的一半，它与成键轨道、非键轨道一起按能级高低排列，共同组成分子轨道。

② 反键轨道具有与成键轨道相似的性质，每一轨道也可按泡利不相容原理、能量最低原理和 Hund 规则安排电子，只不过能级较相应的成键轨道高，轨道的分布形状不同。

③ 在形成化学键的过程中，反键轨道并不都是处于排斥的状态，有时反键轨道和其他轨道相互重叠，也可以形成化学键，降低体系的能量，促进分子稳定地形成。利用分子

轨道理论能成功地解释和预见许多化学键的问题,反键轨道参与作用常常是其中的关键所在。

④ 反键轨道是了解分子激发态的性质的关键。

3.2.2 分子轨道的分类和分布特点

按照分子轨道沿键轴分布的特点,可以将分子轨道分为 σ 轨道、π 轨道和 δ 轨道,图 3.10 给出了沿键轴一端观看三种轨道的对称特点。

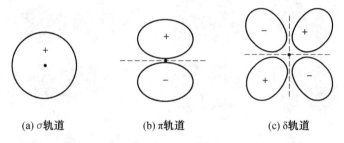

(a) σ 轨道   (b) π 轨道   (c) δ 轨道

图 3.10 沿键轴一端观看三种轨道的对称特点(虚线表示节面)

1. σ 轨道和 σ 键

从 H_2 分子的结构知道,两个氢原子的 1s 轨道线性组合成两个分子轨道,这两个轨道的分布是圆柱对称的,对称轴就是连接两个原子核的键轴。任意转动键轴,分子轨道的符号和大小都不改变,这样的轨道称为 σ 轨道。由 1s 原子轨道组成的成键 σ 轨道用 σ_{1s} 表示,反键轨道用 σ_{1s}^* 表示;由 2s 原子轨道组成的成键 σ 轨道以 σ_{2s} 表示,反键轨道则以 σ_{2s}^* 表示。

除 s 轨道相互间可组成 σ 轨道外,p 轨道与 p 轨道、p 轨道与 s 轨道也可组成 σ 轨道。图 3.11 是由 s 和 p 轨道组成的 σ 轨道示意图。

在 σ 轨道上的电子称为 σ 电子。在 σ 轨道上由于电子的稳定性而形成的共价键称为 σ 键。图 3.12 所示为 H_2^+、H_2 和 He_2^+ 通过 σ 键形成分子的情况,在 H_2^+ 中由 1 个 σ 电子占据成键轨道,称为单电子 σ 键。H_2^+ 不如 H_2 稳定,因为它只有 1 个电子占据低能级轨道,容易接受外来电子形成 H_2。而在 He_2^+ 中,2 个电子在成键轨道,1 个电子在反键轨道,成键电子数超过反键电子数,故能够存在。光谱实验证明,确实有 He_2^+。这种由相应的成键和反键两个轨道中的 3 个电子组成的 σ 键称为三电子 σ 键。三电子键的稳定性和单电子键相似,因为一个反键电子抵消了一个成键电子。He_2 是不存在的,因为它有 4 个电子,成键轨道的电子能级降低和反键轨道的电子能级升高互相抵消。由此可以推论,He 原子的内层电子在形成分子时成键作用与反键作用抵消,它们基本上仍在原来的原子轨道上。

2. π 轨道和 π 键

取键轴沿 z 轴方向,原子的 p_x 和 p_y 轨道的极大值方向均与键轴垂直,当有两个原子沿 z 轴靠近,两个 p_x 轨道沿键轴方向肩并肩地重叠,即组成 π 轨道。如图 3.13 所示,当符号相同叠加时,通过键轴有一个节面,在键轴两侧电子云比较密集,这个分子轨道的能级较相应的原子轨道能级低,为成键轨道,以 π 表示。当两轨道相减时,不仅通过键轴有一

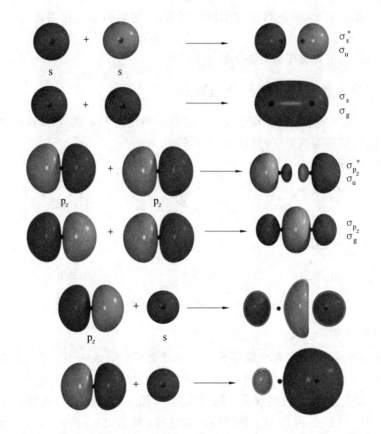

图 3.11　由 s 和 p 轨道组成的 σ 轨道示意图

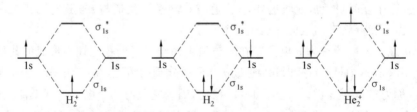

图 3.12　H_2^+、H_2 和 He_2^+ 的电子排布图

个节面,而且在两核之间波函数互相抵消,垂直键轴又出现一节面,这种轨道能级较高,称为反键轨道,以 π^* 表示。凡是通过键轴有一个节面的轨道都称为 π 轨道。在 π 轨道上的电子称为 π 电子,由成键电子构成的共价键称为 π 键。同样,根据 π 电子数的个数分别称为单电子 π 键(即二电子 π 键)或三电子 π 键,一对 π 电子和一对 π^* 电子不能构成共价键,因为成键作用互相抵消,没有能量降低效应。

3. δ 轨道和 δ 键

通过键轴有两个节面的分子轨道称为 δ 轨道。δ 轨道不能由 s 或 p 原子轨道组成,而主要由两个 d 轨道重叠形成。图 3.14 为由两个 d_{xy} 轨道重叠而成的 δ 轨道。因此 δ 轨道主要是在过渡金属簇合物中两个金属之前形成。

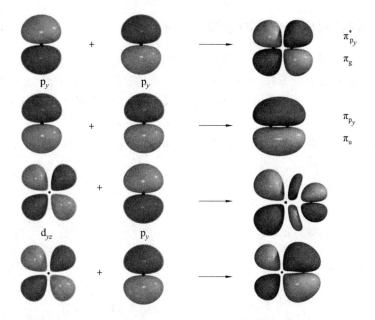

图 3.13 由 2 个 p_y 轨道以及一个 p_y 与 一个 d_{yz} 组成的 π 分子轨道示意图

图 3.14 由两个 d_{xy} 轨道重叠而成的 δ 轨道

图 3.11 ~ 3.14 中有一些表示分子轨道对称性的符号,表明分子轨道还可用对称性来区分,对于同核双原子分子,若以键轴中心为坐标原点,当对原点中心对称时,以符号"g"表示;对该点中心反对称时,以符号"u"表示。对于由同种原子轨道组合成的分子轨道,σ 轨道是中心对称的,$σ^*$ 轨道是中心反对称的;π 轨道是中心反对称的,$π^*$ 轨道是中心对称的。

在讨论化学键性质时,还会用到键级概念,以表达键的强弱。对定域键:

$$键级 = 1/2(成键电子数 - 反键电子数)$$

键级越大,键越强。H_2 的键级为 1,H_2^+ 为 $1/2$;He_2^+ 为 $1/2$(图 3.12)。He_2 的键级为 0,故不成键,键级可近似地看作两原子间共价键的数目。

3.2.3　同核双原子分子的结构

下面讨论 H_2 分子的结构与其他双原子分子的结构。

H_2 分子基态的电子组态为 $(\sigma_{1s})^2$，如图 3.12 所示。图中表示两个电子均处在 σ_{1s} 轨道，而自旋状态不同，设一个为 α，另一个为 β。描述 H_2 分子轨道运动的波函数为

$$\psi_{轨道} = \sigma_{1s}(1)\sigma_{1s}(2)$$

对于多电子体系，必须考虑泡利原理。对称的 ψ 轨道必须乘反对称的自旋函数

$$\frac{1}{\sqrt{2}}\left[\alpha(1)\beta(2) - \alpha(2)\beta(1)\right]$$

使全波函数 $\psi_{全}$ 为反对称，即

$$\psi_{全} = \sigma_{1s}(1)\sigma_{1s}(2)\frac{1}{\sqrt{2}}\left[\alpha(1)\beta(2) - \alpha(2)\beta(1)\right]$$

若用斯莱特行列式表示，则为

$$\psi_{全} = \frac{1}{\sqrt{2}}\begin{vmatrix} \sigma_{1s}(1)\alpha(1) & \sigma_{1s}(1)\beta(1) \\ \sigma_{1s}(2)\alpha(2) & \sigma_{1s}(2)\beta(2) \end{vmatrix}$$

用上述分子轨道求得的 H_2 分子能量最低值对应的核间距离为 73 pm，能量降低值（相对于两个 H 原子）为 336.7 kJ·mol^{-1}。而实验测定的平衡核间距为 74.12 pm，平衡解离能 D_e 为 458.0 kJ·mol^{-1}，能量数值符合得不太好。

对其他同核双原子分子的结构，需要考虑各个分子轨道能级的高低。分子轨道的能级由下面两个因素决定，即构成分子轨道的原子轨道类型和原子轨道的重叠情况。从原子轨道的能级考虑，在同核双原子分子中，能级最低的分子轨道是由 1s 原子轨道组合成的 σ_{1s} 和 σ_{1s}^*，其次是由 2s 轨道组合成的分子轨道 σ_{2s} 和 σ_{2s}^*，再次是由 2p 原子轨道组合成的三对分子轨道。这是由于 1s 能级低于 2s，对第二周期元素 2s 的能级低于 2p。从价层轨道的重叠情况考虑，在核间距不是相当小的情况下，一般两个 2s 轨道或两个 $2p_z$ 轨道之间的重叠比两个 $2p_x$ 或两个 $2p_y$ 轨道之间的重叠大，即形成 σ 键的轨道重叠比形成 π 键的轨道重叠大，因此成键和反键 π 轨道间的能级间隔比成键和反键 σ 轨道间的能级间隔小。根据这种分析，第二周期同核双原子分子的价层分子轨道能级顺序如下（图 3.15(a)）：

$$\sigma_{2s} < \sigma_{2s}^* < \sigma_{2p_z} < \pi_{2p_x} = \pi_{2p_y} < \pi_{2p_x}^* = \pi_{2p_y}^* < \sigma_{2p_z}^*$$

然而这种顺序不是固定不变的（图 3.15(b)），s－p 混杂会使能级高低发生改变。当价层 2s 和 $2p_z$ 原子轨道能级相近时，由它们组成的对称性相同的分子轨道，能进一步相互作用，混杂在一起组成新的分子轨道，这种分子轨道间的相互作用称为 s－p 混杂。它与原子轨道的杂化概念不同，原子轨道的杂化是指同一个原子能级相近的原子轨道线性组合而成新的原子轨道的过程。

图 3.16 所示为 s－p 混杂对同核双原子分子的价层分子轨道形状和能级的影响，图中左边是可以忽略 s－p 混杂时分子轨道的能级和形状；右边是对称性相同的 σ_{2s} 和 σ_{2p_z} 以及 σ_{2s}^* 和 $\sigma_{2p_z}^*$ 相互作用后所得的分子轨道的能级和形状。由于各个分子轨道已不单纯是相应原子轨道的叠加，不能再用 σ_{2s}、σ_{2p} 等符号表示，而改用 $1\sigma_g$、$1\sigma_u$ 等符号表示。分子轨道能级高低的次序为

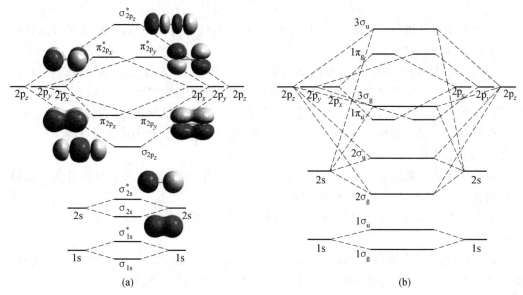

图 3.15　双原子分子轨道两种能级顺序

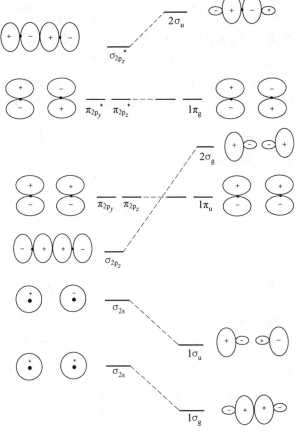

图 3.16　s－p 混杂对同核双原子分子的价层分子轨道形状和能级的影响

$$1\sigma_g < 1\sigma_u < 1\pi_u(2\text{个}) < 2\sigma_g < 1\pi_g(2\text{个}) < 2\sigma_u$$

分子轨道轮廓形状也明显改变，$1\sigma_u$ 和 $2\sigma_g$ 在核间已变得很小，轨道性质相对地分别变为弱反键和弱成键。

根据第二周期元素的价轨道能级高低数据，F、O 等元素，其 2s 和 2p 轨道能级差值大，s－p 混杂少，不改变原有由各相应原子轨道组成的分子轨道的能级顺序；而 N、C、B 等元素，其 2s 和 2p 轨道能级差值小，s－p 混杂显著，出现能级高低变化，$2\sigma_g$ 高于 $1\pi_u$。

根据分子轨道的能级次序，可以按泡利原理、能量最低原理和 Hund 规则排出分子在基态时的电子组态。

对于由主量子数为 3 或 3 以上的原子轨道组合成的分子轨道，其能级高低次序难以简单地预言，需要根据更多的实验数据确定。

下面以几种同核双原子分子为例，分别根据其电子结构，讨论它们的性质。

（1）F_2。

F_2 的价电子组态为 $(\sigma_{2s})^2(\sigma_{2s}^*)^2(\sigma_{2p_z})^2(\pi_{2p})^4(\pi_{2p}^*)^4$。除了 $(\sigma_{2p_z})^2$ 形成共价单键外，尚有 3 对成键电子和 3 对反键电子，它们互相抵消，不能有效成键，相当于每个 F 原子有 3 对孤对电子，可作为孤对电子的提供者。F_2 分子轨道电子填充图如图 3.17(a) 所示。

（2）O_2。

O_2 的价电子组态为 $(\sigma_{2s})^2(\sigma_{2s}^*)^2(\sigma_{2p_z})^2(\pi_{2p_x})^2(\pi_{2p_y})^2(\pi_{2p_x}^*)^1(\pi_{2p_y}^*)^1$，$O_2$ 比 F_2 少 2 个电子，因为 2 个反键轨道 π^* 能级高低一样，按照 Hund 规则电子尽可能分占两个轨道，且自旋平行，实验证明氧是顺磁性的，证实 O_2 确有自旋平行的电子。根据氧分子的分子轨道，O_2 相当于生成 1 个 σ 键和 2 个三电子 π 键。每个三电子 π 键能量上只相当于半个，O_2 分子的键级为 2，相当于双键。O_2 分子轨道电子填充图如图 3.17(b) 所示。

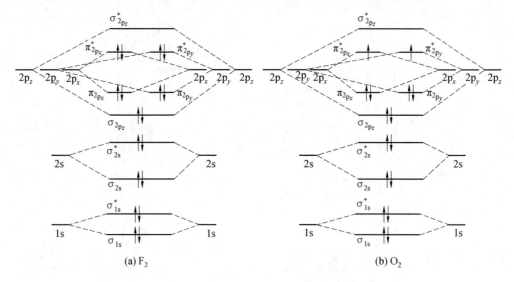

图 3.17　F_2 和 O_2 分子轨道电子填充图

（3）N_2。

N_2 的价电子组态为 $(1\sigma_g)^2(1\sigma_u)^2(1\pi_u)^4(2\sigma_g)^2$（图 3.18）。由光电子能谱数据可以证

明，N_2 的三重键为 1 个 σ 键 $[(1\sigma_g)^2]$、2 个 π 键 $[(1\pi_u)^4]$，键级为 3。而 $(1\sigma_u)^2$ 和 $(2\sigma_g)^2$ 分别具有弱反键和弱成键性质，实际上成为参加成键作用很小的两对孤对电子，可记为：$N \equiv N:$，所以 N_2 的键长特别短，只有 109.8 pm，键能特别大，达 942 kJ·mol^{-1}，是惰性较大的分子。

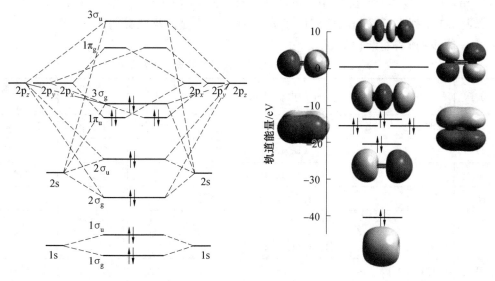

图 3.18　N_2 电子能级填充图

(4) C_2。

C_2 的价电子组态为 $(1\sigma_g)^2(1\sigma_u)^2(1\pi_u)^4$。由于 s—p 混杂，$1\sigma_u$ 为弱反键轨道，C_2 的键级应在 2 到 3 之间，这与 C_2 的键能(602 kJ·mol^{-1}) 和键长(124 pm) 的实验数据一致(图 3.19(a))。

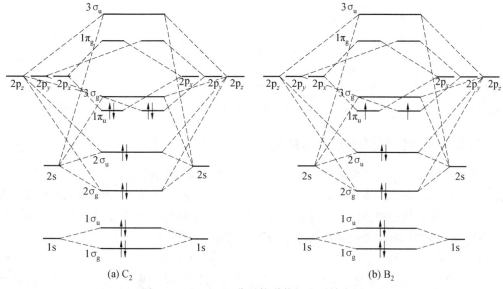

(a) C_2　　　　　　　　　　　　　　　　　　　(b) B_2

图 3.19　B_2 和 C_2 分子轨道能级电子填充图

(5)B_2。

B_2 的价电子组态为$(1\sigma_g)^2(1\sigma_u)^2(1\pi_u)^2$。其中,$1\sigma_u$ 为弱反键轨道,在 $1\pi_u$ 上的两个电子应处在两个能级简并的轨道上,自旋平行,形成两个单电子键。从这些情况可预见 B_2 为顺磁性分子,B—B 键键级介于 1 到 2 之间。实验测定 B_2 为顺磁性分子,B—B 键长为 159 pm,较 B—B 共价半径和(164 pm)短,键能为 274 kJ·mol^{-1}(图 3.19(b))。

表 3.1 中列出了若干同核双原子分子和离子的键长及键解离能[表示 $A_2(g) \longrightarrow A(g) + A(g)$ 所需能量]的数据。

表 3.1　同核双原子分子和离子的键长及键解离能

分子	电子数	分子的电子组态	键级	键长 /pm	键解离能 /(kJ·mol^{-1})
H_2^+	1	$(1\sigma_g)^1$	0.5	106.0	269.483
H_2	2	$(1\sigma_g)^2$	1	74.12	458.135
He_2^+	3	$(1\sigma_g)^2(1\sigma_u)^1$	0.5	108.0	238
He_2	4	$(1\sigma_g)^2(1\sigma_u)^2$	0	—	—
Li_2	6	$[He_2](2\sigma_g)^2$	1	267.3	110.0
Be_2	8	$[He_2](2\sigma_g)^2(2\sigma_u)^2$	0	—	—
B_2	10	$[Be_2](1\pi_u)^2$	1	158.9	~ 290
C_2	12	$[Be_2](1\pi_u)^4$	2	124.2	613.8
N_2^+	13	$[Be_2](1\pi_u)^4(3\sigma_g)^1$	2.5	111.6	854.8
N_2	14	$[Be_2](1\pi_u)^4(3\sigma_g)^2$	3	109.4	955.42
O_2^+	15	$[Be_2](3\sigma_g)^2(1\pi_u)^4(1\pi_g)^1$	2.5	112.27	653.1
O_2	16	$[Be_2](3\sigma_g)^2(1\pi_u)^4(1\pi_g)^2$	2	120.74	502.9
O_2^-	17	$[Be_2](3\sigma_g)^2(1\pi_u)^4(1\pi_g)^3$	1.5	126	392.9
O_2^{2-}	18	$[Be_2](3\sigma_g)^2(1\pi_u)^4(1\pi_g)^4$	1	149	138
F_2	18	$[Be_2](3\sigma_g)^2(1\pi_u)^4(1\pi_g)^4$	1	143.5	118.8
Ne_2	20	$[Be_2](3\sigma_g)^2(1\pi_u)^4(1\pi_g)^4(3\sigma_u)^2$	0	—	—

3.2.4　异核双原子分子的结构

异核双原子分子不能像同核双原子分子那样可利用相同的原子轨道进行组合,但是组成分子轨道的条件仍须满足,异核原子间内层电子的能级高低可以相差很大,但最外层电子的能级高低总是相近的,异核原子间可利用最外层轨道组合成分子轨道。下面分别以 CO、NO 和 HF 为例说明异核双原子分子的结构。

(1)CO。

CO 和 N_2 是等电子分子,它们在分子轨道、成键情况和电子排布上大致相同(图 3.20)。基态 CO 分子的价电子组态为$(1\sigma)^2(2\sigma)^2(1\pi)^4(3\sigma)^2$,与 N_2 的差别在于由氧原子提供给分子轨道的电子比碳原子提供的电子多 2 个,可记为 C⇐O:,箭头代表由氧原子提供一对电子形成的配键,右侧两个黑点表示孤对电子。

氧原子的电负性比碳原子高,但在 CO 分子中,由于氧原子单方面向碳原子提供电子,抵消了碳原子和氧原子之间由于电负性差引起的极性,所以 CO 是个偶极矩较小的分子($\mu=0.37 \times 10^{-30}$ C·m);而且氧原子端显正电性,碳原子端显负电性,在羰基配合物中 CO 基表现出很强的配势能力,以碳原子端和金属原子结合。

CO 分子的结构、性质及用途是一碳化学和化工领域中的重要研究内容。

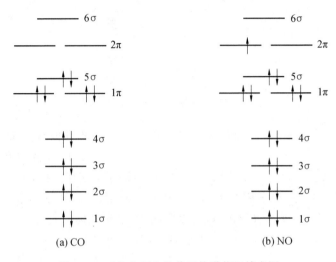

图 3.20　CO 和 NO 的分子轨道能级填充图

(2)NO。

NO 分子比 CO 分子多 1 个电子,它的价电子组态为$(1\sigma)^2(2\sigma)^2(1\pi)^4(3\sigma)^2(2\pi)^1$(图 3.20(b))。由于 2π 轨道是反键轨道,因而 NO 分子中出现一个三电子 π 键,键级为 2.5,分子为顺磁性。

一氧化氮是美国《科学》杂志 1992 年选出的明星分子。在大气中,NO 是有害的气体,它破坏臭氧层,造成酸雨及污染环境等,但是在人体中,NO 能容易地穿过生物膜,氧化外来物质,在受控制的小剂量情况下,是极有益的成分。NO 作用在大脑、血管、免疫系统、肝脏、肺、子宫、末梢神经等,可以在体内起多方面的作用:调整血压、抵抗微生物入侵、促进消化、治疗心脏病、帮助大脑学习和记忆等。NO 是非常重要并正在受到人们关注的分子。

(3)HF。

根据能级相近和对称性匹配条件,氢原子的 1s 轨道(−13.6 eV)和氟原子的 $2p_z$ 轨道(−17.4 eV)形成 σ 轨道,电子组态为$(1\sigma)^2(2\sigma)^2(3\sigma)^2(1\pi)^4$,价层有 3 对非键电子,在 F 原子周围形成 3 对孤对电子,故可记为 H—F。由于 F 的电负性比 H 大,所以电子云偏向 F,形成极性共价键,$\mu=6.60 \times 10^{-30}$ C·m。HF 分子轨道能级填充图如图 3.21 所示。

3.2.5　双原子分子的光谱项

分子的电子组态不是分子的一个能量状态,能量状态要用分子的电子谱项来表示。

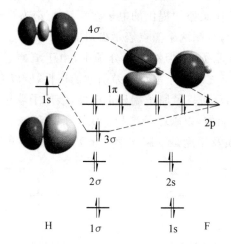

图 3.21　HF 分子轨道能级填充图

因为 $[\hat{H}, \hat{L}_z] = 0$，即分子的 $\hat{L}_z$ 与 $\hat{H}$ 对易，所以可以用 $\hat{L}_z$ 的本征值 m 来标记分子的能量状态。又因为 $m = +1$ 和 $m = -1$（以及 $+2$ 与 -2，$+3$ 与 -3 等）是简并的，故可用其绝对值 $\Lambda = |M|$ 来标记。这样，与以前用 $2S+1L$ 来标记原子谱项一样，可以用 $2S+1\Lambda$ 来标记分子谱项。不同的是，原子用 L 和 S，分子中则不能用 L 和 S 标记，因为分子中角动量无确定值，而只有其分量 M 才有确定值，所以要用 M 和 S 来标记。

　　σ 轨道 $m = 0$，$\lambda = |m| = 0$ 为非简并轨道（或称单重简并），而 π、δ、$\phi \cdots$ 轨道 $m = \pm 1$，± 2，$\pm 3, \cdots$，它们的 $\lambda = |m| = 1, 2, 3, \cdots$，都是二重简并轨道，见表 3.2。

表 3.2　分子轨道的单电子角动量

分子轨道	m	λ	角动量轴向分量	轨道简并性
σ 轨道	0	0	0	非简并
π 轨道	± 1	1	$\pm h/2\pi$	二重简并
δ 轨道	± 2	2	$\pm 2h/2\pi$	二重简并
ϕ 轨道	± 3	3	$\pm 3h/2\pi$	二重简并

　　分子中能量相同的轨道构成一个次壳层，而一旦壳层充满后就有 $M = \sum m = 0$ 和 $M_s = \sum m_s = 0$，所以只需考虑未充满的外壳层即可。

　　如何确定所给组态的谱项？例如，σ^2 组态、$\sigma\sigma'$ 组态、$\sigma\pi$ 组态以及 $\pi\pi'$ 组态等。现以 $\pi\pi'$ 为例说明。分子的电子谱项符号为 $2S+1\Lambda$，所以只需求出分子的 S 和 Λ，即可写出其谱项。因为

$$
\begin{array}{ccc}
m_1 & m_1 & M \\
+1 & +1 & 2 \\
+1 & -1 & 0 \\
-1 & +1 & 0 \\
-1 & -1 & -2
\end{array}
$$

即

$$M = \pm 2, 0, 0$$
$$\Lambda = 2, 0, 0$$

标记为

$$\Delta, \Sigma, \Sigma$$

又因为

m_{s_1}	m_{s_2}	M_s
$+\dfrac{1}{2}$	$+\dfrac{1}{2}$	1
$+\dfrac{1}{2}$	$-\dfrac{1}{2}$	0
$-\dfrac{1}{2}$	$+\dfrac{1}{2}$	0
$-\dfrac{1}{2}$	$-\dfrac{1}{2}$	-1

即

$$M_s = 1, 0, -1, 0$$
$$S = 1, 0$$
$$2S + 1 = 3, 1$$

因此可以有六个谱项：$^3\Delta$、$^1\Delta$、$^3\Sigma^+$、$^1\Sigma^+$、$^3\Sigma^-$、$^1\Sigma^-$。其中，$+$ 表示 $M_s = 1$，$-$ 表示 $M_s = -1$。

表 3.3 和表 3.4 分别给出了同核双原子分子的基态谱项和电离能以及分子的电子谱项。

表 3.3　同核双原子分子的基态谱项和电离能

分子	基态谱项	电离能 /eV
H_2^+	$^2\Sigma_g^+$	2.8
H_2	$^1\Sigma_g^+$	4.75
He_2^+	$^2\Sigma_u^+$	3
He_2	$^1\Sigma_g^+$	—
Li_2	$^1\Sigma_g^+$	1.1
Be_2	$^1\Sigma_g^+$	—
B_2	$^3\Sigma_g^-$	2.9
C_2	$^1\Sigma_g^+$	6.4
N_2^+	$^2\Sigma_g^+$	8.9
N_2	$^1\Sigma_g^+$	9.9
O_2^+	$^2\Pi_g$	6.8
O_2	$^3\Sigma_g^-$	5.2
F_2	$^1\Sigma_g^+$	1.65
Ne_2	$^1\Sigma_g^+$	—

表 3.4　分子的电子谱项

组态	谱项
$\sigma\sigma$	$^3\Sigma^+$、$^1\Sigma^+$
$\sigma\pi$	$^3\Pi$、$^1\Pi$
$\pi\pi$	$^3\Delta$、$^1\Delta$、$^3\Sigma^+$、$^1\Sigma^+$、$^3\Sigma^-$、$^1\Sigma^-$
$\pi\delta$	$^3\Pi$、$^1\Pi$、$^3\Phi$、$^1\Phi$
σ	$^2\Sigma^+$
σ^2、π^4、δ^4	$^1\Sigma^+$
π、π^3	$^2\Pi$
π^2	$^1\Delta$、$^1\Sigma^+$、$^3\Sigma^-$
δ、δ^3	$^2\Delta$
δ^2	$^1\Gamma$、$^1\Sigma^+$、$^3\Sigma^-$

3.3　杂化轨道理论

1. 杂化轨道的概念

原子轨道在化合成分子的过程中,根据原子的成键要求,在周围原子的影响下,将原有的原子轨道进一步线性组合成新的原子轨道,这种在一个原子中不同原子轨道的线性组合称为原子轨道的杂化,杂化后的新的原子轨道称为杂化轨道。

公式表达:

$$\psi_k = \sum_{i=1}^{n} c_{ki}\varphi_i \quad k=1,2,\cdots,n$$

式中,ψ_k 为第 k 个杂化轨道;φ_i 为第 i 个原子轨道;c_{ki} 为组合系数。

2. 杂化轨道的要点

(1)杂化轨道是由中心原子的原子轨道重新组合而成的新的原子轨道。

(2)参与杂化的原子轨道应能量相近,是能量相近的原子轨道的混合平均化。

(3)轨道的空间分布和能级都改变;重组前后轨道数目守恒。

(4)杂化轨道的成键能力比组成杂化轨道的原来的原子轨道的成键能力强,有利于化学键的形成。

下面以 BF_3 为例(图 3.22、图 3.23)进行介绍。

B 的电子组态为 $1s^2 2s^2 2p^1$。

从图 3.23 可以看出,2s 轨道与 2p 轨道能量不同,电子分布也不均匀,与分子实际成键特点不符,且轨道形状和方向均不匹配,不满足最大重叠。所以为了成键,需要把原来的原子轨道 2s、$2p_x$ 和 $2p_y$ 进行重新组合(图 3.24),得到能量相同的 3 个杂化原子轨道且方向两两成 120°,成键能力相同,再分别与 F 原子成共价键。值得注意的是,杂化轨道仍

图 3.22　BF_3 结构示意图

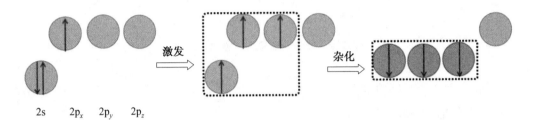

2s　　2p$_x$　　2p$_y$　　2p$_z$

图 3.23　BF_3 价层电子激发以及轨道杂化过程示意图

然是原子轨道,是相近原子轨道的能量平均化过程,所得的杂化轨道数目守恒,成键能力一定增强。

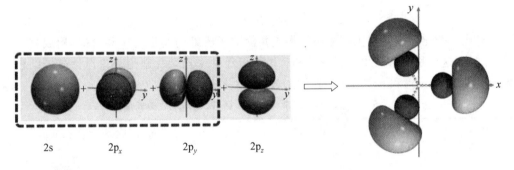

2s　　　　　2p$_x$　　　　　2p$_y$　　　　　2p$_z$

图 3.24　2s、2p$_x$ 和 2p$_y$ 组合成 sp^2 杂化轨道示意图

3. 杂化三原则(构建杂化轨道波函数)

不是所有的轨道都能重新组合成杂化轨道,原子轨道线性组合成新的杂化原子轨道需要遵从杂化三原则,即构建杂化轨道波函数时需要遵循归一化、单位贡献为 1 以及正交性的原则。

如图 3.25 所示,仍然以 sp^2 杂化为例,按照杂化三原则可以构建如下波函数:

$$\psi_1 = \sqrt{\frac{1}{3}}s + \sqrt{\frac{3}{2}}p_x \tag{3.56}$$

$$\psi_2 = \sqrt{\frac{1}{3}}s - \sqrt{\frac{1}{6}}p_x + \sqrt{\frac{1}{2}}p_y \tag{3.57}$$

$$\psi_3 = \sqrt{\frac{1}{3}}s - \sqrt{\frac{1}{6}}p_x - \sqrt{\frac{1}{2}}p_y \tag{3.58}$$

(1)归一化。

$$\int \psi_i^2 d\tau = 1 \tag{3.59}$$

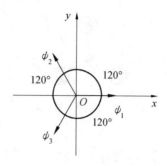

图 3.25　3 个杂化轨道构建方向示意图

即

$$c_{k1}^2 + c_{k2}^2 + \cdots + c_{ki}^2 + \cdots + c_{kn}^2 = 1 \tag{3.60}$$

（2）单位贡献为 1。

$$c_{ki}^2 + c_{li}^2 + \cdots + c_{ni}^2 = 1 \tag{3.61}$$

（3）正交性。

$$\int \varphi_i^* \varphi_j \mathrm{d}\tau = 0 (i \neq j \text{ 时}) \tag{3.62}$$

$$c_{k1} c_{l1} + c_{k2} c_{l2} + \cdots + c_{kn} c_{ln} = 0 \tag{3.63}$$

　　形成的杂化轨道与周围配体原子形成共价键所成键的类型为 σ 共价键,构成分子的骨架结构,这也是通常简单无机分子和有机分子经常采用杂化轨道理论讨论分子结构的原因。常见 sp、sp^2 和 sp^3 杂化轨道波函数、键角及轨道轮廓图见表 3.5。

表 3.5　sp、sp^2 和 sp^3 杂化轨道波函数、键角及轨道轮廓图

轨道	函数形式	夹角 /(°)	轨道轮廓图
sp	$\begin{cases} \psi_1 = \sqrt{1/2}\,(\psi_s - \psi_{p_x}) \\ \psi_2 = \sqrt{1/2}\,(\psi_s - \psi_{p_x}) \end{cases}$	180	
sp^2	$\begin{cases} \psi_1 = \sqrt{1/6}\,(\sqrt{2}\,\psi_s - 2\psi_{p_x}) \\ \psi_2 = \sqrt{1/6}\,(\sqrt{2}\,\psi_s - \psi_{p_x} + \sqrt{3}\,\psi_{p_y}) \\ \psi_3 = \sqrt{1/6}\,(\sqrt{2}\,\psi_s - \psi_{p_x} - \sqrt{3}\,\psi_{p_y}) \end{cases}$	120	
sp^3	$\begin{cases} \psi_1 = (1/2)(\psi_s - \sqrt{3}\,\psi_{p_x}) \\ \psi_2 = \sqrt{1/12}\,(\sqrt{3}\,\psi_s - \psi_{p_x} + 2\sqrt{2}\,\psi_{p_y}) \\ \psi_3 = \sqrt{1/12}\,(\sqrt{3}\,\psi_s - \psi_{p_x} - \sqrt{2}\,\psi_{p_y} + \sqrt{6}\,\psi_{p_z}) \\ \psi_4 = \sqrt{1/12}\,(\sqrt{3}\,\psi_s - \psi_{p_x} - \sqrt{2}\,\psi_{p_y} - \sqrt{6}\,\psi_{p_z}) \end{cases}$	109.47	

根据杂化三原则还可衍生出以下 4 个问题。

（1）杂化指数。

一般，在第 k 个杂化轨道中 s 轨道成分可以用 α_k 表示，p 轨道成分可以用 β_k 表示。

$$\alpha_k = c_{ks}^2 \tag{3.64}$$

$$\beta_k = c_{kp_x}^2 + c_{kp_y}^2 + c_{kp_z}^2 \tag{3.65}$$

对于每个杂化轨道的杂化指数：

$$n = \frac{\beta_k}{\alpha_k} \tag{3.65}$$

杂化指数都相同的杂化轨道构成等性杂化，如 sp、sp^2 和 sp^3 杂化。杂化指数不一定都是整数，也可以是小数或分数。

例如：在 C_{60} 中，$\angle CCC$ 平均为 $116°$，三个 C—C 键角之和为 $348°$。通过计算可知，在 C 的每个 s 轨道中，p 成分为 69.5%，s 成分为 30.5%。因此有 $n = 69.5/30.5 = 2.28$，所以在 C_{60} 中 C 原子为 $sp^{2.28}$ 杂化。

（2）杂化轨道夹角 —— 键角。

根据杂化轨道的正交、归一条件，两个等性杂化轨道的最大值之间的夹角 θ 满足：

$$\alpha + \beta\cos\beta + \gamma\left(\frac{3}{2}\cos^2\theta - \frac{1}{2}\right) + \delta\left(\frac{5}{2}\cos^2\theta - \frac{3}{2}\cos\theta\right) = 0 \tag{3.67}$$

式中，α、β、γ、δ 分别为杂化轨道中 s、p、d、f 轨道所占的百分数（注意，因角度的特殊性，此式不适用于 dsp^2 杂化轨道）。

对于 sp^n 等性杂化：

$$\cos\theta = -\frac{\alpha}{\beta} = -\frac{1}{n} \tag{3.68}$$

两个不等性杂化轨道和的最大值之间的夹角可按下式计算：

$$\sqrt{a_i}\,\sqrt{a_j} + \sqrt{\beta_i}\,\sqrt{\beta_j}\cos\theta_{ij} + \sqrt{\gamma_i}\,\sqrt{\gamma_j}\left(\frac{3}{2}\cos^2\theta_{ij} - \frac{1}{2}\right) + \sqrt{\delta_i}\,\sqrt{\delta_j}\left(\frac{5}{2}\cos^2\theta_{ij} - \frac{3}{2}\cos\theta_{ij}\right)$$

$$\tag{3.69}$$

由不等性杂化轨道形成的分子，其准确的几何构型需要通过实验测定，而不能预言其键角的准确值。根据实验测定结果，可按式（3.69）计算每一轨道中 s 和 p 等轨道的成分，后面会举例说明。

（3）成键能力 f。

鲍林（Pauling）将原子轨道角度函数的极大值定义为原子轨道的成键能力。杂化轨道成键能力比较见表 3.6。

表 3.6　杂化轨道成键能力比较

s 成分 α	0	1/4	1/3	1/2	1
杂化类型 sp^n	p	sp^3	sp^2	sp	s
成键能力 f	1.732	2.00	1.991	1.933	1.00
杂化轨道间的夹角 $\theta/(°)$	—	109.47	120	180	—

（4）不等性杂化。

以 H_2O 和 NH_3 分子为例。

①H_2O。

实验测定 H_2O 分子键角 $\angle HOH$ 为 $104.5°$，设分子处在 xy 平面上，可得 O 原子两个成键杂化轨道：

$$\psi_a = c_1[(\cos 52.25°)p_x + (\sin 52.25°)p_y] + c_2 s$$
$$= 0.61c_1 p_x + 0.79c_1 p_y + c_2 s$$
$$\psi_b = c_1[(\cos 52.25°)p_x - (\sin 52.25°)p_y] + c_2 s$$
$$= 0.61c_1 p_x - 0.79c_1 p_y + c_2 s$$

根据原子轨道的正交、归一条件，可得

$$\begin{cases} c_1^2 + c_2^2 = 1 (归一) \\ 0.61^2 c_1^2 - 0.79^2 c_1^2 + c_2^2 = 0 (正交) \end{cases}$$

解得

$$\begin{cases} c_1^2 = 0.80, \quad c_1 = 0.89 \\ c_2^2 = 0.20, \quad c_2 = 0.45 \end{cases}$$
$$\psi_a = 0.55 p_x + 0.70 p_y + 0.45 s$$
$$\psi_b = 0.55 p_x - 0.70 p_y + 0.45 s$$

若只求算杂化轨道中 s 成分和 p 成分，可由式(3.68)简化算得，H_2O 分子中 O 原子只有 s 轨道和 p 轨道参加杂化。设 s 成分为 α，p 成分为 $\beta = 1 - \alpha$，由式(3.68)简化后，得

$$\alpha + (1 - \alpha)\cos \theta = 0$$
$$\alpha + (1 - \alpha)\cos 104.5° = 0$$

解得 $\alpha = 0.20, \beta = 0.80$。成键杂化轨道为 sp^4 杂化：

$$c_2^2 = \alpha = 0.20, \quad c_2 = 0.45$$
$$c_1^2 = 1 - \alpha = 0.80, \quad c_1 = 0.89$$

此结果与上述结果相同。根据此结果，还可以计算出 H_2O 分子中 2 个孤对电子所占轨道的成分($\alpha = 0.30$)及其夹角($115.4°$)，孤对电子的杂化方式为 $sp^{2.33}$。

②NH_3。

实验测定 NH_3 分子属 C_{3v} 点群，3 个 N—H 键中 s、p 成分相同，$\angle HNH = 107.3°$，计算一个 N—H 键中 s 成分，即可了解其他键，设有 2 个 H 原子和 N 原子坐落在 xy 平面上，根据对 H_2O 分子的处理方法，可得 N 原子的杂化轨道中 s 轨道的成分：

$$\alpha + (1 - \alpha)\cos 107.3° = 0$$
$$\alpha = 0.23$$

即每个形成 N—H 键的杂化轨道中，s 轨道占 0.23，p 轨道占 0.77，杂化轨道为

$$\psi_{键} = \sqrt{0.77}\,p + \sqrt{0.23}\,s = 0.88p + 0.48s$$

成键的杂化轨道对应的杂化指数为 3.35。

而孤对电子所占的杂化轨道中，s 轨道占 $1.00 - 3 \times 0.23 = 0.31$，p 轨道占 $3.00 - 3 \times 0.77 = 0.69$，即

$$\psi_孤 = \sqrt{0.69}\,p + \sqrt{0.31}\,s = 0.83p + 0.56s$$

孤对电子杂化轨道对应的杂化指数为 2.23。

由 H_2O 和 NH_3 分子可见,孤对电子占据的轨道含较多的 s 成分。

如何应用杂化轨道讨论分子的结构特点和性质?

杂化轨道和其他原子轨道形成较强的 σ 键,杂化轨道形成的 σ 键主要是形成分子的骨架,杂化后剩余的原子轨道,如果垂直于(或近似垂直于)分子骨架常可形成 π 键。如果 C 原子为中心原子,C 的 sp^3 杂化不会有剩余原子轨道未参与杂化,因此 sp^3 杂化后形成的饱和烃类构成 C 的饱和度为 4,并且没有 π 键形成,但是 sp^2 和 sp 杂化分别有 1 个和 2 个未参与杂化的原子轨道,且可以垂直于分子平面,因此往往可以形成 π 键。

以烯烃为例,如果以 xy 平面为分子平面,C 原子以 sp^2 杂化轨道形成平面三角形的 3 个 σ 键后,剩余 p_z 轨道垂直于 xy 平面且相互重叠,形成 π 键,即 C═C 双键由一个 σ 键和一个 π 键构成。π 键显露在外,易受干扰,化学反应活泼。当条件合适时,发生加成,打开双键。苯环则是 6 个 C 原子的 sp^2 杂化,由于 6 个 p_z 轨道的平行重叠,形成了大 π 键,具有了特殊的芳香性。还可以类推到石墨烯的结构特征和性能的分析。

3.4　饱和分子的离域分子轨道理论

离域分子轨道理论即用基于线性变分法的分子轨道理论求解多原子分子电子结构。用分子轨道(MO) 理论处理多原子分子时,最一般的方法是用中心原子本征原子轨道进行线性组合,构成分子轨道,它们是离域化的,即这些分子轨道中的电子并不定域在多原子分子中的两个原子之间,而是在所有原子间离域运动。这种离域分子轨道主要用于讨论分子的激发态、电离能以及分子的光谱性质等与单电子离域行为相关的性能,理论分析所得的结果与实验的数据符合,下面以 CH_4 分子为例进行讨论。

CH_4 分子的离域 MO 是由 8 个原子轨道(AO)(即 C 原子的 2s、$2p_x$、$2p_y$、$2p_z$ 和 4 个 H 原子的 1s 轨道) 线性组合而成的,组合时要首先符合对称性匹配原则。4 个 H 原子的轨道为了能与中心碳原子价轨道的对称性匹配,必须先线性组合成符合分子对称性要求的群轨道,如图 3.26 所示。

与 C 原子 2s 轨道球形对称性匹配的线性组合是

$$\frac{1}{2}(1s_a + 1s_b + 1s_c + 1s_d) \tag{3.70}$$

与 C 原子的 $2p_x$、$2p_y$、$2p_z$ 对称性匹配的线性组合依次是

$$\frac{1}{2}(1s_a + 1s_b - 1s_c - 1s_d) \tag{3.71}$$

$$\frac{1}{2}(1s_a - 1s_b - 1s_c + 1s_d) \tag{3.72}$$

$$\frac{1}{2}(1s_a - 1s_b + 1s_c - 1s_d) \tag{3.73}$$

用中心原子轨道和对称性相同的 H 原子的线性组合群轨道进一步组合,得到 8 个分子轨道:式(3.74) ~ (3.81)(未考虑组合系数差异)。

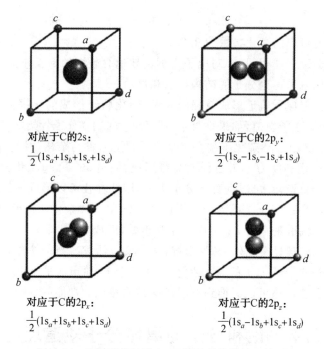

图 3.26　C 原子价轨道与 H 原子群轨道匹配情况

$$\psi_s = s + \frac{1}{2}(1s_a + 1s_b + 1s_c + 1s_d) \tag{3.74}$$

$$\psi_s^* = s - \frac{1}{2}(1s_a + 1s_b + 1s_c + 1s_d) \tag{3.75}$$

$$\psi_x = p_x + \frac{1}{2}(1s_a + 1s_b - 1s_c - 1s_d) \tag{3.76}$$

$$\psi_x^* = p_x - \frac{1}{2}(1s_a + 1s_b - 1s_c - 1s_d) \tag{3.77}$$

$$\psi_y = p_y + \frac{1}{2}(1s_a - 1s_b - 1s_c + 1s_d) \tag{3.78}$$

$$\psi_y^* = p_y - \frac{1}{2}(1s_a - 1s_b - 1s_c + 1s_d) \tag{3.79}$$

$$\psi_z = p_z + \frac{1}{2}(1s_a - 1s_b + 1s_c - 1s_d) \tag{3.80}$$

$$\psi_z^* = p_z - \frac{1}{2}(1s_a - 1s_b + 1s_c - 1s_d) \tag{3.81}$$

CH_4 的离域分子轨道能级图如图 3.27 所示,图中 a_1、t_1 是用群的不可约表示的符号,表达分子轨道的对称性和维数等性质。CH_4 的光电子能谱图如图 3.28 所示,图中,σ_s 代表式(3.74)的 ψ_s,即与 a_1 对应;σ_{xyz} 代表式(3.76)~(3.81)的 ψ_x、ψ_y、ψ_z,即与 t_1 相对应。

从上述离域分子轨道出发计算的分子轨道能级与由光电子能谱所得的实验结果符合得很好,由此证明离域分子轨道理论的成功。离域分子轨道是单电子能量算符的本征态,为正则分子轨道,在多原子分子中,分子轨道并非传统的定域键轨道,单个电子的实际行

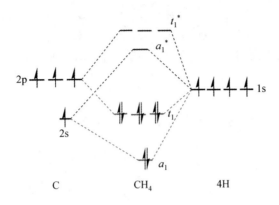

图 3.27　CH_4 的离域分子轨道能级图

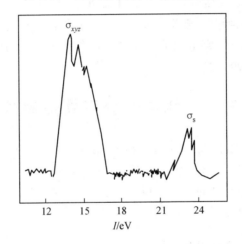

图 3.28　CH_4 的光电子能谱图

为并不像经典价键理论所描写的那样集中在一个键轴附近,而是遍及整个分子。

衍射实验证明,CH_4 分子具有 T_d 点群对称性,4 个 C—H 键是等同的;而图 3.27 的分子轨道能级图说明 4 个轨道的能级高低不同。这两者的差别说明不能把分子轨道理论中的成键轨道简单地与化学键直接联系起来,分子轨道是指分子中的单电子波函数,本质上是离域的,属于整个分子,成键轨道上的电子对分子中的每个化学键都有贡献,或者说它们的成键作用是分摊到各个化学键上的。

以上所有讨论都说明了分子轨道理论的离域性,而杂化轨道理论是在价键理论基础上发展起来的,属于定域轨道性质,用杂化轨道的定域键描述 CH_4 分子与用离域分子轨道描述的 CH_4 分子是等价的,只是反映的物理现象不同。离域键描述单个电子在整个分子内运动的行为;定域键描述所有价电子在定域轨道区域内的平均行为,或者说定域键是在整个分子内运动的许多电子在该定域轨道区域内的平均行为,而不是某两个电子真正局限于某个定域轨道区域内运动。离域的分子轨道其实可以通过数学的方式变化出杂化的定域轨道形式,例如,令

$$\psi_a = \psi_s + \psi_x + \psi_y + \psi_z$$
$$\psi_b = \psi_s + \psi_x - \psi_y - \psi_z$$

$$\psi_c = \psi_s - \psi_x - \psi_y + \psi_z$$

$$\psi_d = \psi_s - \psi_x + \psi_y - \psi_z$$

将 ψ_s、ψ_x、ψ_y、ψ_z 的表达式(3.74)～(3.81)代入,除以2,即得到

$$\psi_a = \frac{1}{2}(s + p_x + p_y + p_z) + 1s_a$$

$$\psi_b = \frac{1}{2}(s + p_x - p_y - p_z) + 1s_b$$

$$\psi_c = \frac{1}{2}(s - p_x - p_y + p_z) + 1s_c$$

$$\psi_d = \frac{1}{2}(s - p_x - p_y - p_z) + 1s_d$$

括号内是 C 原子的 sp^3 杂化轨道,而每个杂化轨道与一个 H 原子的 1s 轨道形成一个定域分子轨道。实验证明,离域分子轨道主要用于解释单个电子行为所确定的分子性质,如电子光谱、电离能等,而凡是与整个分子所有电子运动有关的分子性质,如电偶极矩、电荷密度、键能等,可由定域轨道模型解释。

3.5　休克尔分子轨道理论

休克尔分子轨道(Hückel Molecular Orbital,HMO)法是一种处理不饱和分子的经验性的近似方法,它只处理 π 电子,定量结果的精确度不高,但在预测同系物的性质、分子的稳定性和化学反应性能、解释电子光谱等一系列问题上,显示出高度概括能力,至今仍在广泛应用。

休克尔

3.5.1　HMO 法的基本内容

1. 它基于分子轨道理论,所以它承认分子轨道理论的全部内容

首先是单电子近似,休克尔分子轨道也是单电子的空间运动波函数,也用分子轨道(MO)来表述。其次也是采用 LCAO－MO,即用变分法得休克尔分子轨道和能级。再次电子排布也依然符合能量最低原理、泡利原理和洪德规则;最后组成分子轨道的原子轨道必须符合能量相近、最大重叠和对称性匹配这三个条件。

2. HMO 基本假设

用 HMO 法处理共轭分子结构时,有如下假定:

(1)由于 π 电子在核和 σ 键所形成的整个分子骨架中运动,可将 σ 键和 π 键分开处理,即 σ－π 分离。

(2)把 π 电子视为在 σ 键形成的分子骨架上运动,共轭分子具有相对不变的 σ 键骨架,忽略 σ－π 电子间的直接相互作用,π 电子的状态决定分子的性质,只研究 π 电子的分子轨道和能级。

对每个 π 电子 k 的运动状态用 ψ_k 描述,其单电子薛定谔方程为

$$H_\pi \psi_k = E_k \psi_k \tag{3.82}$$

设共轭分子有 n 个 C 原子,每个 C 原子提供一个 2p 轨道 φ_i,以组成 π 分子轨道 ψ_k。按 LCAO－MO,可得

$$\psi_k = c_1\varphi_1 + c_2\varphi_2 + \cdots + c_n\varphi_n = \sum c_i\varphi_i \tag{3.83}$$

式中,ψ 是 π 分子轨道;φ_i 是组成分子的第 i 个 C 原子的 p 轨道;c_i 是分子轨道中第 i 个 C 原子的 2p 原子轨道组合系数,根据线性变分法,从

$$\frac{\partial E}{\partial c_1} = 0, \quad \frac{\partial E}{\partial c_2} = 0, \quad \cdots, \quad \frac{\partial E}{\partial c_n} = 0 \tag{3.84}$$

可得久期方程式

$$\begin{bmatrix} H_{11} - ES_{11} & H_{12} - ES_{12} & \cdots & H_{1n} - ES_{1n} \\ H_{21} - ES_{21} & H_{22} - ES_{22} & \cdots & H_{2n} - ES_{2n} \\ \vdots & \vdots & & \vdots \\ H_{n1} - ES_{n1} & H_{n2} - ES_{n2} & \cdots & H_{nn} - ES_{nn} \end{bmatrix} \begin{bmatrix} c_1 \\ c_2 \\ \vdots \\ c_n \end{bmatrix} = 0 \tag{3.85}$$

式中,$H_{ij} = \int \varphi_i H_\pi \varphi_j \mathrm{d}r, S_{ij} = \int \varphi_i \varphi_j \mathrm{d}r$,此行列式方程是 E 的一元 n 次代数方程。

（3）HMO 积分的假设。

$$H_{11} = H_{22} = \cdots = H_{nn} = \alpha$$

$$H_{ij} \begin{cases} = \beta & i \text{ 和 } j \text{ 为相邻原子} \\ = 0 & i \text{ 和 } j \text{ 为不相邻原子} \end{cases}$$

$$S_{ij} \begin{cases} = 1 & i = j \\ = 0 & i \neq j \end{cases}$$

根据积分的假设可以化简久期方程和久期行列式,求解得到波函数和能量。

3.5.2　应用 HMO 法处理丁二烯

1. 求解

如图 3.29 所示,丁二烯的每个 C 原子以 sp^2 杂化方式与周围的 C 和 H 原子形成 σ 分子骨架,由于 sp^2 杂化的成键特点,丁二烯所有原子都在一个平面,分子骨架为平面结构,而 4 个 C 原子中未参与杂化的 $2\mathrm{p}_z$ 轨道都垂直于分子平面,肩并肩形成了大 π 键,裸露在分子平面外侧,每个 C 原子提供一个 π 电子,因此大 π 键由 4 个 π 电子组成。

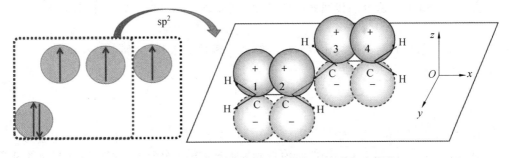

图 3.29　丁二烯分子骨架形成以及大 π 键形成示意图

按照 HMO 法,丁二烯的 π 分子轨道可以表示为

$$\psi_k = c_1\varphi_1 + c_2\varphi_2 + c_3\varphi_3 + c_4\varphi_4 \tag{3.86}$$

式中，φ_1、φ_2、φ_3、φ_4 为参与共轭的 4 个 C 原子的 $2p_z$ 轨道；c_1、c_2、c_3、c_4 为变分系数，按变分法，c_1、c_2、c_3 和 c_4 应满足的久期方程式(3.85)，按照 HMO 法的积分假设化简可得

$$\begin{bmatrix} \alpha - E & \beta & 0 & 0 \\ \beta & \alpha - E & \beta & 0 \\ 0 & \beta & \alpha - E & \beta \\ 0 & 0 & \beta & \alpha - E \end{bmatrix} \begin{bmatrix} c_1 \\ c_2 \\ c_3 \\ c_4 \end{bmatrix} = 0 \tag{3.87}$$

用 β 除各项并令 $x = \dfrac{\alpha - E}{\beta}$，代入式(3.87)，得

$$\begin{bmatrix} x & 1 & 0 & 0 \\ 1 & x & 1 & 0 \\ 0 & 1 & x & 1 \\ 0 & 0 & 1 & x \end{bmatrix} \begin{bmatrix} c_1 \\ c_2 \\ c_3 \\ c_4 \end{bmatrix} = 0 \tag{3.88}$$

式中，$\begin{vmatrix} x & 1 & 0 & 0 \\ 1 & x & 1 & 0 \\ 0 & 1 & x & 1 \\ 0 & 0 & 1 & x \end{vmatrix}$ 这种只由 x、1、0 组成的行列式称为休克尔行列式。

根据丁二烯分子具有对称中心性质，$c_1 = \pm c_4$，$c_2 = \pm c_3$。

当 $c_1 = c_4$，$c_2 = c_3$ 时，式(3.88)可展开化简为

$$xc_1 + c_2 = 0$$
$$c_1 + (x+1)c_2 = 0$$

由两式系数行列式 $\begin{vmatrix} x & 1 \\ 1 & x+1 \end{vmatrix} = 0$，解得 $x = -1.62$ 和 0.62。

当 $c_1 = -c_4$，$c_2 = -c_3$，式(3.88)可展开化简为

$$xc_1 + c_2 = 0$$
$$c_1 + (x-1)c_2 = 0$$

由两式系数行列式 $\begin{vmatrix} x & 1 \\ 1 & (x-1) \end{vmatrix} = 0$，解得 $x = 1.62$ 和 -0.62。

将解得的每个 x 值分别代回式(3.87)和式(3.88)中，并结合归一化条件

$$c_1^2 + c_2^2 + c_3^2 + c_4^2 = 1$$

可以从每个 x 值得到与其能级相应的分子轨道波函数的系数，例如，$c_1 = c_4$，$c_2 = c_3$，$x = -1.62$，得

$$-1.62c_1 + c_2 = 0$$
$$2c_1^2 + 2c_2^2 = 1$$

求得 $c_1 = c_4 = 0.372$，$c_2 = c_3 = 0.602$。

因为 $E = \alpha - \beta x$，由 4 个不同的 x 值得到离域 π 键的 4 个分子轨道能级和相应的分子轨道波函数见表 3.7。

表 3.7　分子轨道能级和相应的分子轨道波函数

分子轨道能级	分子轨道波函数
$E_1 = \alpha + 1.62\beta$	$\psi_1 = 0.372\varphi_1 + 0.602\varphi_2 + 0.602\varphi_3 + 0.372\varphi_4$
$E_2 = \alpha + 0.62\beta$	$\psi_2 = 0.602\varphi_1 + 0.372\varphi_2 - 0.372\varphi_3 - 0.602\varphi_4$
$E_3 = \alpha - 0.62\beta$	$\psi_3 = 0.602\varphi_1 - 0.372\varphi_2 - 0.372\varphi_3 + 0.602\varphi_4$
$E_4 = \alpha - 1.62\beta$	$\psi_4 = 0.372\varphi_1 - 0.602\varphi_2 + 0.602\varphi_3 - 0.372\varphi_4$

β 积分是负值，$E_1 < E_2 < E_3 < E_4$。根据上述结果，可得丁二烯离域 π 分子轨道示意图及相应的能级图，如图 3.30 所示，图中各个 π 分子轨道的大小是按其系数 c_i 的比例画出（系数代表原子轨道在分子轨道中的贡献）。

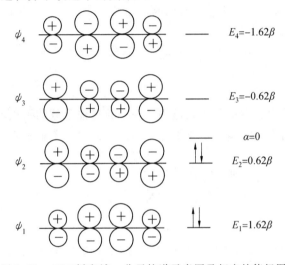

图 3.30　丁二烯离域 π 分子轨道示意图及相应的能级图

2. 解的讨论

（1）能量计算。

如图 3.30 所示，丁二烯的 π 电子价电子组态为 $\psi_1^2\,\psi_2^2$。

离域 π 键的总能量：

$$E_{D\pi} = 2E_1 + 2E_2 = 4\alpha + 4.472\beta$$

离域 π 键的键能：

$$E_\pi = 4\alpha - (4\alpha + 4.472\beta) = -4.472\beta$$

对于乙烯，电子组态排布为

定域小 π 键的总能量：

$$E_{L\pi} = 2E_1 = 4\alpha + 4\beta$$

因此离域能为

$$E_D = E_{L\pi} - E_{D\pi} = -0.472\beta$$

（2）电荷密度 ρ_i。

第 k 个原子附近的 π 电荷密度为各占有分子轨道上在该原子附近 π 电荷密度的总和，即各占有分子轨道中该原子轨道系数平方总和第 i 个原子上出现的 π 电子数，即等于离域中 π 电子在第 i 个碳原子附近出现的概率：

$$\rho_i = \sum_k n_k c_{ki}^2 \tag{3.89}$$

式中，n_k 为 k 分子轨道上 π 电子数；c_{ki} 为 k 分子轨道中第 i 个原子轨道的组合系数。

丁二烯基态的电子组态为 $\psi_1^2\,\psi_2^2$，即

$$\psi_1 = 0.372\varphi_1 + 0.602\varphi_2 + 0.602\varphi_3 + 0.372\varphi_4$$
$$\psi_2 = 0.602\varphi_1 + 0.372\varphi_2 - 0.372\varphi_3 - 0.602\varphi_4$$

原子 1 上的 π 电荷密度为

$$\rho_1 = 2 \times 0.372^2 + 2 \times 0.602^2 = 1.00$$

同理，$\rho_2 = \rho_3 = \rho_4 = 1.00$。

（3）键级 P_{ij}。

原子间 π 键键级为各占有分子轨道中两原子轨道前系数的乘积。n_k 为 k 分子轨道上 π 电子数；c_{ki} 为 k 分子轨道中第 i 个原子轨道的组合系数。单重 σ 键键级为 1，不相邻原子间键级为 0。

原子 i 和 j 间键的强度即键级为

$$P_{ij} = \sum_k n_k c_{ki} c_{kj} \tag{3.90}$$

对于丁二烯：

$$P_{12} = 2(0.372 \times 0.602 + 0.602 \times 0.372) = 0.896$$
$$P_{34} = P_{12} = 0.896, \quad P_{23} = 0.448$$

（4）自由价。

自由价为第 i 个原子剩余成键能力的相对大小，即

$$F_i = F_{max} - \sum_i P_{ij} \tag{3.91}$$

式中，F_{max} 是碳原子 π 键键级和最大者，其值为 $\sqrt{3}$，这是采用了理论上存在的三次甲基甲烷分子的中心碳原子和周围 3 个 C 原子形成的 π 键键级总和，如图 3.31 所示；$\sum P_{ij}$ 为原子 i 与其邻接的原子间 π 键键级之和。

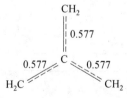

图 3.31　三次甲基甲烷分子

对于丁二烯：

$$F_1 = F_4 = 1.732 - 0.896 = 0.836$$

$$F_2 = F_3 = 1.732 - 0.896 - 0.448 = 0.388$$

（5）分子图。

把共轭分子由 HMO 法求得的电荷密度 ρ_i、键级 P_{ij}、自由价 F_i 都标在一张分子结构图上，即为分子图。图 3.32 为丁二烯分子图，主要规则如下：

① 各原子位置上的数字表示原子电荷密度。

② 键级（一般为 π 键级）记在原子间的连线上。

③ 在各原子位置上箭头所指的数字为自由价。

④ 当分子具有对称性时，只需标出部分代表性的数字，其余部分通过对称性来确定。

C $\frac{0.896}{}$ C $\frac{0.448}{}$ C —— C

1.000　　　　1.000

0.388　　　0.836

图 3.32　丁二烯分子图

3. 应用结果进行性能的讨论

将上面 HMO 法得到的结果与实验结果对比讨论。

（1）丁二烯键长的实验值分别如图 3.33 所示。

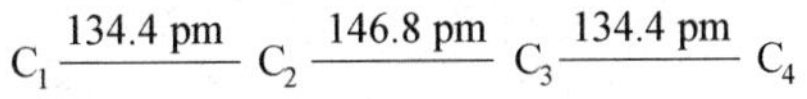

$C_1 \xrightarrow{134.4 \text{ pm}} C_2 \xrightarrow{146.8 \text{ pm}} C_3 \xrightarrow{134.4 \text{ pm}} C_4$

图 3.33　丁二烯键长的实验值

说明 C_1 和 C_2 之间比典型的双键键长（133 pm）长，C_2 和 C_3 之间比典型的单键键长（154 pm）短，键长的平均化可以说明离域 π 键的形成，即 C_2 和 C_3 之间有 π 键的成分。

（2）丁二烯有顺、反异构体。

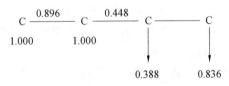

从计算的键级看，$P_{23} = 0.448$，说明 C_2 和 C_3 之间有一定 π 键成分，具有双键特征，不能自由旋转。

（3）离域 π 键可以产生离域能，从而降低体系的能量，对比下面两式。

① 丁烯。

$$CH_3 - CH_2 - HC = CH_2 + H_2 \longrightarrow CH_3 - CH_2 - CH_2 - CH_3, \Delta H = -126.8 \text{ kJ} \cdot \text{mol}^{-1}$$

② 丁二烯。

$$CH_2 = CH - HC = CH_2 + 2H_2 \longrightarrow CH_3 - CH_2 - CH_2 - CH_3, \Delta H = -236.8 \text{ kJ} \cdot \text{mol}^{-1}$$

丁二烯加 H_2 转变为丁烷所放出的能量小于丁烯加 H_2 变为丁烷所放出的能量的 2 倍，这是由于形成离域 π 键，电子填入 ψ_1 和 ψ_2，两个轨道上 4 个电子的能量为

$$E_{D\pi} = 2E_1 + 2E_2 = 4\alpha + 4.472\beta$$

丁烯中 2 个电子的 π 键键能为 2β，所以丁二烯离域结果比单纯两个丁烯的双键能量要低 0.472β，即离域能为 -0.472β。

（4）通过丁二烯的自由价解释丁二烯的 1,4 加成反应。

丁二烯 1 和 4 位的自由价，即剩余成键能力经计算得到 0.836，而 2 和 3 位的自由价为 0.388，因此由于离域 π 键的形成，各个 C 上都有 π 电子的成分，1,4 位上剩余成键能力更强，更易发生加成反应，这也解释了为什么丁二烯发生 1,4 加成而非 1,2 加成。

3.5.3　共轭烯烃休克尔行列式书写规则

全部由 C 原子组成的共轭烯烃，从分子骨架直接写久期行列式的规则如下：

（1）画出 σ 骨架，将参与共轭的原子编号；

（2）n 个原子参加的共轭体系对应着 n 阶行列式；

（3）n 阶行列式主对角元 A_{ii} 为 x，$x = (\alpha - E)/\beta$；

（4）若 i、j 两原子以 π 键键连，则 A_{ij} 及 A_{ji} 为 1，其他元素均为 0；

（5）休克尔行列式沿主对角线对称；

（6）对同一分子，若编号不一致，其写出的行列式虽然不同，但求解结果相同。

图 3.34 给出了两个例子。

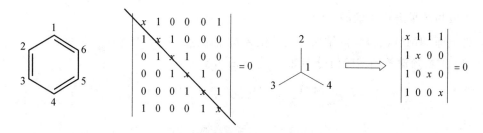

图 3.34　两个休克尔行列式书写示例

3.5.4　直链多烯的 HMO 法处理

$$D_n = \begin{bmatrix} x & 1 & 0 & \cdots & 0 & 0 \\ 1 & x & 1 & \cdots & 0 & 0 \\ 0 & 1 & x & \cdots & 0 & 0 \\ 0 & 0 & 0 & \cdots & x & 1 \\ 0 & 0 & 0 & \cdots & 1 & x \end{bmatrix} = 0 \qquad (3.92)$$

通过降阶法求出：

$$x_k = 2\cos\frac{k\pi}{n+1} \qquad (3.93)$$

$$c_{ki} = \sqrt{\frac{2}{n+1}}\sin\frac{ik\pi}{n+1} \qquad k = 1, 2, \cdots, n \qquad (3.94)$$

分子轨道能量为

$$E_k = \alpha + 2\beta\cos\frac{k}{n+1}\pi \qquad (3.95)$$

式中，k 为分子轨道编号；n 为参加共轭的原子轨道数目。

如图 3.35 所示，偶数个 C 原子，成键、反键能级在 $E = \alpha$ 上下对称分布；奇数个 C 原子，会有一个非键轨道能量等于 α，其他对称分布。可以看出随着 n 的增大，直链烯烃的链长增长，能隙变小。

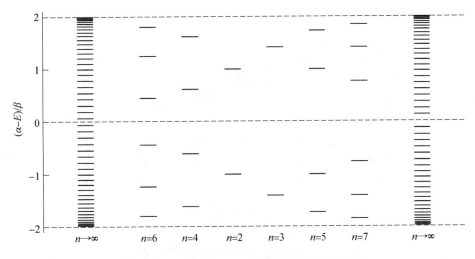

图 3.35　直链烯烃随 n 变化的分子轨道能级分布图

3.5.5　单环共轭多烯的 HMO 法处理

用 HMO 法处理单环共轭多烯分子 C_nH_n，设分子中参加共轭的所有碳原子都处在同一平面上，根据结构式列出久期行列式，同样先写出休克尔行列式（3.96），其解的通式如式（3.97），解之可得单环共轭体系的分子轨道能级，如图 3.36 所示。

$$\begin{vmatrix} x & 1 & 0 & \cdots & 0 & 1 \\ 1 & x & 1 & \cdots & 0 & 0 \\ 0 & 1 & x & \cdots & 0 & 0 \\ \vdots & \vdots & \vdots & & \vdots & \vdots \\ 0 & 0 & 0 & \cdots & x & 1 \\ 1 & 0 & 0 & \cdots & 1 & x \end{vmatrix} = 0 \tag{3.96}$$

$$E_k = \alpha + 2\beta\cos\frac{2k\pi}{n} \qquad k = 0,1,2,\cdots,n-1 \tag{3.97}$$

由图可见，当 $n=4m+2$（m 为整数）时，在所有成键轨道中都充满电子，反键轨道是空的，构成稳定的 π 键体系，例如：$m=0$ 的环丙烯基正离子（$C_3H_3^+$），$m=1$ 的苯 C_6H_6、$C_5H_5^-$ 等；吡啶 C_5H_5N 和吡咯 C_4H_4NH 也都是 6 个 π 电子体系。它们和苯一样，6 个电子都填在成键轨道上，所以具有 $4m+2$ 个 π 电子的单环共轭体系为稳定的结构，具有芳香性，此即称 $4m+2$ 规则。

当 $n=4m$ 时，如 C_4H_4、C_8H_8 等除成键轨道充满电子外，还有一对二重简并的非键轨道，在每一轨道中有 1 个 π 电子，从能量上看是不稳定的构型，不具有芳香性。

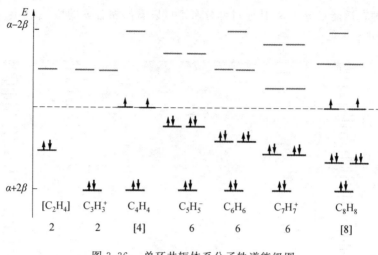

图 3.36　单环共轭体系分子轨道能级图

3.6　离域 π 键和共轭效应

3.6.1　离域 π 键的形成条件和表示法

1. 形成条件

(1) 原子共面,每个原子可提供一个方向相同的 p 轨道,或合适的 d 轨道,轨道之间能量相近,对称性相同,最大重叠;

(2) π 电子数小于参加成键的轨道数的二倍 $m < 2n$(m 为电子数,n 为原子轨道数)。

2. 表示法

离域 π 键可用 π_n^m 表示。

正常大 π 键:$m = n$。

例如,丁二烯、苯和萘环(图 3.37)。

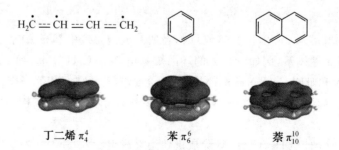

丁二烯 π_4^4　　　　苯 π_6^6　　　　萘 π_{10}^{10}

图 3.37　丁二烯、苯和萘环的等电子大 π 键示意图

多电子大 π 键 $m > n$;与 π 键相接的杂原子(N、O、S、Cl 等多电子原子)可提供 2 个 p 电子(图 3.38)。

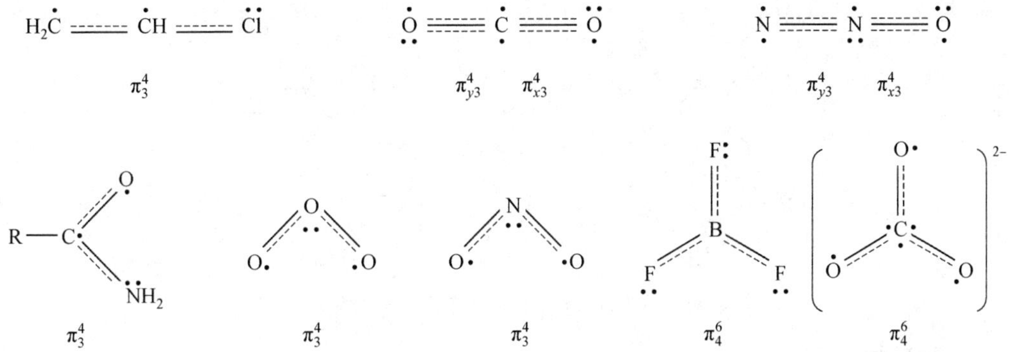

图 3.38　多电子大 π 键示例

缺电子大 π 键 $m < n$（图 3.39）。

烯丙基阳离子π_3^2　　三苯基甲基正离子π_{19}^{18}

图 3.39　缺电子大 π 键示例

3.6.2　共轭效应

共轭效应是化学中的一种基本效应，它除了影响分子的构型和构象（单键缩短、双键增长、相关原子保持共面和单键不能自由旋转）外，还影响物质的电性、颜色、酸碱性和化学反应性等许多性质。

1. 电性

离域 π 键的形成增加物质的电导性能，例如，石墨具有金属光泽、能导电，四氰代二甲基苯醌（TCNQ）等类型的分子能与合适的其他分子，如四硫代富瓦烯（TTF）分子等组成有机半导体或导体，都归因于离域 π 键的形成（图 3.40）。

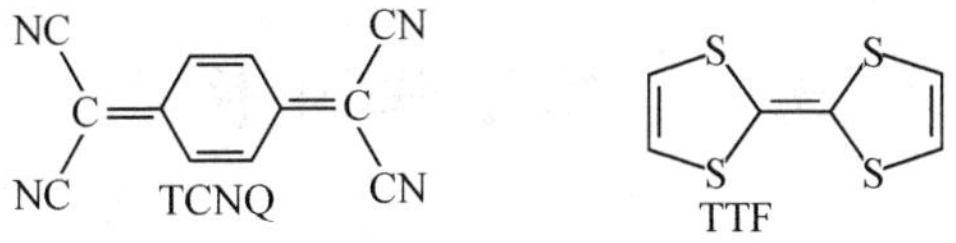

图 3.40　四氰代二甲基苯醌（TCNQ）和四硫代富瓦烯（TTF）分子结构图

2. 颜色

离域 π 键的形成，增大 π 电子的活动范围，使体系能量降低，能级间隔变小，其光谱由 σ 键的紫外光区移至离域 π 键的可见光区，例如染料和指示剂等。酚酞在碱液中变成红色是因为发生图 3.41 所示反应，扩大了离域范围。

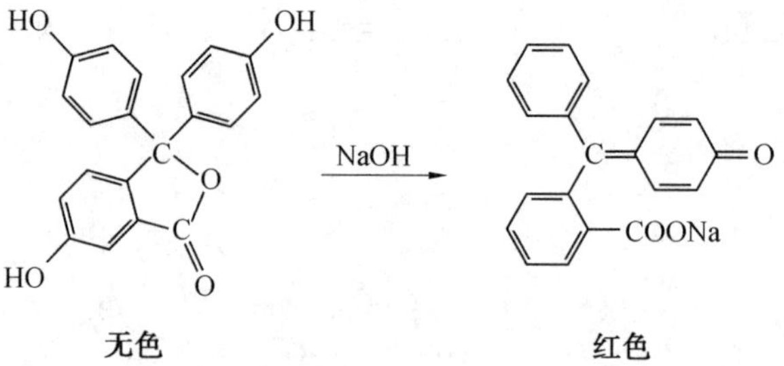

图 3.41　酚酞在碱液中变成红色结构变化示意图

3. 酸碱性

苯酚呈酸性,苯胺呈碱性,羧酸呈酸性,酰胺呈碱性,这些均与形成离域 π 键有关。苯酚和羧酸电离出 H^+ 后,酸根分别生成稳定的 π_3^4 和 π_7^8 离域 π 键,如图 3.42 所示。而苯胺和酰胺中已有离域 π 键存在,它们不易电离,苯胺可接受 H^- 形成 —NH_3^+ 基团,故呈弱碱性(苯胺的 —NH_2 基团并不和苯环共平面,但 N 原子上的孤对电子能参加组成离域 π 键)。

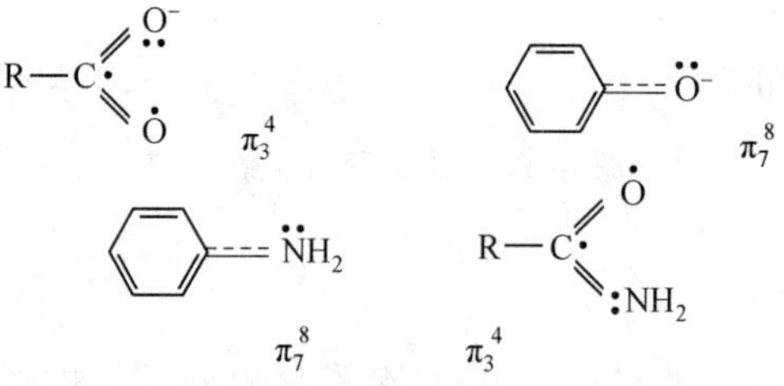

图 3.42　苯酚、苯胺、羧酸和酰胺大 π 键示意图

4. 化学反应性

离域 π 键的存在对体系性质的影响在化学中常用共轭效应表示,它是化学中最基本的效应之一。芳香化合物的芳香性,许多游离基的稳定性,丁二烯类的 1,4 加成反应性等都与离域 π 键有关。此外,像丙烯醛 $H_2C=CH-CH=O$ 形成的 π_4^4 使它稳定性提高;氯乙烯 $H_2C=CH-Cl$ 中出现的 π_3^4 使 C—Cl 键缩短、Cl 的活泼性下降等。

3.7　本章学习指导

3.7.1　例题

例 3.1　试用玻恩－奥本海默近似,写出 H_2 的 $\hat{H}$。

解　在定核近似下,核动能项视为零。则有

$$\hat{H} = -\frac{\hbar^2}{2m}(\nabla_1^2 + \nabla_2^2) + \left(-\frac{e^2}{r_{1a}} - \frac{e^2}{r_{2a}} - \frac{e^2}{r_{1b}} - \frac{e^2}{r_{2b}} + \frac{e^2}{r_{12}} + \frac{e^2}{R}\right)$$

式中,$-\frac{\hbar^2}{2m}(\nabla_1^2 + \nabla_2^2)$ 为两个电子的动能算符;括号中前四项为两个电子受核吸引的势

能；$\dfrac{e^2}{r_{12}}$ 为两个电子的相互排斥能；$\dfrac{e^2}{R}$ 为两核间的排斥能。

例 3.2　利用变分函数 $\psi = xl - x^2$，试求一个粒子在一维空间中最低能量的近似值。

解　可直接将 ψ 代入变分公式计算：

$$E = \frac{\displaystyle\int \psi^* \hat{H} \psi \, dr}{\displaystyle\int \psi^* \psi \, dr}$$

$$= \frac{\displaystyle\int_0^l (xl - x^2)\left(-\frac{h^2}{8\pi^2 m^2}\frac{d^2}{dx^2}\right)(xl - x^2)\,dx}{\displaystyle\int_0^l (xl - x^2)(xl - x^2)\,dx}$$

$$= \frac{\displaystyle\int_0^l (xl - x^2)\left[-\frac{h^2}{8\pi^2 m}(-2)\right]dx}{\displaystyle\int_0^l (x^2 l^2 - 2x^3 l + x^4)\,dx}$$

$$= \frac{\dfrac{h^2 l^3}{24\pi^2 m}}{\dfrac{1}{30}l^5} = \frac{10}{\pi^2} \times \frac{h^2}{8ml^2}$$

其结果比真值大 $\dfrac{10}{\pi^2} = 1.013\ 2$ 倍，相对误差为 1.3%。

例 3.3　试计算 H_2^+ 成键轨道能量对核间距 R 的曲线最低点（$R = 132$ pm 时）的曲线深度，也就是 $H_2^+ \longrightarrow H + H^+$ 的离解能 D_e。

解

$$R = 132\ \text{pm} = \frac{132}{52.9} = 2.495$$

$$S_{ab} = e^{-R}\left(1 + R + \frac{R^2}{3}\right)$$

$$= e^{-2.495}\left[1 + 2.495 + \frac{(2.495)^2}{3}\right] = 0.459\ 5$$

$$J = \frac{1}{R}\left[1 - e^{-2R}(1 + R)\right]$$

$$= \frac{1}{2.495}\left[1 - e^{-2 \times 2.495}(1 + 2.495)\right]$$

$$= 0.391\ 3$$

$$K = e^{-R}(1 + R) = e^{-2.495}(1 + 2.495) = 0.288\ 3$$

$$E_1 = E_H^0 + \frac{1}{R} - \frac{J + K}{1 + S_{ab}}$$

$$E_1 - E_H^0 = \frac{1}{2.495} - \frac{0.391\ 3 + 0.288\ 3}{1 + 0.459\ 5}$$

$$= -0.065\ \text{原子单位}$$

$$= -1.76\ \text{eV}$$

即 D_e 为 1.76 eV。

例 3.4* 一维谐振子的基态,若选用变分函数:$\varphi = (1 + cax^2)e^{-ax^2}$ 描述其状态,证明:基态能量 E_0 不小于 $\frac{1}{2}h\nu_0$。式中,c 为参数;$a = 4\pi^2 m\nu_0/h$;力常数 $k = 4\pi^2\nu^2 m$;m 为谐振子质量。已知:

$$\int_0^\infty x^{2n}e^{-bx^2}dx = \frac{1 \cdot 3 \cdots (2n-1)}{2^{n+1}}\left(\frac{\pi}{b^{2n+1}}\right)^{\frac{1}{2}}; \int_0^\infty e^{-bx^2}dx = \frac{1}{2}\left(\frac{\pi}{b}\right)^{\frac{1}{2}}$$

证明 已知变分函数 $\varphi = (1 + cax^2)e^{-ax^2}$,故

$$E = \frac{\int \varphi^* \hat{H}\varphi dx}{\int \varphi^* \varphi dx_0}$$

$$\hat{H} = -\frac{h^2}{8\pi^2 m}\frac{d^2}{dx^2} + \frac{1}{2}kx^2$$

$$= -\frac{h^2}{8\pi^2 m}\frac{d^2}{dx^2} + 2\pi^2 m\nu^2 x^2$$

$$\int \varphi^* \hat{H}\varphi dx = \int_{-\infty}^\infty (1 + cax^2)e^{-ax^2}\left[-\frac{h^2}{8\pi^2 m}\frac{d^2}{dx^2} + 2\pi^2 m\nu^2 x^2\right] \times (1 + cax^2)e^{-ax^2}dx$$

$$= -\frac{h^2}{8\pi^2 m}\int_{-\infty}^\infty (1 + cax^2)e^{-ax^2}\frac{d^2}{dx^2}[(1 + cax^2)e^{-ax^2}]dx +$$

$$2\pi^2 m\nu^2 \int_{-\infty}^\infty (1 + cax^2)e^{-ax^2}x^2(1 + cax^2)e^{-ax^2}dx$$

$$= \frac{h^2}{4\pi^2 m}\left(\frac{\pi a}{2}\right)^{\frac{1}{2}}\left(\frac{43}{128}c^2 - \frac{1}{16}c + \frac{5}{8}\right)$$

$$\int \varphi^* \varphi dx = 2\int_0^\infty [(1 + cax^2)e^{-ax^2}]^2 dx$$

$$= 2\int_0^\infty (1 + 2cax^2 + c^2a^2x^4)e^{-2ax^2}dx$$

$$= \left(\frac{\pi}{2a}\right)^{\frac{1}{2}}\left(1 + \frac{c}{2} + \frac{3}{16}c^2\right)$$

求得

$$E = \frac{\int \varphi^* \hat{H}\varphi dx}{\int \varphi^* \varphi dx} = \frac{(43c^2 - 8c + 80)}{24c^2 + 64c + 128}h\nu$$

求极值,得

$$\frac{\partial}{\partial c}\frac{\int \varphi^* \hat{H}\varphi dx}{\int \varphi^* \varphi dx} = 0$$

得到

$$\frac{(24c^2 + 64c + 128)(86c - 8) - (43c^2 - 8c + 80)(43c + 64)}{(24c^2 + 64c + 128)^2} = 0$$

化简后得

$$23c^2 + 56c - 48 = 0$$
$$c_1 = -3.107$$
$$c_2 = 0.6718$$

试将 c_1 和 c_2 分别代入上式，c_2 给出最小值，则

$$E_0 \leqslant 0.517h\nu$$

因此，若用 $\varphi = (1 + cax^2)\mathrm{e}^{-ax^2}$ 作变分函数，则 E_0 不小于 $\frac{1}{2}h\nu_0$。

例 3.5　试用 MO 理论比较下列各组分子的键能大小，以及磁性差别：

(1)N_2 和 N_2^+；

(2)NO 和 NO^+。

解　(1) 先写出电子组态。

N_2：$[Be_2](1\pi_u)^4(3\sigma_g)^2$，键级为 3，抗磁性。

N_2^+：$[Be_2](1\pi_u)^4(3\sigma_g)^1$，键级为 2.5，顺磁性。

键能为 $N_2 > N_2^+$。

(2)NO 的 电 子 数 比 N_2 多 1 个， 这 个 电 子 将 填 入 反 键 轨 道：$(1\sigma)^2(2\sigma)^2(3\sigma)^2(4\sigma)^2(1\pi)^4(5\sigma)^2(2\pi)^1$。而 NO^+ 比 NO 少 1 个反键电子。所以，键能为 $NO^+ > NO$；NO 为顺磁性，NO^+ 为抗磁性。

例 3.6　试从 MO 理论写出双原子分子 OF、OF^-、OF^+ 的电子构型，求出其键级并解释它们的键长、键能大小的规律和磁性。

解　它们的电子构型分别如下：

OF（17 个电子）：$KK(4\sigma)^2(1\pi)^4(5\sigma)^2(1\pi)^4(2\pi)^3$。

OF^-（18 个电子）：$KK(4\sigma)^2(1\pi)^4(5\sigma)^2(1\pi)^4(2\pi)^4$。

OF^+（16 个电子）：$KK(4\sigma)^2(1\pi)^4(5\sigma)^2(1\pi)^4(2\pi)^2$。

键级分别如下：

OF：$\frac{1}{2}(8-5) = 1.5$。

OF^-：$\frac{1}{2}(8-6) = 1$。

OF^+：$\frac{1}{2}(8-4) = 2$。

分子的键级越大，则键长越短，故键长次序为 $OF^- > OF > OF^+$。

分子的键级越大，则键能越大，故键能次序为 $OF^+ > OF > OF^-$。

OF 在 2π 轨道有 1 个未成对电子，OF^+ 在 2π 轨道上有 2 个未成对电子，因此，它们具有顺磁性；而 OF^- 没有未成对电子，为反磁性。

例 3.7　如果原子 a 以轨道 d_{yz}，原子 b 以轨道 p_x 沿 x 轴（键轴）相重叠，试问能否组成有效分子轨道？为什么？

解　利用 LCAO－MO 三原则：

$$\hat{\sigma}_{xy}d_{yz} = -d_{yz}$$

$$\hat{\sigma}_{xy} \mathrm{p}_x = \mathrm{p}_x$$

两者对称不匹配,无法组成有效的分子轨道。

例 3.8　CF 和 CF$^+$ 的键能分别为 548 kJ·mol^{-1} 和 753 kJ·mol^{-1},试用分子轨道理论解释其原因。

解　CF 的电子组态为

$$(1\sigma)^2 (2\sigma)^2 (3\sigma)^2 (4\sigma)^2 (1\pi)^4 (5\sigma)^2 (2\pi)^1$$

CF$^+$ 的电子组态为

$$(1\sigma)^2 (2\sigma)^2 (3\sigma)^2 (4\sigma)^2 (1\pi)^4 (5\sigma)^2$$

由此可见,CF → CF$^+$ 失去 1 个反键轨道电子,所以,CF$^+$ 中 C—F 键结合能力大于 CF 中 C—F 键结合能力,即 CF$^+$ 键能大于 CF。

例 3.9　写出 O_2、O_2^+、O_2^-、O_2^{2-} 的键级、键长的大小顺序及磁性。

解　(1) 键级 $= \dfrac{\text{成键电子数} - \text{反键电子数}}{2}$。

(2) 键级越大,其键的结合力越强,对应的键长越短。

(3) 轨道中有未成对电子时,分子为顺磁性;否则为反磁性。

各分子的电子组态如下:

O_2^+：$(\sigma_{1s})^2 (\sigma_{1s}^*)^2 (\sigma_{2s})^2 (\sigma_{2s}^*)^2 (\sigma_{2p})^2 (\pi_{2p})^4 (\pi_{2p}^*)^1$

O_2：$(\sigma_{1s})^2 (\sigma_{1s}^*)^2 (\sigma_{2s})^2 (\sigma_{2s}^*)^2 (\sigma_{2p})^2 (\pi_{2p})^4 (\pi_{2p}^*)^2$

O_2^-：$(\sigma_{1s})^2 (\sigma_{1s}^*)^2 (\sigma_{2s})^2 (\sigma_{2s}^*)^2 (\sigma_{2p})^2 (\pi_{2p})^4 (\pi_{2p}^*)^3$

O_2^{2-}：$(\sigma_{1s})^2 (\sigma_{1s}^*)^2 (\sigma_{2s})^2 (\sigma_{2s}^*)^2 (\sigma_{2p})^2 (\pi_{2p})^4 (\pi_{2p}^*)^4$

O_2^+、O_2、O_2^-、O_2^{2-} 的键能分别为 2.5、2.0、1.5 和 1.0;键长的相对大小为 $O_2^+ < O_2 < O_2^- < O_2^{2-}$;$O_2^+$、$O_2$ 和 O_2^- 为顺磁性,O_2^{2-} 为反磁性。

例 3.10　确定 LiH、FCl 和 BN 分子中化学键性质。

解　(1)H 和 Li 原子的电子结构分别为 $1s^1$ 和 $1s^2 2s^1$,价电子的原子轨道是 $1s_H$ 与 $2s_{Li}$。2 个原子轨道线性组合生成 2 个分子轨道,一个是成键的 σ_s,另一个是反键的 σ_s^*。2 个电子都处在 σ_s 分子轨道,因此可写成 σ_s^2,并可表示为 Li—H(单键)。由于氢较锂的电负性大,所以,键的极化方向为 $\overset{\delta+}{\mathrm{Li}}$—$\overset{\delta-}{\mathrm{H}}(\mu = 5.9D)$。

(2)FCl 的电子结构与 F_2 相似,按 LCAO－MO 三原则,F 的 2s 轨道与 Cl 的 3s 轨道组合得 σ_s 和 σ_s^*,F 的 2p 轨道与 Cl 的 3p 轨道组合得 σ_p、π_p、σ_p^*、π_p^*。FCl 的电子组态为 $(\sigma_s)^2 (\sigma_s^*)^2 (\sigma_p)^2 (\pi_p)^4 (\pi_p^*)^4$,F—Cl 为极性单键,电子偏向于 F 原子。

(3)BN 比 N_2 少 2 个电子,所以,电子组态为 $(1\sigma)^2 (2\sigma)^2 (3\sigma)^2 (4\sigma)^2 (1\pi)^3 (5\sigma)^0$。但此结构不能解释 BN 分子的顺磁性,可以认为是 $(1\sigma)^2 (2\sigma)^2 (3\sigma)^2 (4\sigma)^2 (1\pi)^3 (5\sigma)^1$。BN 分子中含 1 个单电子 σ 键和 1 个三电子 π 键,键级为 2,电子偏向于 N 原子,为极性键。

例 3.11　有 NF、NF$^+$ 和 NF$^-$ 分子,用 MO 法:

(1) 写出电子组态;

(2) 计算键级;

(3) 讨论磁性。

解　(1)NF 有 12 个价电子,价电子组态是 $(3\sigma)^2(4\sigma)^2(1\pi)^4(5\sigma)^2(2\pi)^2$;NF$^+$ 有 11 个价电子,价电子组态是 $(3\sigma)^2(4\sigma)^2(1\pi)^4(5\sigma)^2(2\pi)^1$;NF$^-$ 有 13 个价电子,价电子组态是 $(3\sigma)^2(4\sigma)^2(1\pi)^4(5\sigma)^2(2\pi)^3$。

(2)NF 的键级为

$$\frac{1}{2} \times (8-4) = 2$$

NF$^+$ 的键级为

$$\frac{1}{2} \times (8-3) = 2.5$$

NF$^-$ 的键级为

$$\frac{1}{2} \times (8-5) = 1.5$$

(3)NF、NF$^+$ 和 NF$^-$ 中都有未成对电子,都是顺磁性的。

例 3.12　写出 H_2、H_2^-、N_2 和 N_2^+ 的基态谱项。

解　H_2 的基态是 $(\sigma_g1s)^2$,可给出 $^1\Sigma^+$,由于 $(g) \cdot (g) = g$,又给出 $^1\Sigma_g^+$。

H_2^- 的基态是 $(\sigma_g1s)^2(\sigma_u1s)^1$,可给出 $^2\Sigma_g^+$。

N_2 的基态是 $(\sigma_g1s)^2(\sigma_u1s)^1(\sigma_g2s)^2(\sigma_u2s)^2(\pi_u2p)^4(\sigma_g2p)^2$,可给出 $^1\Sigma_g^+$。

N_2^+ 比 N_2 在 (σ_g2p) 上少了 1 个电子,可给出 $^2\Sigma_g^+$。

例 3.13　为什么乙炔中的三重键很活泼,能发生加成反应,而 N_2 中的三重键却很稳定。

解　N_2 和乙炔的电子组态(乙炔中只考虑 C≡C 键)分别如下:

N_2:$(1\sigma_g)^2(1\sigma_u)^2(2\sigma_g)^2(2\sigma_u)^2(1\pi_u)^4(3\sigma_g)^2$

乙炔:$(1\sigma_g)^2(1\sigma_u)^2(2\sigma_g)^2(2\sigma_u)^2(3\sigma_g)^2(1\pi_u)^4$

N_2 中 $1\pi_u$ 能级低于 $3\sigma_g$ 能级,乙炔中则相反,$1\pi_u$ 能级高,易发生加成反应。依光电子能谱测定结果,N_2 的 $1\pi_u$ 能级为 -16.73 eV,而乙炔的 $1\pi_u$ 能级为 -11.40 eV,可见,破坏 N_2 的 π 键比破坏 C_2H_2 的 π 键要困难得多。即便是 $2\sigma_g$,也是 N_2 的能级低,因此,可见预料 N_2 中的三重键将比 C_2H_2 中的三重键牢固得多。

例 3.14　设 sp 杂化轨道波函数为

$$\varphi_1 = a_1\phi_s + a_2\phi_{p_x}$$
$$\varphi_2 = b_1\phi_s + b_2\phi_{p_x}$$

试以此为例,说明杂化轨道 3 个基本原则。

解　(1) 杂化轨道的归一性(即 $\int \varphi_1{}^* \varphi_1 \mathrm{d}\tau = 1$):

$$\int \varphi_1{}^* \varphi_1 \mathrm{d}\tau = \int (a_1\phi_s + a_2\phi_{p_x})^* (a_1\phi_s + a_2\phi_{p_x})\mathrm{d}\tau$$
$$= a_1{}^* a_1 + a_2{}^* a_2 = 1$$

利用了分子轨道的正交归一性。

同理有 $b_1{}^* b_1 + b_2{}^* b_2 = 1$。

(2) 杂化轨道的正交性(即 $\int \varphi_1{}^* \varphi_2 \mathrm{d}\tau = 0$)

$$\int (a_1\phi_s + a_2\phi_{2p_x})^* (b_1\phi_s + b_2\phi_{2p_x})\mathrm{d}\tau = a_1b_1 + a_2b_2 = 0$$

（3）单位轨道贡献，即 $a_1{}^2 + b_1{}^2 = 1$ 及 $a_2{}^2 + b_2{}^2 = 1$。

例 3.15 试利用杂化轨道三原则写出 sp、sp^2 杂化轨道波函数。

解 杂化轨道三原则是正交性、归一性和单位轨道贡献。

（1）对 sp 杂化，设参加杂化的是 s 和 p_x，则

$$\varphi_1 = a_1 s + b_1 p_x$$
$$\varphi_2 = a_2 s + b_2 p_x$$

从单位轨道贡献可知：$a_1{}^2 + a_2{}^2 = 1, b_1{}^2 + b_2{}^2 = 1$。又从等性杂化可知：$a_1^2 = a_2^2$，故 $a_1 = a_2 = \sqrt{\dfrac{1}{2}}$。再从归一化条件：$b_1^2 + a_1^2 = 1$，故 $b_1 = \sqrt{\dfrac{1}{2}}$。又考虑正交性：$a_1a_2 + b_1b_2 = 0$，故 $b_2 = -\sqrt{\dfrac{1}{2}}$，即

$$\varphi_1 = \sqrt{\frac{1}{2}}\, s + \sqrt{\frac{1}{2}}\, p_x$$

$$\varphi_2 = \sqrt{\frac{1}{2}}\, s - \sqrt{\frac{1}{2}}\, p_x$$

（2）对 sp^2 杂化，设参加杂化的原子轨道为 s、p_x、p_y，3 个杂化轨道的极值方向在 xy 平面上，构成等边三角形，再设 φ_1 在 x 轴的正方向、φ_2 在第二象限、φ_3 在第三象限。利用"三原则"，s 轨道对三者的贡献是平均的，即各占 $\dfrac{1}{3}$，p_y 对 φ_1 的贡献为零，因为 φ_1 在 p_y 的节面（xz 平面）上，故

$$\varphi_1 = \sqrt{\frac{1}{3}}\, s + \sqrt{\frac{2}{3}}\, p_x$$

p_x 剩下的 $\dfrac{1}{3}$ 对 φ_2 和 φ_3 的贡献是平均的，且是负值，即各为 $\dfrac{1}{6}$；p_y 对 φ_2 贡献为 $\dfrac{1}{2}$，且是正值；对 φ_3 贡献也为 $\dfrac{1}{2}$，且是负值，即

$$\varphi_2 = \sqrt{\frac{1}{3}}\, s - \sqrt{\frac{1}{6}}\, p_x + \sqrt{\frac{1}{2}}\, p_y$$

$$\varphi_3 = \sqrt{\frac{1}{3}}\, s - \sqrt{\frac{1}{6}}\, p_x - \sqrt{\frac{1}{2}}\, p_y$$

值得注意的是，对于 sp^2 还存在另外正交归一的杂化轨道。例如上面设 φ_1 在 x 轴的正方向，即与 x 轴夹角为零，若旋转一个角度，仍能写出 3 个 sp^2 杂化轨道波函数。读者可试做一下，如逆时针旋转 $90°$。

例 3.16 预测下列各分子基态的几何形状：

（1）$SnBr_2$；（2）$HgBr_2$；（3）$TeCl_2$；（4）OF_2；（5）XeF_2；（6）H_2S；（7）I_3^-；（8）$HOCl$。

解 （1）$SnBr_2$ 为角形。键角比 $120°$ 稍小，因为 Sn 有 1 对孤对价电子，一般规律是孤对电子与键的夹角大于键角。

（2）$HgBr_2$ 为直线形。

(3)$TeCl_2$ 为角形。键角比 109.47 稍小,因 Te 有 2 对孤对价电子。

(4)OF_2 为角形。键角小于 H_2O 的键角,因 F 的电负性比 H 的大。

(5)XeF_2 为直线形。因 Xe 有 3 对孤对价电子,位于三角双锥的互成 120° 的 3 个方向上,即平伏位,而 2 个 Xe—F 在竖直位。

(6)H_2S 为角形。键角小于 H_2O 的键角,因 S 的电负性小于 O。

(7)I_3^- 为直线形。因在 I_3^- 中,中心 I 还有 3 对孤对价电子,故与 XeF_2 中情况是相似的。

(8)HOCl 为角形。因 O 有 2 个孤对价电子。

例 3.17　预测下列分子基态的几何形状:

(1)BF_3;(2)PF_3;(3)BrF_3;(4)H_3O^+。

解　(1)BF_3 为正三角形,键角为 120°。

(2)PF_3 为三角锥形,因 P 有 1 对孤对价电子,占四面体之一隅。

(3)BrF_3 为 T 形,Br 有 2 对孤对价电子,故呈 —Br 形,… 为孤对电子的方向,分子是 T 形。实际上,孤对电子与键之间的斥力大些,而使 Br—F 键之夹角稍小于 90°,所以,分子呈 T 形。

(4)H_3O^+ 为三角锥形,与(3)的情况类似。

例 3.18　预测下列分子基态的几何形状:

(1)BrF_4^-;(2)SnH_4;(3)SeF_4;(4)XeF_4;(5)BH_4^-。

解　(1)BrF_4^- 为平面正方向,Br 尚有 2 对孤对电子,方向与此平面垂直。

(2)SnH_4 为正四面体。

(3)SeF_4 为不规则四面体,Se 尚有 1 对孤对电子占据三角双锥之一隅。

(4)XeF_4 为平面正方形,与(1)情况相同。

(5)BH_4^- 为正四面体。

例 3.19　预测下列分子基态的几何形状:

(1)PF_3Cl_2;(2)$SbCl_5$;(3)BrF_5;(4)SF_6。

解　(1)PF_3Cl_2 为三角双锥体。

(2)$SbCl_5$ 为三角双锥体。

(3)BrF_5 为正四方锥体,因 Br 原子尚有 1 孤对电子占据正八面体中与四方底垂直的一个方位。

(4)SF_6 为正八面体。

例 3.20　预测下列分子基态的几何形状:

(1)ONF;(2)NO_2^+;(3)SO_2;(4)CO_2;(5)O_3;(6)NO_2^-;(7)F_2CO;(8)SO_3;(9)HNO_2;(10)XeO_3;(11)$SOBr_2$;(12)POF_3;(13)$FClO_3$;(14)$F_2IO_2^-$;(15)XeO_4;(16)$XeOF_4$;(17)SOF_4;(18)IOF_5。

解　(1)ONF 为角形,除大 π 键外,N 尚有 1 对孤对电子,方向与 ONF 共平面,所以 ONF 的键角近于 120°。

(2)NO_2^+ 与 CO_2 是等电子体系,可有 2 个大 π 键,为直线形。

(3)SO_2 为角形(S 尚有孤对电子)。

(4)CO_2 为直线形。

(5)O_3 为角形。

(6)NO_2^- 为角形。

(7)F_2CO 为等腰三角形,估计 F_2CO 键角稍大于 $120°$,因 $C=O$ 较"肥胖"。

(8)SO_3 为平面三角形,键角为 $120°$,S 与 3 个 O 共面,有大 π 键形成。

(9)HNO_2 为角形(N 还有孤对价电子)。

(10)XeO_3 为三角锥形(Xe 还有孤对电子,它有与 IO_3^- 相似的结构)。

(11)$SOBr_2$ 为三角锥形($\angle OSBr=108°$,$\angle BrSB=96°$)。

(12)POF_3 为四面体形,P 位于四面体中心($\angle FPF=101.3°$)。

(13)$FClO_3$ 为四面体形($\angle OClO=117°$,$\angle FClO=101°$)。

(14)$F_2IO_2^-$ 为不规则四面体形。I 还有 1 对孤对电子,近似于三角双锥形,其中孤对电子指向一平伏位,两个 O 在另两个平伏位,但 $\angle OIO=100°$,两个 F 在竖直位。

(15)XeO_4 为正四面体。

(16)$XeOF_4$ 为四方锥形。

(17)SOF_4 为变形的三角双锥形。

(18)IOF_5 为变形八面体形。

例 3.21　将乙烷、乙烯、乙炔三分子比较,讨论其几何构型及两个碳原子间的化学键性质。

解　在乙烷分子中,碳原子均为 sp^3 杂化,2 个 C 原子间以 1 个 σ 分子轨道相连。键级为 1,此键可自由围绕 C—C 轴旋转,结构简式为 $CH_3—CH_3$。

乙烯分子中的 C 原子均为 sp^2 杂化,分子呈平面形,C 与 C 之间用双键相连(1 个 σ 分子轨道和 1 个 π 分子轨道),双键阻碍分子沿着 C—C 轴旋转,结构简式为 $CH_2=CH_2$。

乙炔分子中的 C 原子均为 sp 杂化,分子呈直线型,C 与 C 之间以三键(1 个 σ 分子轨道和 2 个 π 分子轨道)相连,结构简式可写为 $CH\equiv CH$。

乙烷、乙烯和乙炔的键级分别是 1、2 和 3,分子中 C 原子间的键长从 154 pm 降到 121 pm。

例 3.22　写出下列各分子的 HMO 行列式。

(1)$CH_2=CH_2$;(2)$H_2C=CH—CH_2$;(3)$H_2C=CH—CH=CH_2$;(4) 环烯丙基;(5) 环丁二烯。

解　(1) $\begin{vmatrix} x & 1 \\ 1 & x \end{vmatrix}=0$。

(2) $\begin{vmatrix} x & 1 & 0 \\ 1 & x & 1 \\ 0 & 1 & x \end{vmatrix}=0$。

$$(3) \begin{vmatrix} x & 1 & 0 & 0 \\ 1 & x & 1 & 0 \\ 0 & 1 & x & 1 \\ 0 & 0 & 1 & x \end{vmatrix} = 0。$$

$$(4) \begin{vmatrix} x & 1 & 1 \\ 1 & x & 1 \\ 1 & 1 & x \end{vmatrix} = 0。$$

$$(5) \begin{vmatrix} x & 1 & 0 & 1 \\ 1 & x & 1 & 0 \\ 0 & 1 & x & 1 \\ 1 & 0 & 1 & x \end{vmatrix} = 0。$$

例 3.23 用 HMO 法处理环烯丙基：

(1) 写出 HMO 行列式；

(2) 解出 π 电子能级；

(3) 解出相应的分子轨道；

(4) 计算 π 键键能和离域能；

(5) 说明阴离子或阳离子哪个键能大。

解 (1) HMO 行列式为

$$\begin{vmatrix} x & 1 & 1 \\ 1 & x & 1 \\ 1 & 1 & x \end{vmatrix} = 0$$

其中 $x = \dfrac{\alpha - E}{\beta}$，展开：

$$x^3 - 3x + 2 = 0$$

解得

$$x_1 = -2, \quad x_2 = x_3 = 1$$

(2) $E_2 = E_3 = \alpha - \beta, E_1 = \alpha + 2\beta$。

(3) 计算相应的分子轨道,由 E_3 得

$$\begin{cases} c_1 + c_2 + c_3 = 0 \\ c_1 + c_2 + c_3 = 0 \\ c_1 + c_2 + c_3 = 0 \end{cases}$$

此为不定方程组,有无穷多解。于是利用对称性,反对称时

$$c_1 = -c_1 = 0, \quad c_2 = -c_3$$

故所求分子轨道为

$$\psi_3 = c_2(\varphi_2 - \varphi_3) = \frac{1}{\sqrt{2}}(\varphi_2 - \varphi_3)$$

由 E_2 得

$$c_1 + c_2 + c_3 = 0$$

利用 $\int \psi_2 \psi_3 \mathrm{d}\tau = 0$ 的正交条件得

$$\frac{1}{\sqrt{2}}c_2 - \frac{1}{\sqrt{2}}c_3 = 0$$

$$c_2 = c_3$$

可得

$$c_1 + 2c_2 = 0$$

$$c_1 = -2c_2$$

所求分子轨道为

$$\psi_2 = -2c_2\varphi_1 + c_2\varphi_2 + c_2\varphi_3$$

$$\psi_2 = -c_2(2\varphi_1 - \varphi_2 - \varphi_3) = \frac{1}{\sqrt{6}}(2\varphi_1 - \varphi_2 - \varphi_3)$$

由 E_1 得

$$\begin{cases} -2c_1 + c_2 + c_3 = 0 \\ c_1 - 2c_2 + c_3 = 0 \end{cases}$$

以上两式相减得

$$-3c_1 + 3c_2 = 0$$

$$c_1 = c_2$$

代入可得

$$-c_2 + c_3 = 0$$

$$c_2 = c_3$$

$$c_1 = c_2 = c_3$$

所求分子轨道为

$$\psi_1 = c_1(\varphi_1 + \varphi_2 + \varphi_3) = \frac{1}{\sqrt{3}}(\varphi_1 + \varphi_2 + \varphi_3)$$

(4) $E_\pi = 3\alpha - [2(\alpha + 2\beta) + \alpha - \beta] = -3\beta$，$E_{离域} = -3\beta - (-2\beta) = -\beta$。

(5) 阴离子的 π 键键能为

$$E_\pi = 4\alpha - [2(\alpha + 2\beta) + 2(\alpha - \beta)] = -2\beta$$

阳离子的 π 键键能为

$$E_\pi = 2\alpha - [2(\alpha + 2\beta)] = -4\beta$$

可见，阳离子键能较大。

例 3.24　试用 HMO 法处理环丁二烯，求：

(1)π 电子能级图和离域能；

(2) 分子轨道。

解　(1) 设环丁二烯的结构为

其 HMO 行列式为

$$\begin{vmatrix} x & 1 & 0 & 1 \\ 1 & x & 1 & 0 \\ 0 & 1 & x & 1 \\ 1 & 0 & 1 & x \end{vmatrix} = 0$$

其中 $x = \dfrac{\alpha - E}{\beta}$，展开得

$$x^4 - 4x^2 = 0$$

解得

$$x_1 = -2, \quad x_2 = x_3 = 0, \quad x_4 = 2$$

根据 $x = \dfrac{\alpha - E}{\beta}$，得

$$E_1 = \alpha + 2\beta, \quad E_2 = E_3 = \alpha, \quad E_4 = \alpha - 2\beta$$

按能量从低到高排列，π 电子能级图可表示为

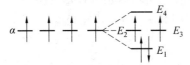

所以 π 电子总能量

$$E_{总} = 2E_1 + E_2 + E_3 = 4\alpha + 4\beta$$

大 π 键键能

$$E_\pi = 4\alpha - (4\alpha + 4\beta) = -4\beta$$

离域能

$$E_{离} = 4\beta - (-4\beta) = 0$$

　　(2) 以 $x_1 = -2$，$E_1 = \alpha + 2\beta$ 为例，将能量代回久期方程求系数

$$\begin{cases} -2c_1 + c_2 + c_4 = 0 \\ c_1 - 2c_2 + c_3 = 0 \\ c_2 - 2c_3 + c_4 = 0 \\ c_1 + c_2 - 2c_4 = 0 \end{cases}$$

解得

$$c_1 = c_2 = c_3 = c_4 = \frac{1}{2}$$

$$\psi_1 = \frac{1}{2}(\varphi_1 + \varphi_2 + \varphi_3 + \varphi_4)$$

$$c_1^2 + c_2^2 + c_3^2 + c_4^2 = 1(归一化)$$

同样方法可求其他 3 个分子轨道，分别为

$$\psi_2 = \frac{1}{\sqrt{2}}(\varphi_1 - \varphi_3)$$

$$\psi_3 = \frac{1}{\sqrt{2}}(\varphi_2 - \varphi_4)$$

$$\psi_4 = \frac{1}{2}(\varphi_1 - \varphi_2 + \varphi_3 - \varphi_4)$$

例 3.25 苯胺的紫外－可见光谱与苯差别很大,但其盐酸盐的光谱却与苯相似,试加以解释。

解 苯有 π_6^6 键,而苯胺有 π_6^8 键,π 电子状态不同,所以紫外光谱不同。而在 $[C_6H_5\overset{+}{N}H_3]Cl^-$ 中,却有 π_6^6 键,所以,其光谱与苯相似。

例 3.26 某化合物可能是下列两个结构之一:

$$\langle \ \rangle - CH_2 - \underset{H}{C} = CH - \underset{H}{C} = CH_2$$

$$\langle \ \rangle - \underset{H}{C} = CH - \underset{H}{C} = CH - CH_3$$

如何利用紫外光谱进行判断?

解 前者有 π_6^6 键,其紫外光谱与苯相似;而后者有 π_{10}^{10} 键,其光谱红移增强,与苯的明显不同。大 π 键类型相同,则其 $\pi - \pi^*$ 跃迁光谱(紫外－可见光谱)相似。

3.7.2 习题

一、选择题

1. 变分原理的表达式为 $E = \int \psi^* \hat{H} \psi d\tau \geqslant E_a$,式中对 ψ 的限定正确的是( )

A. 可取任意函数　　　B. 须是品优函数　　　C. 须是 AO

D. 须是归一的 AO　　　E. 须是归一的品优函数

2. 用线性变分法处理 H_2^+ 时,得到 α、β、S 积分对它们的取值。下列叙述有误的是( )

A. α 约等于原子轨道能　　　B. S 取值在 $0 \sim 1$ 之间　　　C. β 值越大,分子越稳定

D. β 只能取负值　　　E. 三者取值都与核间距有关

3. 已知 $AO\varphi_1 = s$,以 x 轴为键轴,下列 φ_1 与 φ_2 对称性不匹配的是( )

A. p_x　　　B. $d_{x^2-y^2}$　　　C. d_{xy}　　　D. s　　　E. d_{z^2}

4. 用 MO 法处理 HF 时,H 原子 1s 轨道不能与 F 的 2s 轨道有效成键的原因是( )

A. 对称不匹配　　　B. 能量不相近　　　C. 不能最大重叠

5. 对于 HF 分子,如分子轨道中电子有 80% 的时间在 $F(\psi_1)$ 的 AO 上,则 $\psi = A\psi_1 + B\psi_2$ 的形式为( )

A. $A = 0.8, B = 0.2$　　　　　B. $A = 0.2, B = 0.8$

C. $A = 0.99, B = 0.33$　　　　　D. $A = 0.894, B = 0.447$

E. $A = 0.556, B = 0.141$

6. ClO_3F 分子的几何结构应为( )

A. 平面正方形　　　B. 三角锥形　　　C. 正四面体　　　D. 四面体

7. 下列叙述正确的是( )

A. 分子轨道是分子中电子运动的状态函数

B. 分子轨道是分子中电子空间运动的轨道

C. 分子轨道是分子中单电子空间运动的状态函数

D. 分子轨道是原子轨道的线性组合

8. 通过变分法计算得到的微观体系的能量（　　　）

A. 等于真实基态能量　　　　　　　　　　B. 大于真实基态能量

C. 不小于真实基态能量　　　　　　　　　D. 小于真实基态能量

9. 在下列分子中,键角最大的是（　　　）

A. NF_3　　　　　　　　B. H_2O　　　　　　　　C. NH_3　　　　　　　　D. OF_2

10. 下列化合物中 Cl 的活泼性最强的是（　　　）

A. C_6H_5Cl　　　　B. $C_6H_5CH_2Cl$　　　C. $(C_6H_5)_2CHCl$　　　D. $(C_6H_5)_3CCl$

11. 下列分子或离子中,具有偶极矩的是（　　　）

A. PCl_3F_2　　　　　　B. I_3^-　　　　　　　　C. NO_2^+　　　　　　　D. NO_2

12. 在下列分子或离子中,不含非键电子的是（　　　）

A. 烯丙基　　　　　　B. 烯丙基阴离子　　　C. 环丁二烯　　　　　　D. 环烯丙基

13. 按键能由小到大的顺序排列,其中正确的是（　　　）

A. $O_2^{2-} < O_2^- < O_2 < O_2^+$　　　　　　　　　B. $O_2^+ < O_2 < O_2^- < O_2^{2-}$

C. $O_2^{2-} < O_2 < O_2^- < O_2^+$　　　　　　　　　D. $O_2 < O_2^+ < O_2^- < O_2^{2-}$

14. 某同核双原子分子的基态分子组态为 $1\sigma_g^2 1\sigma_u^2 2\sigma_g^2 \sigma_u^2 3\sigma_g^2 1\pi_u^4 1\pi_g^2$,则此分子的磁矩为（　　　）

A. 0　　　　　　　　B. $2\sqrt{2}\mu_B$　　　　　　C. $\sqrt{3}\mu_B$　　　　　　D. $2\sqrt{6}\mu_B$

15. 具有最多的净成键电子数,且含有三电子 π 键,键长最短的分子为（　　　）

A. O_2　　　　　　　B. NO　　　　　　　C. CO　　　　　　　D. SO

16. 根据杂化轨道理论,下列分子式不正确的是（　　　）

A. $CdCl_2$　　　　　　B. $HgCl$　　　　　　C. SiF_6^{2-}　　　　　　D. PF_6^-

17. 乙炔分子中 sp 杂化轨道是（　　　）

A. H 的 1s 和 C 的 1 个 2p 组成新的 AO　　B. 同一 C 的 2s 和 2p 组成的 MO

C. 不同 C 的 2s 和 2p 组成的 MO　　　　　D. 同一 C 的 2s 和 2p 组成的 AO

18. 下列物质不存在的是（　　　）

A. Li_2　　　　　　　B. Be_2　　　　　　　C. B_2　　　　　　　D. C^2

二、简答题

1. 试用 MO 理论说明 N_2、O_2、F_2 的键级和它们键长的相对次序,写出它们的电子组态。

N_2^+、O_2^+、F_2^+、N_2^{2-}、O_2^{2-}、F_2^{2-} 能否存在? 它们的电子组态与中性分子相比有何变化? 它们的键长、键级又应如何变化?

2. 写出 C_2、CN^-、OH^-、BeO、BN 的电子组态。

3. 用 MO 理论说明 He_2、Li_2、Be_2 分子与相应的原子对比的稳定性。

4. H_2 和 F_2 都是单键结构,键能分别是 $435.1\ kJ \cdot mol^{-1}$ 和 $163.2\ kJ \cdot mol^{-1}$。 如何

解释这种现象?

5.讨论 BN 和 BO 的电子组态及化学键强度。

6.试写出 H_2^- 的哈密顿算符。

7.写出 NO、HCl 和 CH 的基态谱项。

8.试写出 sp、sp^2 杂化轨道的波函数及夹角。

9.分别写出指向 z 轴的 sp、sp^2 和 sp^3 杂化轨道的波函数。

10.已知 C_2H_2 的 C—C 键比 C_2H_4 的 C—C 键短,试给出 π 电子能级图,并根据能级图对它们的加成反应活性进行预测。

11.用杂化轨道理论讨论下列分子的几何构型。

(1)CH_4;(2)C_2H_6;(3)C_2H_4;(4)C_2H_2;(5) 苯;(6) 萘;(7)$CH \equiv C—CH_3$。

12.讨论下列分子或离子中的化学键及几何构型。

(1)CO_2;(2)H_2S;(3)BF_3;(4)PCl_3;(5)CO_3^{2-};(6) 甲醛。

13.NH_4^+、BF_4^-、BeF_4^{2-} 的立体构型和成键情况是怎样的? 请说明理由。

14.$H_2C = C = CH_2$ 的立体结构如何? π 键起什么作用?

15.$Al(C_2H_5)_3$ 在汽油中常生成二聚体,请说明其键型和结构。

16.试写出下列分子共轭 π 轨道的久期行列式。

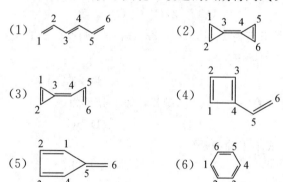

17.给出 $CH_2 = C = CHCH_3$ 和 $CH_2 = CHCH = CH_2$ 的 π 轨道能级图,并指出哪一个发生加成反应更容易些? 加成反应的位置在哪里?

18.苯胺的分子图为

$$
\begin{array}{c}
1.82 \\
NH_2 \\
\end{array}
$$

0.45 　 0.398 　 1.089 　 0.61 　 0.65 　 0.997 　 0324 　 1.072 　 0.418

说明它在哪些位置易发生亲电反应和自由基反应。

19.比较 C_6H_5Cl、$C_6H_5CH_2Cl$、$(C_6H_5)_2CHCl$、$(C_6H_5)_3CCl$ 分子中 Cl 的活泼性,并说明理由。

20. 分析下列分子中的成键情况,指出 Cl—Cl 键键长大小顺序,说明理由。

(1)H_3CCl;(2)$H_2C = CHCl$;(3)$HC \equiv CCl$。

21. 丁二炔、蒽、光气、氯苯、苯甲醛、酰氯、臭氧和硝基苯各生成什么离域 π 键? 分子构型有何特点?

22. 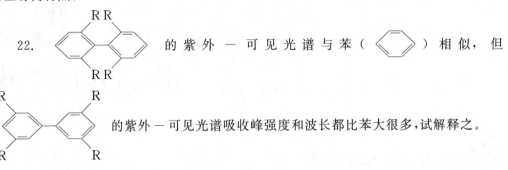 的紫外 — 可见光谱与苯(⬡)相似，但

的紫外 — 可见光谱吸收峰强度和波长都比苯大很多,试解释之。

三、计算题

1.(1) 对于烯丙基自由基 $\cdot CH_2—CH = CH_2$,求出:

① HMO 和能量;

② π 键键级;

③ π 电子密度;

④ 自由价;

⑤ 离域能。

(2) 对于烯丙基阳离子和阴离子,同样完成(1)中 ① ~ ⑤,预测哪个离子比较稳定。

2. 若 $C = C$ 双键键长为 a,轨道能量可近似写为 $E_n = \dfrac{n^2 h^2}{8ml^2}$,式中 l 为 π 键键长。苯中 π 电子可看作处在周长为 $6a$ 的环上。

(1) 试求出苯的 π 电子总能量;

(2) 说明苯比环己三烯稳定的原因。

3. O_3 的键角为 $116.8°$。若用杂化轨道 $\psi = c_1 \psi_{2s} + c_2 \psi_{2p}$ 描述中心氧原子的成键轨道,试按键角与轨道成分关系式 $\cos \theta = -\dfrac{c_1^2}{c_2^2}$ 计算:

(1) 成键杂化轨道中系数 c_1 和 c_2 的值;

(2) 成键杂化轨道的每个原子轨道贡献。

4. 说明 N_3^- 的几何和成键情况,用 HMO 法求离域 π 键的波函数及离域能。

5.(1)HMO 近似方法采用哪些近似?

(2) 写出环戊二烯负离子的 HMO 行列式。

(3) 如解出的 x 分别为 $x_1 = -2$,$x_2 = x_3 = -0.618$,$x_4 = x_5 = 1.618$,求大 π 键键能和离域能。

第4章

配合物结构理论

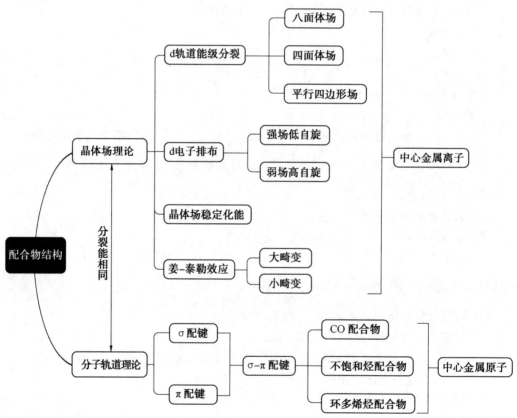

预习提纲与思考题

1. 价键理论和分子轨道理论在处理配合物结构时的异同是什么？

2. 晶体场理论和分子轨道理论处理配合物的角度完全不同，它们是否相互矛盾，有何异同？

3. 为什么过渡金属配合物或化合物大多数有颜色？

4. 在八面体、四面体和平行四边形场配合物中，中心原子 d 轨道能级是如何分裂的？

5. 如何理解分裂能？分裂能的大小受哪些因素影响？试用配位场理论详细说明。

6. 为什么四面体场的能级分裂比八面体场小得多？为什么四面体场配合物大多是高自旋配合物？

7. 什么是 σ 配键？什么是 $\sigma-\pi$ 配键？分析什么样的配合物中会有 $\sigma-\pi$ 配键。

8. 在八面体配合物中 $d_{x^2-y^2}$ 和 d_{xy} 轨道哪个能量高？试用配位场理论说明其原因。

9. 在八面体配合物中 $d_{x^2-y^2}$ 和 d_{z^2} 对于所有配合物都是能量简并的吗？如果不是，举例详细说明原因。

10. 过渡金属配合物可能表现的磁性有哪些？它们的磁性来源于什么？可以通过什么方式测试？

在配合物结构理论中，比较重要的理论主要有价键理论、晶体场理论、分子轨道理论和配位场理论。价键理论主要是基于杂化轨道理论，中心金属离子的空轨道杂化与配体形成配位共价键，解释配合物的几何构型和磁性等性质，但没有涉及反键轨道，也不涉及激发态，不能很好地解释配合物的光谱数据，有些配合物的磁性、几何构型和稳定性也不能很好地得到说明。但在无机化学或基础化学的课程中用于简明地解释和说明配合物结构还是非常有效的。配位场理论主要是将晶体场理论和分子轨道理论结合后得到能够较全面、综合解释和说明配合物结构及性质的理论。因此在本章中，主要介绍晶体场理论和分子轨道理论。

4.1　晶体场理论

4.1.1　理论要点

晶体场理论认为:配合物中心原子和配体之间的相互作用,主要来源于类似离子晶体中正负离子之间的静电作用。这种静电场作用将影响中心离子的 d 轨道,而配体都看作产生静电场的质点。

晶体场理论及要点如下。

(1)在配合物中,中心离子 M 处于带负电荷的配体 L 形成的静电场中,二者完全靠静电作用结合在一起。

(2)晶体场对中心离子 M 的 d 电子产生排斥作用,引起 M 的 d 轨道发生能级分裂;分裂能是指 d 轨道发生能级分裂后,最高能级和最低能级间的能量差。

(3)分裂类型与配合物的空间构型有关(主要分为八面体场、四面体场和平行四边形场);晶体场相同,L 不同,分裂能也不同。

(4)d 电子从未分裂的 d 电子进入分裂后的 d 轨道,使配合物获得晶体场稳定化能。

4.1.2　d 轨道能级分裂

晶体场理论认为静电相互作用对中心离子电子层的影响主要体现在配体所形成的负电场对中心 d 电子的排斥作用,消除原来中心离子 d 轨道的能级简并,即 d 轨道能级在配位场作用下发生了能级分裂。在自由的过渡金属离子(或原子)中,5 个 d 轨道是能级简并的,各个 d 轨道空间取向不同(图 2.11),因此在不同对称性的配体静电场作用下,将受到不同的影响,因此静电场不同 d 轨道能级分裂的情形是不同。

1.八面体场

如图 4.1 所示,在六配位的八面体配合物中,金属离子位于八面体中心,六个配体分别沿着三个坐标轴正负方向接近中心金属。$d_{x^2-y^2}$ 和 d_{z^2} 电子云极大值正好与配体迎头相遇,受到较大的推斥,使轨道能量升高较多;而另外三个 d 轨道的电子云极大值正好穿插于各配体之间,受到推斥力较小。因此与球形场中对比,八面体场中心金属 d 轨道能级分裂为两组,由 $d_{x^2-y^2}$ 和 d_{z^2} 组成的 e_g 轨道能量上升,由 d_{xy}、d_{xz} 和 d_{yz} 组成的 t_{2g} 轨道能量下降。如果将 d 轨道在球形场中的能量 E_s 取为 0,且八面体场分裂能记为 $\Delta_o = 10\ \mathrm{Dq}$,那么有

$$\begin{cases} E_{e_g} - E_{t_{2g}} = \Delta_o = 10\ \mathrm{Dq} \\ 2E_{e_g} + 3E_{t_{2g}} = 0 \end{cases} \tag{4.1}$$

解得:$E_{e_g} = 0.6\Delta_o = 6\ \mathrm{Dq}$;$E_{t_{2g}} = -0.4\Delta_o = -4\ \mathrm{Dq}$。

也就是说,在八面体场中,d 轨道能级分裂的结果是:与 E_s 相比,e_g 轨道能量上升了 6 Dq,而 t_{2g} 轨道能量下降了 4 Dq。

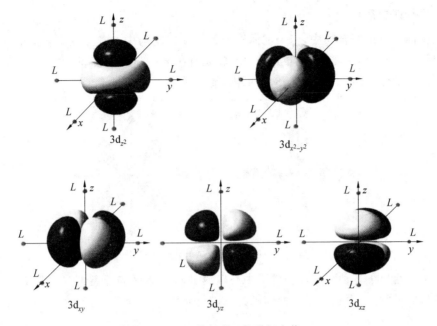

图 4.1　八面体场中 d 轨道极大值

2. 四面体场

如图 4.2 所示,立方体的中心是金属离子,八个角上每隔一个角放一个配体,即可得正四面体配合物。如图 d_{xy}、d_{xz} 和 d_{yz} 的电子云空间取向极大值指向立方体棱心,而 $d_{x^2-y^2}$ 和 d_{z^2} 电子云空间取向极大值指向立方体面心,d 轨道电子云极大值离配体越近,排斥力越大。因此 d_{xy},d_{xz} 和 d_{yz} 与配体距离更近,排斥力更大,能级升高,记为 t_2 轨道,而 $d_{x^2-y^2}$ 和 d_{z^2} 与 E_s 能级相比降低,记为 e 轨道,它们的分裂能为 $\Delta_t = \dfrac{4}{9}\Delta_o$。则有

$$\begin{cases} E_{t_2} - E_e = \Delta_t = \dfrac{4}{9}\Delta_o \times 10 \text{ Dq} \\ 2E_{t_2} + 3E_e = 0 \end{cases} \tag{4.2}$$

解得:$E_{t_2} = 0.4\Delta_t = 1.78$ Dq;$E_e = -0.6\Delta_o = -2.67$ Dq。

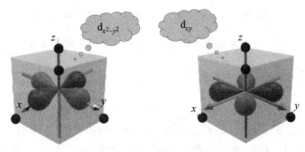

图 4.2　四面体场中的 $d_{x^2-y^2}$ 与 d_{xy}

可见,在四面体场中,d 轨道能级分裂结果是:相对 E_s 而言,t_2 轨道能量上升了 1×78 Dq,而 e 轨道下降了 2.67 Dq。

3. 平行四边形场

在平面正方形配合物中,四个配体沿$\pm x$、$\pm y$方向与中心离子接近,如图 4.3 所示。$d_{x^2-y^2}$极大值与配体头碰头,能量最高;d_{xy}极大值在xy平面内,能量次之;d_{z^2}有一极值在xy面内,能量更低;d_{xz}、d_{yz}不在xy平面内,能量最低。

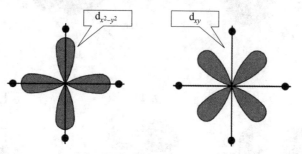

图 4.3　平行四边形场中 $d_{x^2-y^2}$ 与 d_{xy}

图 4.4 给出了各种配位场条件下中心金属 d 轨道能级的分裂情况。其中,八面体场是最常见的,因此后面重点以八面体场为例进行介绍。

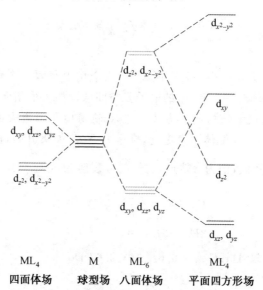

图 4.4　各种配位场条件下中心金属 d 轨道能级的分裂情况

4.1.3　d 轨道中电子的排布

配合物 d 轨道能级分裂后的 d 电子排布依然以电子填充三原则为基本原则:①能量最低原理;②Hund 规则;③泡利不相容原理。除此之外,d 电子排布将有两种情况,即高自旋态排布和低自旋态排布,这与分裂能和成对能的大小有关。迫使原来平行的分占两个轨道的电子挤到同一轨道所需的能量称为成对能,用 P 表示。P 的大小受中心金属和配体影响,但影响不大。而分裂能受中心金属类型及离子价态影响较大,受配体形成的场的强弱影响较大。

分裂能大小可由光谱数据推得，Ti^{3+} 价电子组态 d^1，在 $[Ti(H_2O)_6]^{3+}$ 中发生 $d \rightarrow d$ 跃迁，如下所示，实验发现最大吸收波长为 $20\,300\ cm^{-1}$，因此分裂能为 $20\,300\ cm^{-1}$。

$(t_{2g})^1(e_g)^0$　最大吸收 $20\,300\ cm^{-1}$　$(t_{2g})^0(e_g)^1$

常见的八面体场和四面体场配合物的分裂能值见表 4.1 和表 4.2。从表中的实验数据看：一般来说，$10\,000\ cm^{-1} < \Delta_o < 30\,000\ cm^{-1}$，这样的 $d-d$ 跃迁常发生在可见光或紫外区；还可以看出 Δ_t 值明显比 Δ_o 的值小得多。同样以八面体场为例，可以看出不同的配体和金属所带电荷（价态）对分裂能影响都较大，根据光谱数据可测得分裂能 Δ_o 数值，得到以下经验规则。

表 4.1　常见八面体配合物的分裂能值　　　　　　　　　cm^{-1}

构型	中心离子	配体				
		$6Br^-$	$6Cl^-$	$6H_2O$	$6NH_3$	$6CN^-$
$3d^1$	Ti^{3+}	—	—	20 300	—	—
$3d^2$	V^{3+}	—	—	17 700	—	—
$3d^3$	Cr^{3+}	—	13 600	17 400	21 600	26 300
$4d^3$	Mo^{3+}	—	19 200	—	—	—
$3d^4$	Cr^{2+}	—	—	13 900	—	—
$3d^5$	Mn^{2+}	—	—	7 800	—	—
$3d^6$	Fe^{2+}	—	—	10 400	—	33 000
$4d^6$	Rh^{3+}	18 900	20 300	27 000	33 900	—
$5d^6$	Ir^{3+}	23 100	24 900	—	—	—
$3d^7$	Co^{2+}	—	—	9 300	10 100	—
$3d^8$	Ni^{2+}	7 000	7 300	8 500	10 800	—
$3d^9$	Cu^{2+}	—	—	—	15 100	—

表 4.2　常见四面体配合物的分裂能值　　　　　　　　　cm^{-1}

中心离子	配体			
	$4Br^-$	$4Cl^-$	$4O^{2-}$	$4S$
Ti^+	871	758	—	—
V^+	903	—	—	—
V^{3+}	4 911	—	—	—
Cr^+	—	—	2 597	—
Mn^{7+}	—	—	2 597	—
Mn^{6+}	—	—	1 903	—
Mn^{5+}	—	—	1 476	—

续表4.2

中心离子	配体			
	$4Br^-$	$4Cl^-$	$4O^{2-}$	$4S$
Mn^{2+}	363	—	—	—
Fe^{3+}	500	—	—	—
Fe^{2+}	403	—	—	—
Co^{2+}	371	306	3 283	—
Ni^{2+}	347	—	—	323

(1)对同一种金属原子(M),不同配体的场强不同,分裂能的大小次序称为光谱化学序列:

$I^- < Br^- < Cl^- < SCN^- < F^- < OH^- \sim NO_2$(硝基)$\sim HCOO^- < C_2O_4^{2-} < H_2O < EDTA <$
吡啶$\sim NH_3 <$乙二胺$\sim$二乙三胺$< SO_3^{2-} <$联吡啶$<$邻菲$< NO_2^- < CN^-$,CO

Δ_o大者称为强场配体,Δ_o小者称为弱场配体。为什么不带电荷的中性分子CO是强场配体,而带电荷的卤素离子是弱配体呢? π键的形成是影响分裂能大小的重要因素。对于八面体配合物中由d_{xy}、d_{yz}、d_{xz}组成的t_{2g}轨道,虽不能与配体L形成σ键,但条件合适时可形成π键。

图4.5(a)所示为填充电子的金属d轨道(如d_{xy})与配体的高能的π^*反键空轨道重叠,形成π配键;图4.5(b)所示为t_{2g}中的d_{xy}轨道与π^*相互作用形成的能级图。从图中可以看出CO和CN^-等通过分子的高能空反键π轨道与M的t_{2g}轨道对称匹配形成π配键后,降低了原来的t_{2g}能级,因而扩大了Δ_o,是强场配体。

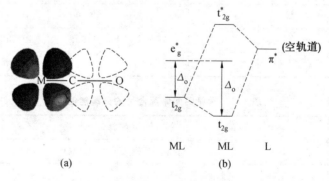

图 4.5　强场配体增大 Δ_o

Cl、F等的填满电子的低能p轨道与M的d轨道也可以对称性匹配形成π键,如图4.6所示,缩小了Δ_o。是弱场配体,若只看配体L中直接配位的单个原子,Δ_o值随原子序数增大而减小,次序为C>N>O>F>S>Cl>Br>I。而NH_3为中间场,它既没有高能π型空轨道,也没有低能p轨道。

(2)当配体不变,Δ_o值随m不同而异,其大小次序为

$Pt^{4+} > Ir^{3+} > Pd^{4+} > Rh^{3+} > Mo^{3+} > Ru^{3+} > Co^{3+} > Cr^{3+} > Fe^{3+} > V^{2+} > Co^{2+} > Ni^{2+} > Mn^{2+}$

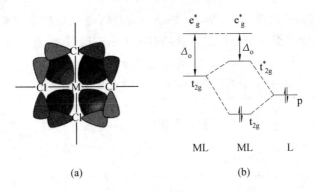

图 4.6　弱场配体缩小 Δ_o

中心离子的价态对 Δ_o 影响很大,价态高,Δ_o 大。例如,Mn^{2+} 对 H_2O 的 Δ_o 值为 7 800 cm^{-1},而 Mn^{3+} 为 21 000 cm^{-1}。中心离子所处的周期数也影响 Δ_o 值。第二、第三系列过渡金属离子的 Δ_o 均比同族第一系列过渡金属离子大。例如,$Co(NH_3)_6^{3+}$ 为 23 000 cm^{-1},$Rh(NH_3)_6^{3+}$ 为 34 000 cm^{-1},$Ir(NH_3)_6^{3+}$ 为 41 000 cm^{-1}。

(3)Δ_o 值可表达为配体的贡献(f)和中心离子的贡献(g)的乘积,即 $\Delta_o = f \times g$,表4.3 给出了八面体场的 f 和 g 的数值。

表 4.3　八面体场的 f 和 g

f				$g/1\ 000\ cm^{-1}$			
Br^-	0.72	$C_2O_4^{2-}$	0.99	Mn^{2+}	8.0	Ru^{2+}	20
SCN	0.73	H_2O	1.00	Ni^{2+}	8.7	Mn^{4+}	23
Cl^-	0.78	NCS^-	1.02	Co^{2+}	9	Mo^{3+}	24.6
F^-	0.9	py	1.23	V^{2+}	12.0	Rh^{3+}	27.0
尿素	0.92	NH_3	1.25	Fe^{3+}	14.0	Tc^{4+}	30
HAc	0.94	en	1.28	Cr^{3+}	17.1	Ir^{3+}	32
乙醇	0.97	CN^-	1.7	Co^{3+}	18.2	Pt^{4+}	36

根据不同配体和中心金属得到分裂能后,与成对能比较,便可判断哪种自旋方式填充 d 电子更稳定。图 4.7 给出了能级分裂后的高自旋和低自旋的示意图,高自旋时的两电子总能量可表示为 $E_a = E_0 + E_0 + \Delta = 2E_0 + \Delta$；$E_b = E_0 + E_0 + P = 2E_0 + P$。可见 $\Delta < P$,高自旋状态稳定,$\Delta > P$,低自旋状态稳定。表 4.4 给出了推测和观测的某些八面体配合

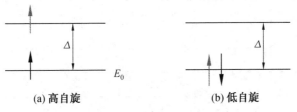

图 4.7　高自旋和低自旋填充示意图

物的自旋状态。因此可以总结为：$\Delta < P$，弱场高自旋填充；$\Delta > P$，强场低自旋填充。根据 d 轨道分裂后的能级分类和简并情况以及基本电子填充规则，注意：d^1、d^2、d^3、d^8、d^9 和 d^{10} 无高低自旋之分，仅 d^4、d^5、d^6 和 d^7 有高低自旋之分。

表 4.4　推测和观测的某些八面体配合物的自旋状态

组态	离子	P/cm^{-1}	配体	Δ_o/cm^{-1}	自旋状态	
					推测的	观测的
d^4	Cr^{3+}	23 500	$6H_2O$	13 900	高	高
	Mn^{3+}	28 000	$6H_2O$	21 000	高	高
d^5	Mn^{2+}	25 500	$6H_2O$	7 800	高	高
	Fe^{3+}	30 000	$6H_2O$	13 700	高	高
d^6	Fe^{2+}	17 000	$6H_2O$	10 400	高	高
			$6CN^-$	33 000	低	低
	Co^{3+}	21 000	$6F^-$	13 000	高	高
			$6NH_3$	23 000	低	低
d^7	Co^{2+}	22 500	$6H_2O$	9 300	高	高

4.1.4　晶体场稳定化能

结合八面体场汇总 d 轨道能级分裂的情况和 d 电子的排布，可以计算出形成配合物后相比于球形场中的能量的降低值，即晶体场稳定化能（CFSE）。如果设球形场中简并 d 轨道能级为 0，则每有一个电子填充在 t_{2g} 轨道上，体系能量降低 $0.4\Delta_o$（或 4 Dq）。相似地，每有一个电子填充在 e_g^* 上，体系能量上升 $0.6\Delta_o$（或 6 Dq）。根据具体的电子排布，计算整个体系能量的降低值，即 CFSE。表 4.5 给出了所有 d 电子排布方式对应的晶体场稳定化能的数据，相应的图形如图 4.8 所示。由于弱场条件下不成对电子数不变，无成对能影响，而强场条件下只有 d^4、d^5、d^6、d^7 有成对能影响，此时 $\Delta_o > P$，若只考虑 Δ_o，即可定性地解释有关规律，所以在表 4.5 中没有标出成对能。

表 4.5　不同 d 电子组态的 CFSE 的数值（$-\Delta_o$）

d 电子数目	HS（弱场高自旋）			LS（强场低自旋）		
	t_{2g}	e_g^*	CFSE(Δ_o)	t_{2g}	e_g^*	CFSE(Δ_o)
0	− − −	− −	0	− − −	− −	0
1	↑	− −	0.4	↑		0.4
2	↑↑	− −	0.8	↑↑	− −	0.8
3	↑↑↑		1.2	↑↑↑		1.2
4	↑↑↑	↑ −	0.6	↓↑↑↑		1.6

续表4.5

d电子数目	HS(弱场高自旋)			LS(强场低自旋)		
	t_{2g}	e_g^*	CFSE(Δ_o)	t_{2g}	e_g^*	CFSE(Δ_o)
5	↑ ↑ ↑	↑ ↑	0	↓↑ ↓↑ ↑	— —	2.0
6	↓↑ ↑ ↑	↑ ↑	0.4	↓↑ ↓↑ ↓↑	— —	2.4
7	↓↑ ↓↑ ↑	↑ ↑	0.8	↓↑ ↓↑ ↓↑	↑	1.8
8	↓↑ ↓↑ ↓↑	↑ ↑	1.2	↓↑ ↓↑ ↓↑	↑ ↑	1.2
9	↓↑ ↓↑ ↓↑	↓↑ ↑	0.6	↓↑ ↓↑ ↓↑	↓↑ ↑	0.6
10	↓↑ ↓↑ ↓↑	↓↑ ↓↑	0	↓↑ ↓↑ ↓↑	↓↑ ↓↑	0

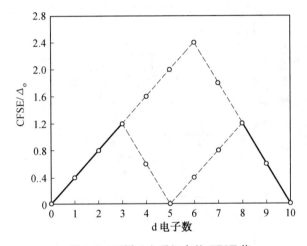

图 4.8　不同 d 电子组态的 CFSE 值

CFSE 不同,配合物的性质不同。下面列举两个方面的性质。

1. 离子水化热和 MX$_2$ 的点阵能

第一系列过渡金属二价离子由 Ca^{2+} 到 Zn^{2+},由于 3d 电子层受核吸引增大,水化热理应循序增加,但实际上由于受 CFSE 的影响,出现如图 4.9 所示的 M 型变化趋势,明显是按弱场情况变化的。第一系列过渡金属元素的卤化物从 CaX_2 到 ZnX_2($X=Cl,Br,I$),其点阵能随 d 电子数变化也有相似的 M 型变化情况。

2. 离子半径

图 4.10 所示为第一过渡系列金属离子 M^{2+} 和 M^{3+} 的水化热。由于随核电荷增加,d电子也增加,但 d 电子不能将增加的核电荷完全屏蔽,单从这个因素考虑,离子半径应单调下降。实际上由于 CFSE 的影响,高自旋出现向下双峰,低自旋出现向下单峰。这是 CFSE 的能量效应对微观结构的影响。对八面体配合物,高自旋态的半径比低自旋态的半径大。

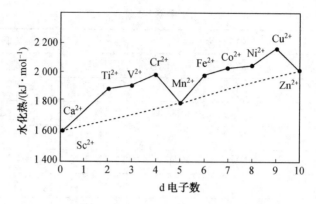

图 4.9　第一过渡系列金属离子(M^{2+})的水化热

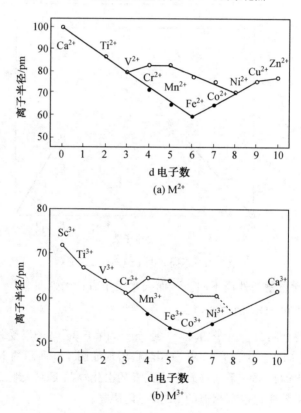

(a) M^{2+}

(b) M^{3+}

图 4.10　第一过渡系列金属离子 M^{2+} 和 M^{3+} 的水化热

4.1.5　姜－泰勒(Jahn－Teller)效应

　　实验证明,配位数为 6 的过渡金属配合物并非都是正八面体。1937 年,Jahn 和 Teller 指出:在对称的非线性分子中,如果一个体系的状态有几个简并能级,则不稳定,体系一定要发生畸变,使一个能级降低,一个能级升高,消除这种简并。这就是关于配合物发生变形的姜－泰勒效应。d^{10} 结构的配合物应是理想的正八面体构型,而 d^{9}($t_{2g}^{6}e_{g}^{3}$)则不是正八面体,它的电子排布可能出现两种排布情况,分别为 $t_{2g}^{6}d_{x^2-y^2}^{2}d_{z^2}^{1}$ 和 $t_{2g}^{6}d_{z^2}^{2}d_{x^2-y^2}^{1}$。下面讨论这两种情况下哪一个更稳定。

$t_{2g}^6 d_{z^2}^2 d_{x^2-y^2}^1$ 减少了对 x 轴、y 轴配体的推斥力；从而 $\pm x$、$\pm y$ 上四个配体内移，形成四个较短的键。结果是四个短键，两个长键。因为四个短键上的配体对 $d_{x^2-y^2}$ 斥力大，故 $d_{x^2-y^2}$ 能级上升，d_{z^2} 能级下降，如图 4.11(a)所示。$t_{2g}^6 d_{x^2-y^2}^2 d_{z^2}^1$，减小了对 $\pm z$ 上两个配体的斥力，使 $\pm z$ 的两个配体内移，形成两个短键，四个长键，结果 d_{z^2} 轨道能级上升，$d_{x^2-y^2}$ 轨道能级下降，消除了简并性，如图 4.11(b)所示。体系获得 $\frac{1}{2}\delta_1$ 稳定化能，称为姜－泰勒稳定化能，是配合物变形的推动因素。

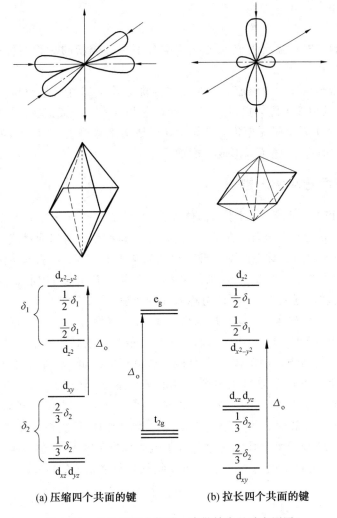

(a) 压缩四个共面的键　　　　　(b) 拉长四个共面的键

图 4.11　d^9 组态配合物姜－泰勒效应及畸变原因

在高能的 e_g 轨道上电子填充不均匀，出现简并态，变形较大，即大畸变。在低能的 t_{2g} 轨道上电子填充不均匀出现简并态，变形较小，即小畸变。若所有轨道电子排布都平均，则无畸变。

4.2 分子轨道理论

4.2.1 理论要点

(1)符合多原子分子的分子轨道理论所有基本要点,如线性组合三原则:对称型匹配、最大重叠和能量相近。

(2)按 M 对称性匹配原则,将 M 的价轨道进行分组。

σ 型:s、p_x、p_y、p_z、$d_{x^2-y^2}$、d_{z^2}。

π 型:d_{xy}、d_{yz}、d_{xz}。

配体 L 按能与中心金属生成 σ 键或 π 键分别组合成新的对称匹配的群轨道,如图 4.12 和表 4.6 所示。

(3)6 个中心金属 σ 型价轨道与 6 个配体群轨道形成 12 个分子轨道、6 个成键轨道和 6 个反键轨道。其中 6 个配体提供所有 12 个电子填充在 6 个成键轨道形成 σ 配键。

(4)剩余 3 个中心金属 π 型价轨道作为非键轨道平移组成 e_g^* 轨道,如果配体同时还有对称匹配的 π 型轨道,还可以形成 π 配键。

4.2.2 σ 配键和 π 配键

如图 4.12 和表 4.6 所示,对于八面体配合物,设处在 x、y、z 三个正方向的配体 L 的 σ 轨道分别为 σ_1、σ_2、σ_3,三个负方向的为 σ_4、σ_5、σ_6。这些轨道可以通过线性组合得到能与中心原子 σ 型原子轨道对称性匹配的群轨道。如图 4.12 所示,所有 6 个配体 σ 轨道线性相加得到的群轨道与中心金属的 ns 轨道对称性匹配。所有能与中心金属 σ 型原子轨道对称性匹配的群轨道见表 4.6。两两对称匹配的轨道,按照分子轨道理论,形成 1 个成键和 1 个反键轨道,6 对对称匹配的轨道则形成 12 个分子轨道,6 个成键和 6 个反键轨道。如图 4.13 所示,由于 M 的 d_{xy}、d_{yz}、d_{xz} 轨道的极大值方向刚好和 L 的 σ 轨道错开,基本上不受影响,属于非键轨道。因配体 L 电负性值较高而能级低,12 个电子全部进入成键轨道,形成了 σ 配键。中心金属 M 的电子将排布在 t_{2g} 和 e_g^* 轨道上,因而 3 个非键轨道 t_{2g} 与 2 个反键轨道 e_g^* 所形成的 5 个轨道,用来排布中心金属 M 的 d 电子,即相当于 5 个轨道分成两组:3 个能级低的 t_{2g} 和 2 个能级高的 e_g^*,它们间的能级差为分裂能 Δ_o。与晶体场理论中 Δ_o 一样。因此虽然晶体场理论与分子轨道理论角度不同,但结果都是中心金属的 d 电子占据了前线轨道,决定了配合物的电子结构和与之相关的性质。

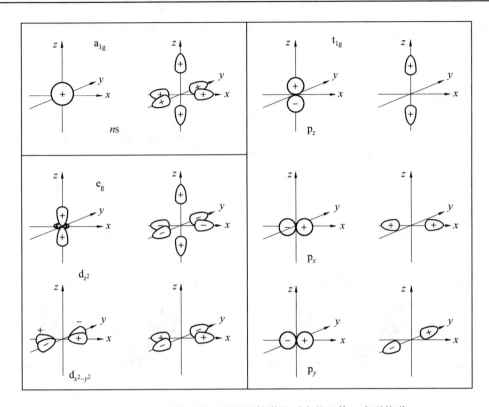

图 4.12　中心金属 6 个 σ 型原子轨道及对应的配体 6 个群轨道

表 4.6　八面体场的分子轨道

ψ_M	$c_L\psi_L$	对称表示
ns	$\pm\dfrac{1}{\sqrt{6}}(\sigma_1+\sigma_2+\sigma_3+\sigma_4+\sigma_5+\sigma_6)$	a_{1g}, a_{1g}^*
$(n-1)d_{x^2-y^2}$	$\pm\dfrac{1}{2}(\sigma_1-\sigma_2+\sigma_4-\sigma_5)$	$\left.\begin{array}{c} \\ \\ \end{array}\right\} e_g, e_g^*$
$(n-1)d_{z^2}$	$\pm\dfrac{1}{2\sqrt{3}}(2\sigma_3+2\sigma_6-\sigma_1-\sigma_2-\sigma_4-\sigma_5)$	
np$_x$	$\pm\dfrac{1}{\sqrt{2}}(\sigma_1-\sigma_4)$	
np$_y$	$\pm\dfrac{1}{\sqrt{2}}(\sigma_2-\sigma_5)$	$\left.\begin{array}{c} \\ \\ \end{array}\right\} t_{1u}, t_{1u}^*$
np$_z$	$\pm\dfrac{1}{\sqrt{2}}(\sigma_3-\sigma_6)$	
$(n-1)d_{xy}$		
$(n-1)d_{xz}$	—	$\left.\begin{array}{c} \\ \\ \end{array}\right\} t_{2g}$
$(n-1)d_{yz}$		

　　金属离子的 $t_{2g}(d_{xy}, d_{xz}, d_{yz})$ 轨道虽不能与配体的 σ 群轨道形成 σ 分子轨道,但若配体有 πp 型轨道能与其对称性匹配,还可以重叠形成 π 配键,此时配体所提供的 π 型轨道

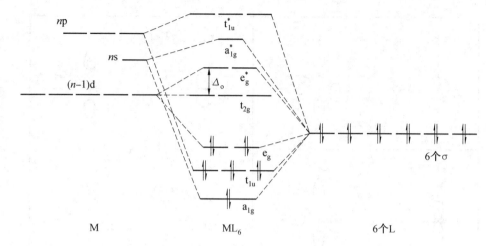

图 4.13　ML_6 配合物分子轨道能级图

可以是配位原子的 p 或 d 原子轨道,也可以是配位基团的 π^* 分子轨道,如图 4.14 所示。

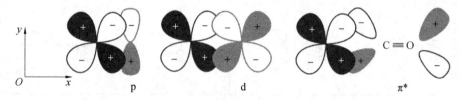

图 4.14　d_{xy} 与配体 π 型轨道的匹配与重叠情况

4.2.3　σ—π 配键和羰基配合物

很多过渡金属能与 CO 分子通过 σ—π 配键生成羰基配合物,如 $Ni(CO)_4$、$Cr(CO)_6$、$Fe(CO)_5$、$HMn(CO)_5$ 等。

金属羰基配合物中以 CO 中碳原子和金属原子相连。CO 分子的价电子组态为 $(1\sigma)^2(2\sigma)^2(1\pi)^4(3\sigma)^2(2\pi)^0$,最高占据轨道为 3σ,有 2 个电子填充,最低空轨道为 2π,如图 4.15 所示,中心金属空轨道采用 d^2sp^3 杂化后,与 CO 的 3σ 轨道对称性匹配,重叠形成 σ 配键,电子由配体 CO 提供,C 为配位点。同时 CO 还有 π 型的空的反键轨道 2π,它与中心金属已填充电子的 d_{xy} 轨道对称性匹配,肩并肩重叠形成了 π 配键,这个 π 配键是金属原子单方面提供电子,也称反馈 π 键。这两种键合称为 σ—π 配键或电子授受键,这两种配键的电子授受作用正好互相配合,互相促进,因此羰基配合物的配位共价键比一般的配位键强,其结果使 M—C 间的键比共价单键强,而 C—O 间的键比 CO 分子中的键弱。从键长的角度来说即 M—C 键长较一般的 σ 配键短,C—O 键长比 CO 三重键长。

另外大多数羰基配合物都有一个特点,即每个金属原子的价电子数和它周围配体提供的价电子数加在一起满足 18 电子规则。如表 4.7 所示,$Fe(CO)_5$ 为单核羰基配合物,其中 Fe 的价电子组态为 $3d^6 4s^2$,价电子数为 8,需要 5 个 CO 配体提供 10 个价电子满足 18 电子规则。而 $Mn_2(CO)_{10}$ 是典型的双核羰基化合物,其中 Mn—Mn 之间成 δ 键,每个 $Mn(3d^5 4s^2,7$ 个价电子)与 5 个 CO 配位,第六个配位点通过 Mn—Mn 键相互提供 1 个

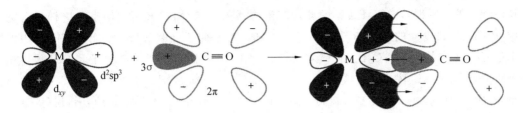

图 4.15　M 与 CO 形成 $\sigma-\pi$ 电子授受键示意图

电子,使每个 Mn 原子周围满足 18 个价电子规则。

表 4.7　几种过渡金属羰基配合物的 18 电子规则

M	Cr	Mn	Fe	Co	Ni
价电子数	6	7	8	9	10
需要电子数	12	11	10	9	8
形成的羰基配合物	$Cr(CO)_6$	$Mn_2(CO)_{10}$	$Fe(CO)_5$	$Co_2(CO)_8$	$Ni(CO)_4$

　　每个过渡金属原子(M)参加成键的价层原子轨道有 9 个(5 个 d 轨道、1 个 s 轨道和 3 个 p 轨道),在分子中每个过渡金属原子可以容纳 18 个价电子以形成稳定的结构,此即 18 电子规则。对于多核过渡金属簇合物,M_n 中 n 个金属原子之间互相成键,互相提供电子,M 原子间成键的总数可以用键数(b)表示:

$$b = \frac{1}{2}(18n - g)$$

式中,g 由以下三部分电子加和而得:

　　(1)组成 M_n 簇合物中 n 个 M 原子的价电子数;

　　(2)配体提供给 n 个 M 原子的价电子数;

　　(3)簇合物带有电荷,则包括所带正负电荷数。

　　例如,$Ir_4(CO)_{12}$:$g = 4 \times 9 + 12 \times 2 = 60$;$b = 1/2 \times (18 \times 4 - 60) = 6$。因此,四个 Ir 原子可以形成 6 个金属键。

　　相似地,N_2、NO^-、CN^- 等和 CO 是等电子分子,它们结构相似,也可以和过渡金属形成配合物。对于 N_2 分子,会与 M—CO 一样,形成 M—N≡N σ 配位键。直到 1965 年才获得第一个 N_2 分子配合物 $[Ru(NH_3)_5N_2]Cl_3$。

　　NO 比 CO 多一个电子,这个电子处在 π^* 轨道,当 NO 和过渡金属配位时,由于 π^* 轨道参与反馈 π 键的形成,所以每个 NO 分子有 3 个电子参与成键。由 NO 分子与 CO 分子所形成的下列羰基化合物均符合 18 电子规则:$V(CO)_5NO$、$Mn(CO)_4NO$、$Mn(CO)(NO)_3$、$Fe(CO)_2(NO)_2$、$[Fe(NO)(CO)_3]^-$、$Co(CO)_3(NO)$、$Co(NO)_3$。

4.2.4　不饱和烃配合物

　　以不饱和烃为配体,通过 $\sigma-\pi$ 配键与过渡金属形成的配合物,在石油化工中占有重要地位。最早制得的不饱和烃配合物是 Zeise(蔡斯)盐 $K[PtCl_3(C_2H_4)] \cdot H_2O$ (1825

年，Zeise 首先制得），向 K_2PtCl_4 的稀盐溶液中通入乙烯，可将其沉淀出来。这种配合物中［$PtCl_3(C_2H_4)$］$^-$ 的结构如图 4.16 所示。Pt^{2+} 按平面正方形场和 4 个配体配位，其中 3 个是 Cl^-，1 个是 C_2H_4；C_2H_4 的 C—C 键与 $PtCl_3^-$ 的平面垂直，2 个碳原子和 Pt^{2+} 保持相等距离，所以 C_2H_4 按侧基方式与 Pt^{2+} 配位，即 C_2H_4 的 π 成键分子轨道与 dsp^2 杂化轨道重叠，由 C_2H_4 提供 π 电子成 σ 配键，如图 4.17 所示；另外，Pt 充满电子的 d 轨道（如 d_{xy}）与 C_2H_4 的空的反键 $π^*$ 轨道叠加，由 Pt^{2+} 提供 d 电子成反馈 π 配键，形成了稳定 σ—π 电子授受键。

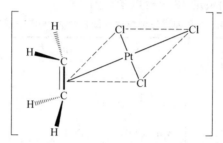

图 4.16　蔡斯盐［$PtCl_3(C_2H_4)$］$^-$ 的结构

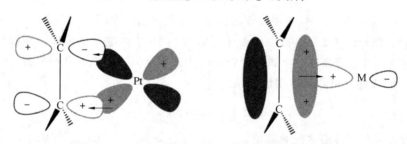

图 4.17　过渡金属 M 与烯烃形成 σ—π 电子授受键

除乙烯外，其他烯烃和炔烃也能与过渡金属形成相似结构的配合物，甚至 N_2 分子也可以形成侧基配合物，即用 N≡N 中的 π 电子与中心金属的空的杂化轨道形成 σ 配键，进而通过 N≡N 中的空的 $π^*$ 反键轨道与中心金属形成 π 配键。

4.2.5　环多烯烃的表示和 18 电子规则

许多环多烯具有离域 π 键结构，离域 π 电子可以作为一个整体与中心金属原子通过多中心 π 键形成类似螯合的配合物。平面构型的对称环多烯有［C_3Ph_3］$^+$、［C_4H_4］$^{2-}$、［C_5H_5］$^-$、C_6H_6、［C_7H_7］$^+$、［C_8H_8］$^{2-}$ 等，图 4.18 给出了它们的结构式和 π 电子数。

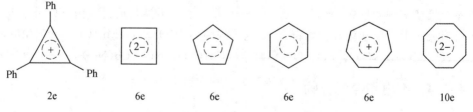

图 4.18　平面构型的对称环多烯

这些环多烯可以与过渡金属 M 形成多样的配合物,如 $TiCl_2(C_5H_5)_2$、$Cr(C_6H_6)_2$、$Fe(C_5H_5)_2$、$Mn(C_5H_5)(CO)_3$、$Ti(C_5H_5)[C_3Ph_3]$、$Mn(C_6H_6)(CO)_3^+$、$Cr(C_6H_6)(CO)_3$、$Fe(C_4H_4)(CO)_3$ 等。这些配合物中,大多数符合 18 电子规则。在结构中,多烯环的平面与键轴垂直,这里键轴不是指中心原子与环上原子的连线,而是中心原子和整个参与成键的环的中心的连线,如图 4.19 所示。

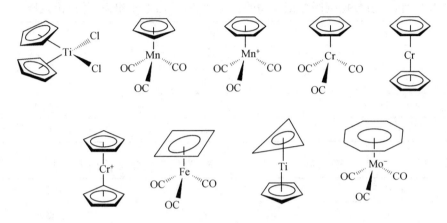

图 4.19　若干环多烯与过渡金属配合物的结构

关于二茂铁 $Fe(C_5H_5)_2$ 结构,早年经 X 射线衍射测定建立了夹心型化合物的构型,如图 4.20 所示,两个茂(Cp)环为交错型,属 D_{5d} 点群,根据电子衍射测定气态 $Fe(C_5H_5)_2$ 分子结构,认为两个 Cp 环为重叠型,属 D_{5h} 点群。几年前用中子衍射和 X 射线衍射进一步研究其结构,得到在室温下两个 Cp 环既不是交错型,也不是重叠型,但和重叠型比较接近,分子点群为 D_5。此外, 从中子衍射中测得 H 原子位置,发现 C—H 键朝向 Fe 原子,与过去向外倾斜正好相反。

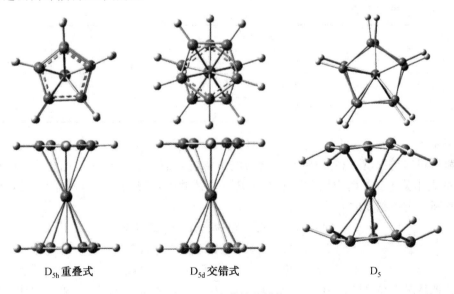

D_{5h} 重叠式　　　　　D_{5d} 交错式　　　　　D_5

图 4.20　二茂铁的结构

4.3　本章学习指导

4.3.1　例题

例 4.1　按下表数据判断各配合物的自旋状态,写出电子组态,并讨论磁性。

配离子	Δ/cm^{-1}	P/cm^{-1}
$[CoF_6]^{3-}$	13 000	21 000
$[Co(NH_3)_6]^{3+}$	23 000	21 000
$[Fe(H_2O)_6]^{2+}$	10 400	15 000
$[Fe(CN)_6]^{4-}$	33 000	15 000

解　当 $\Delta<P$ 时,为高自旋排布;当 $\Delta>P$ 时,为低自旋排布。列表如下:

配离子	电子组态	磁性
$[CoF_6]^{3-}$	$(t_{2g})^4(e_g)^2$	顺磁性
$[Co(NH_3)_6]^{3+}$	$(t_{2g})^6(e_g)^0$	抗磁性
$[Fe(H_2O)_6]^{2+}$	$(t_{2g})^4(e_g)^2$	顺磁性
$[Fe(CN)_6]^{4-}$	$(t_{2g})^6(e_g)^0$	抗磁性

例 4.2　给出四面体配合物中 d 轨道电子的分布情况。

解　由于 $\Delta_t=\dfrac{4}{9}\Delta_o$,所以,四面体配合物的 Δ_t 一般总是小于 P,中心原子采取高自旋状态。具体排布如下表:

d 电子数	组态	d 电子数	组态	d 电子数	组态
d^1	e^1	d^2	e^2	d^3	$e^2t_2^1$
d^4	$e^2t_2^2$	d^5	$e^2t_2^3$	d^6	$e^3t_2^3$
d^7	$e^4t_2^3$	d^8	$e^4t_2^4$	d^9	$e^4t_2^5$

例 4.3　计算 $[Fe(H_2O)_6]^{2+}$ 和 $[Fe(CN)_6]^{4-}$ 的 CFSE(以 Dq 为单位)。

解　解这类题,首先要判断配合物的电子自旋状态是高自旋还是低自旋,即推断 Δ 和 P 的大小关系。如题中没有给出 Δ 和 P 的具体数据,又没有指出自旋状态时,就需要定性判断。定性判断的方法如下:

中心离子价态　　配体场强　　自旋状态

高价　　　　　强场　　　　低自旋

低价　　　　　弱场　　　　高自旋

其他情况不易判断。但很强场配体(如 CN^-)一般都是低自旋,很弱场配体(如 F^-)一般都是高自旋。

本题中 Fe^{2+} 是低价(相对于 Fe^{3+}), H_2O 是弱场,所以,中心原子应是高自旋。故 $[Fe(H_2O)_6]^{2+}$ 的 d 电子组态为 $(t_{2g})^4(e_g)^2$,晶体场稳定化能为

$$CFSE=0-[4E(t_{2g})+2E(e_g)]=0-[4\times(-4\,Dq)+2\times(6\,Dq)]=16\,Dq-12\,Dq=4\,Dq$$

CN^- 为强场,故 $[Fe(CN)_6]^{4-}$ 为低自旋,中心原子的 d 电子组态为 $(t_{2g})^6(e_g)^0$,晶体场稳定化能为

$$CFSE=0-6\times(-4\,Dq)=24\,Dq-2P$$

例 4.4　若 $[Cr(H_2O)_6]^{3+}$ 和 $[Ni(H_2O)_6]^{2+}$ 的分裂能分别为 $17\,400\,cm^{-1}$ 和 $8\,500\,cm^{-1}$,试计算 CFSE(以 cm^{-1} 表示)。

解　Cr^{3+} 为 d^3 组态,d 电子分别为 $(t_{2g})^3(e_g)^0$ 。晶体场稳定化能为

$$CFSE=0-3(-4\,Dq)=12\,Dq$$

由 $\Delta=10\,Dq=17\,400\,cm^{-1}$ 得 $1\,Dq=1\,740\,cm^{-1}$,代入上式得

$$CFSE=12\times1\,740=20\,880(cm^{-1})$$

Ni^{2+} 为 d^8 组态,d 电子分布为 $(t_{2g})^6(e_g)^2$,晶体场稳定化能为

$$CFSE=0-[6\times(-4\,Dq)+2\times(6\,Dq)]=12\,Dq=10\,200\,cm^{-1}$$

例 4.5　写出 Cr^{2+} 和 Cr^{3+} 在水溶液中的 d 电子排布,从而比较它们的磁性大小,计算它们的 CFSE,比较它们的稳定性。

解　Cr^{2+} 为 d^4 组态,d 电子排布为 $(t_{2g})^3(e_g)^1$,有 4 个未成对电子;Cr^{3+} 为 d^3 组态,d 电子分别为 $(t_{2g})^3(e_g)^0$,有 3 个未成对电子。所以,磁性 $Cr^{2+}>Cr^{3+}$ 。

Cr^{2+} 形成的配合物的晶体场稳定化能为

$$CFSE=0-[3\times(-4\,Dq)+6\,Dq]=6\,Dq$$

Cr^{3+} 形成的配合物的晶体场稳定化能为

$$CFSE=0-3\times(-4\,Dq)=12\,Dq$$

由于 Cr^{3+} 的 CFSE 大于 Cr^{2+} 的,故在水溶液中 Cr^{3+} 比 Cr^{2+} 稳定。

例 4.6　试通过 CFSE 计算预测,Fe^{3+} 与强配体(如 CN^-)是形成四面体型配离子稳定,还是形成八面体型配离子稳定。

解　八面体强场中,d^5 排布为 $(t_{2g})^5(e_g)^0$,晶体场稳定化能为

$$CFSE=0-[5\times(-4\,Dq)+2P]=20\,Dq-2P$$

四面体场 d^5 排布为 $e^2t_2^3$,晶体场稳定化能为

$$CFSE=-2\times(-2.67\,Dq)-3\times1.78\,Dq=0$$

即八面体型比四面体型稳定。

例 4.7　$Co^{2+}(d^7)$ 的水合离子是 $[Co(H_2O)_6]^{2+}$,则:

(1)该配离子是高自旋还是低自旋?

(2)估算其磁矩(以玻尔磁子表示)。

(3)计算 CFSE。

(4)已知 d—d 跃迁在 $1\,075\,nm$ 处有最大吸收,求分裂能 Δ (以 cm^{-1} 表示)。

(5)预测离子颜色,并说明理由。

解　(1)从 Co^{2+} 是低价及 H_2O 是弱场,可判断是高自旋状态,d 电子排布为 $(t_{2g})^5(e_g)^2$,有 3 个未成对电子。

(2) $\mu = \sqrt{n(n+2)}\,\mu_B = \sqrt{3(3+2)}\,\mu_B = 3.87\mu_B$

(3) CFSE $= 0 - [5 \times (-4\,Dq) + 2 \times 6\,Dq] = 8\,Dq$

(4) $\Delta = \dfrac{1}{\lambda} = \dfrac{1}{1\,075 \times 10^{-7}\,cm} = 9\,302\,cm^{-1}$

(5) 未落在可见区,离子为无色。

例 4.8 $[Co(NH_3)_6]^{2+}$ 是高自旋配合物,但在空气中易氧化成 +3 价钴配合物 $[Co(NH_3)_6]^{3+}$ 变为低自旋。试用价键理论和配位场理论来解释,并对比哪种解释较合理。

解 价键理论认为:在形成 $[Co(NH_3)_6]^{2+}$ 时,中心原子 Co^{2+} 的 7 个 d 电子中有 1 个跃迁到 5s 轨道上,剩下的 6 个 d 电子挤在 3 个 d 轨道上,空出 2 个 d 轨道进行 d^2sp^3 杂化,由于 5s 能级较高,故 5s 上的电子不稳定,容易失去,这就解释了 $[Co(NH_3)_6]^{2+}$ 的还原性。但是这样的结构中,Co^{2+} 是低自旋的。为了解释 $[Co(NH_3)_6]^{2+}$ 是高自旋配合物,价键理论当然还可以认为 $[Co(NH_3)_6]^{2+}$ 不是共价配键,而是电价配键,但这样解释又不存在有 1 个 d 电子从 3d 跳入 5s 的问题了,不能解释 $[Co(NH_3)_6]^{2+}$ 的还原性,价键理论难以解释 $[Co(NH_3)_6]^{2+}$ 的性质。

配位场理论认为:$[Co(NH_3)_6]^{2+}$ 具有八面体结构,NH_3 可形成弱场也可形成强场。$[Co(NH_3)_6]^{2+}$ 是高自旋,d 电子组态为 $(t_{2g})^5(e_g)^2$,由于 e_g 能级高,e_g 上的电子不稳定,容易失去,这就解释了还原性。e_g 上失去 1 个电子后,配离子的结构发生了变化,中心原子价数升高,场强增强,由弱场变为强场,因此,$[Co(NH_3)_6]^{3+}$ 的电子分布是 $(t_{2g})^6(e_g)^0$。发生这种变化的原因是 d^6 离子由弱场变为强场低自旋,轨道能量降低 2Δ,足以克服电子成对能。

例 4.9 $AgNO_3$、$Ni(NO_3)_2$、$ZnCl_2$ 和 $CoCl_2$ 的水溶液,哪些有颜色?哪些无色?为什么?

解 按照配位场理论,配合物的中心原子在配体场的作用下,其 d 轨道能级将发生分裂。若 d 电子能产生 d—d 跃迁,即电子吸收一定频率的光从一个 d 轨道能级跃迁到另一个 d 轨道能级,则因白光中某一频率的光被强吸收从而使配离子呈现颜色。

Ag^+ 与 Zn^{2+} 都含有 10 个 d 电子($4d^{10}$ 和 $3d^{10}$),它们在水溶液中虽能与 H_2O 分子结合成配离子,但因 d 轨道已被电子充满,故不能产生 d—d 跃迁,因而 $AgNO_3$ 和 $ZnCl_2$ 的水溶液都没有颜色。

Ni^{2+} 有 8 个 d 电子($3d^8$),Co^{2+} 有 7 个电子($3d^7$),它们在水溶液中所形成的配离子 $[Ni(H_2O)_6]^{2+}$ 和 $[Co(H_2O)_6]^{2+}$ 都可以产生 d—d 跃迁,故 $Ni(NO_3)_2$ 水溶液呈绿色,$CoCl_2$ 水溶液呈蓝色。

例 4.10 回答下列问题:

(1) 同一金属离子的八面体配合物中,配体场强次序是 $CN^- > NH_3 > F^-$,为什么?

(2) $[Co(CN)_6]^{3-}$(低自旋)和 $[CoF_6]^{3-}$(高自旋)哪个能产生姜—泰勒效应?为什么?

解 (1) 可以用 MO 理论,配体与中心离子间生成 π 键的不同解释。CN^- 是提供空的高能 π^* 轨道,从而使 Δ 增大,F^- 提供的是低能且占据的 p 轨道,从而使 Δ 减小,NH_3

则不产生 π 键,故为中间场。

(2)Co^{3+} 为 d^6 组态,强场低自旋排布为 $(t_{2g})^6$,无姜－泰勒效应;在高自旋排布为 $(t_{2g})^4(e_g)^2$ 时,t_{2g} 轨道不对称排布,发生小畸变。

例 4.11　CO 能与金属 Cr、Fe、Ni 形成共价配合物,试问 CO 是以分子的哪一端与金属形成配键的? 配位数分别是多少? 此配键与 $M \leftarrow NH_3$ 配键有什么显著区别?

解　CO 是以碳原子一端的 5σ 电子对与金属形成配键的。按 18 电子规则,与 Cr 应是 6 配位,与 Fe 是 5 配位,与 Ni 是 4 配位。

$M \leftarrow NH_3$ 配键是 σ 配键,而 CO 与过渡金属形成的配键是 $\sigma - \pi$ 配键,即除有 $M \leftarrow CO$ 的 σ 配键外,还同时有 $M \rightarrow CO$ 反馈 π 键。

4.3.2　习题

一、选择题

1. s 中心离子的 d 轨道在八面体场和正方形场中,各分裂成的能级分别为(　　)
A. 2 和 2　　　　B. 4 和 2　　　　C. 6 和 4　　　　D. 4 和 4　　　　E. 2 和 4

2. 下列配合物中属于高自旋的是(　　)
A. 六氨合钴(Ⅲ)　　B. 六氨合钴(Ⅱ)　　C. 六氰合钴(Ⅲ)
D. 六氰合钴(Ⅱ)　　E. 六氰合铁(Ⅱ)

3. 下列配合物中磁矩最大的是(　　)
A. 六水合铁(Ⅲ)　　B. 六氰合铁(Ⅱ)　　C. 六氨合钴(Ⅲ)
D. 六氰合铁(Ⅲ)　　E. 六水合铜(Ⅱ)

4. 下列配合物中分裂能最大的是(　　)
A. 六氨合钴(Ⅲ)　　B. 六氨合钴(Ⅱ)　　C. 六水合钴(Ⅲ)
D. 六水合钴(Ⅱ)　　E. 六氰合钴(Ⅲ)

5. 下列配合物中几何构型偏离八面体最大的是(　　)
A. 六水合铜(Ⅱ)　　B. 六水合钴(Ⅱ)　　C. 六氰合铁(Ⅲ)
D. 六氰合镍(Ⅱ)　　E. 六氟合铁(Ⅲ)

6. 下列八面体配合物中构型发生大畸变的是(　　)
A. $(t_{2g})^5(e_g)^2$　　　　　　B. $(t_{2g})^4(e_g)^2$　　　　　　C. $(t_{2g})^6(e_g)^3$
D. $(t_{2g})^3(e_g)^2$　　　　　　E. $(t_{2g})^4(e_g)^0$

7. 中心原子的 d 轨道能级高低与配体场有关,已知 $d_{x^2-y^2}$ 轨道比 d_{xy} 能级高,则配体场为(　　)
A. 正八面体场　　B. 正四面体场和平面正方形场　　C. 正四面体场
D. 正八面体场和平面正方形场　　E. 平面正方形场

8. ①六水合铁(Ⅲ)、②六水和铁(Ⅱ)和③六氟合铁(Ⅱ)三者的 $d-d$ 跃迁频率大小为(　　)
A. ①>②>③　　B. ①>③>②　　C. ③>②>①　　D. ②>③>①　　E. ③>①>②

9. CO 与过渡金属形成配合物时,碳氧键将(　　)

A. 不变　　　　B. 加强　　　　C. 削弱　　　　D. 断裂

10. CO 与 Ni 形成的配合物构型为(　　)

A. 正方形　　B. 正八面体　　C. 三角形　　D. 正四面体　　E. 三角双锥

11. $[FeF_6]^{3-}$ 配离子是无色的,根据晶体场理论推断它的未成对电子数为(　　)

A. 1　　　　B. 2　　　　C. 5　　　　D. 3

12. 根据晶体场理论,Cu^{2+} 和 Ni^{2+} 的水合离子中,较为稳定的是(　　)

A. Ni^{2+} 的水合离子　　　B. Cu^{2+} 的水合离子

C. 两者稳定性相同　　　D. 无法比较

13. 下列现象中可以用 σ—π 配键解释的是(　　)

①低温低压下 N_2 配合物中 N—N 键打开

②氯乙烷的氯原子比氯乙烯活泼

③吸入 CO 造成中毒

A. ①②③　　　B. ①③　　　C. ①②　　　D. ②③

14. 下列配离子中,属于高自旋的一组是(　　)

A. $[Cu(H_2O)_4]^{2+}$、$[Co(NO_2)_6]^{3-}$　　　B. $[Fe(H_2O)_6]^{2+}$、$[CoF_6]^{3-}$

C. $[Fe(CN)_6]^{3-}$、$[PtCl_6]^{2-}$　　　D. $[Mn(CN)_6]^{4-}$、$[FeF_6]^{3-}$

15. $[FeF_6]^{3-}$ 和 $[Fe(CN)_6]^{3-}$ 的未成对电子数分别为(　　)

A. 1 和 5　　B. 1 和 1　　C. 5 和 5　　D. 5 和 1

16. 在 $[FeF_6]^{3-}$ 和 $[Fe(CN)_6]^{3-}$ 中的 d 电子排布分别为(　　)

A. $(t_{2g})^5(e_g)^0$ 和 $(t_{2g})^3(e_g)^2$　　　　B. $(t_{2g})^3(e_g)^2$ 和 $(t_{2g})^5(e_g)^0$

C. $(e)^2(t_2)^3$ 和 $(e)^4(t_2)^1$　　　　D. $(e)^4(t_2)^1$ 和 $(e)^2(t_2)^3$

17. 化学式为 $Pt(NH_3)_2Cl_2$ 的配合物,其分子有的为极性分子,有的为非极性分子,这是因为(　　)

A. $Pt(NH_3)_2Cl_2$ 的分子构型为正四面体

B. $Pt(NH_3)_2Cl_2$ 分子构型为平面正方形,其中,顺式为极性分子,反式为非极性分子

C. 配合物分子中的键是非极性共价配位键

D. 配合物分子中的配键,部分是极性键,部分是非极性键

18. 正八面体场中 d^6 组态配合物在强场和弱场情况下,磁性分别为(　　)

A. 强磁性和弱磁性　　　B. 弱磁性和强磁性

C. 反磁性和强磁性　　　D. 均为反磁性

19. 在下列配离子中,d 电子排布为 $(t_{2g})^3(e_g)^1$ 的配离子是(　　)

A. $[Mn(H_2O)_6]^{2+}$　　　　B. $[Fe(H_2O)_6]^{3+}$

C. $[Cr(H_2O)_6]^{2+}$　　　　D. $[Cr(H_2O)_6]^{3+}$

20. 由实验测得配合物 $[Cr(H_2O)_6]^{3+}$ 和 $[Ni(H_2O)_6]^{2+}$ 的分裂能力 Δ 分别为 17 400 cm^{-1} 和 8 500 cm^{-1},则两者配合物的 CFSE 分别是(　　)

A. 208 800 cm^{-1}、102 000 cm^{-1}　　　B. 20 880 cm^{-1}、10 200 cm^{-1}

C. 27 840 cm^{-1}、6 800 cm^{-1}　　　D. 20 880 cm^{-1}、15 300 cm^{-1}

21. 大多数过渡元素化合物具有颜色的原因是(　　)

A. 对光能反射　　　　　　B. 荷移跃迁

C. 离子极化　　　　　　　D. d—d 跃迁

二、填空题

1. $[Ni(H_2O)_6]^{2+}$、$[CuCl_4]^{2-}$、$[CuCl_6]^{4-}$ 中,会发生姜-泰勒效应的是_____。

2. 正方形配合物 $[Ni(CN)_4]^{2-}$ 中,Ni^{2+} 的_____轨道是空的。

3. 羰基配合物中,配位 CO 的 C—O 键长比自由 CO 的键长_____。

4. 配合物 $[Ni(CO)_4]$ 和 $[Mn(H_2O)_6]^{2+}$ 中有 d—d 跃迁光谱的是_____。

5. 配离子 $[CoF_6]^{3-}$、$[Co(CN)_6]^{3-}$、$[Co(NH_3)_6]^{3+}$ 中,高自旋的是_____;低自旋的是_____;分裂能 Δ 最大的是_____;有姜-泰勒效应的是_____。

6. 按 MO 理论,八面体配合物的 d 轨道分裂能是_____轨道与_____轨道能级差。

7. d^2、d^3 和 d^4 电子高自旋八面体配合物中,几何构型产生畸变最大的是_____电子组态。

8. $[Cr(H_2O)_6]^{2+}$ 的 $\Delta = 13\ 900\ cm^{-1}$,$P = 20\ 425\ cm^{-1}$,故其电子组态是_____。

三、简答题

1. 判断下列配位离子是高自旋型还是低自旋型,画出 d 电子排布方式,计算 CFSE(用 Δ_o 表示)。

(1)$Mn(H_2O)_6^{2+}$;(2)$Fe(CN)_6^{4-}$;(3)FeF_6^{3-}。

2. 已知 $Co(NH_3)_6^{3+}$ 的 Δ_o 为 23 000 cm^{-1},P 为 22 000 cm^{-1};$Fe(H_2O)_6^{3+}$ 的 Δ_o 为 13 700 cm^{-1},P 为 30 000 cm^{-1}。试列表说明这两种离子的 d 电子排布。

3. 解释为什么水溶液中八面体配位的 Mn^{3+} 不稳定,而八面体配位的 Cr^{3+} 却稳定。

4. 解释为什么大多数 Zn^{2+} 的配合物都是无色的。

5. 解释为什么 $Co(C_5H_5)_2$ 极易氧化为 $Co(C_5H_5)_2^+$。

6. 用姜-泰勒效应说明下列配位离子中哪些会发生变形。

(1)$Ni(H_2O)_6^{2+}$;(2)$CuCl_4^{2-}$;(3)$CuCl_6^{4-}$;(4)$Ti(H_2O)_6^{3+}$;(5)$Cr(H_2O)_6^{2+}$;(6)$MnCl_6^{4-}$。

7. 硅胶干燥剂中常加入 $CoCl_2$(蓝色),吸水后变为粉红色,试用配位场理论解释其原因。

8. 某学生测定了三种配合物的 d—d 跃迁光谱,但忘记了贴标签,请帮他将光谱波数与配合物对应起来、三种配合物分别是 CoF_6^{3-}、$Co(NH_3)_6^{3+}$ 和 $Co(CN)_6^{3-}$;三种光谱波数是 34 000 cm^{-1}、13 000 cm^{-1} 和 23 000 cm^{-1}。

9. 试从下列化合物实验测定的磁矩数据,判断其自旋态、未成对电子数、磁矩的计算值及轨道角动量对磁矩的贡献。

(1)$K_4[Mn(NSC)_6]$(6.06μ_B);(2)$K_4[Mn(CN)_6]$(1.8μ_B);(3)$[Cr(NH_3)_6]Cl_3$(3.9μ_B)。

10. 配离子 $[CoF_6]^{3-}$ 为高自旋,$[Co(NH_3)_6]^{3+}$ 为低自旋,$[Co(NH_3)_6]^{2+}$ 为高自旋,$[Co(NO_2)_6]^{4-}$ 为低自旋,$[PdCl_6]^{2-}$ 和 $[PtCl_6]^{2-}$ 为低自旋。试用配位场理论指出哪些因素引起上述配合物磁性差异。

11. $NaCl$、$CaCl_2$、$CuCl$ 是白色，$CuCl_2$ 是棕黄色，$FeCl_2$ 是黄绿色，$FeCl_3$ 是棕黑色，试用配位场理论解释之。

12. Ni^{2+} 的水合能是所有第一系列过渡元素 +2 价离子中最大的，是何原因？

13. N_2 和 CO 与过渡金属配合能力的相对大小如何？CO 与金属配合反应发生在哪一端？

14. (1)完成下表：

组态	M	L	P/cm^{-1}	Δ/cm^{-1}	自旋状态	电子排布
d^6	Co^{3+}	$6F^-$	21 000	13 000		
		$6NH_3$	21 000	23 000		
d^7	Co^{2+}	$6CN^-$	21 000	33 000		
		$6NH_3$	22 500	10 100		

(2)指出上述哪些配合物不会产生姜—泰勒效应。

15. (1)在 $[Fe(H_2O)_6]^{2+}$ 和 $[Fe(CN)_6]^{4-}$ 中，Fe^{2+} 的有效半径哪个大？

(2)$[Fe(H_2O)_6]^{2+}$ 的 CFSE 是多少(用 Δ_o 表示)？

(3)估算两者的磁矩。

(4)推测两者是否畸变。

16. Fe 的原子序数是 26。

(1)写出 Fe^{2+} 在高自旋八面体配合物中的 d 电子排布。

(2)估算磁矩。

(3)计算 CFSE。

(4)几何构型是否有畸变？

原子分子结构构建与计算实例

在学习了原子分子结构以及配合物结构以后,最大的问题是如何利用学习的知识去分析和解决问题,以及了解该课程与后续课程的关系和学科交叉情况。本书以量子化学为基础讲解了原子分子结构,而量子化学不但是一门理论化学,同时与计算机科学交叉,也衍生发展为一门计算机实验化学。理论计算应运而生,它通过基于量子化学基础理论的方法和函数编写的程序,模拟原子和分子的电子结构、几何结构以及其他相关性能,可以解释实验观测到的现象,并且也能给出实验上很难观测到的如寿命很短的反应中间体或者反应过渡态的结构,预测一些反应的过程和结果,还能从理论上预测某些物质的结构、性质及用途,从而为实验研究提供帮助和理论指导。很明显,通过理论计算可以进行分子设计乃至材料的设计。目前由于计算机科学的发展,计算能力的逐渐提升,能够理论模拟的体系越来越大和复杂。本章通过简单的原子轨道、分子几何和电子结构的构建与计算,可以使读者更多地了解结构化学基础知识在量子化学及计算化学这些后续课程中的应用,为今后的毕业设计和研究生深造做好准备。目前有很多成熟的软件包可以应用于分子和材料的模拟,本章主要采用 Gaussian 软件包和 Gview。

5.1　原子轨道径向分布图和轮廓图

5.1.1　原子轨道 2p 的径向分布图方法与示例

2p 轨道的径向函数为 $R_{2p} = \dfrac{1}{2\sqrt{6}} \left(\dfrac{Z}{a_0}\right)^{5/2} re^{-\frac{Zr}{2a_0}}$;它的径向分布函数可写为 $D = r^2 R^2$

(r),设 D 为纵坐标,$x = r/a_0^{(Z=1)}$ 为横坐标,则可以将函数化简为 $D = \dfrac{1}{24}\dfrac{1}{a_0}\left(\dfrac{r}{a_0}\right)^4 e^{-\frac{r}{a_0}} = \dfrac{1}{24}$

$\dfrac{1}{a_0}(x)^4 e^{-x}$。$x$ 从 1 取值到 16,计算出相应的径向分布函数 D 值,并在 Origin 软件中绘制出径向分布图,如图 5.1 所示。根据第 2 章的介绍可知,径向分布函数只与量子数 n 和 l 有关,与 m 无关,所以无论 $2p_z$、$2p_x$ 还是 $2p_y$,它们的径向分布函数是一样的。

5.1.2　C 原子 $2p_z$ 轨道的轨道轮廓图方法与示例

用 Gview 软件打开 C.fch 文件,单击菜单栏中的 MO Editor 按钮 ![btn],选择 Alpha

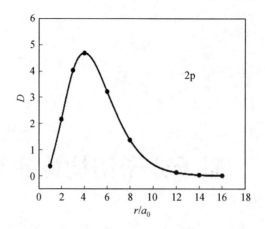

图 5.1　2p 轨道的径向分布图

MOs 栏中的第三个 MO,选择 Visualize 中的 update 即可得到 C 的 $2p_z$ 轨道,如图 5.2 所示。

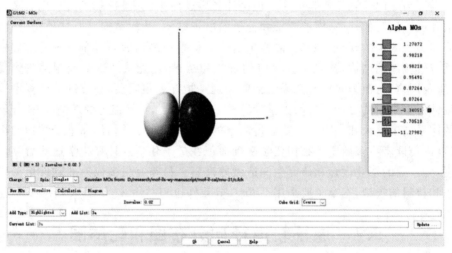

图 5.2　C 原子 $2p_z$ 轨道的轨道轮廓图

练习题目:

绘制 C 原子 $3p_x$ 和 $3d_{z^2}$ 径向分布图和轨道轮廓图,并讨论多电子原子与单电子原子比较轨道轮廓图的异同。

5.2　双原子分子的分子轨道图

5.2.1　N_2 分子优化和成键反键分子轨道轮廓图与能级图

在 Gview 中构建 N_2 模型,选择 Calculation 功能中的 Gaussian Calculation Setup,Job Type 选择 Opt+Freq 功能进行结构优化和频率计算;进一步在 Method 中选择计算方法和基组,本例选择 DFT 下 b3lyp 泛函和 6-31g 基组;电荷选择为 0,自旋多重度为

1。设置完成后通过 Submit 键提交计算任务。计算完成后，Gaussian 软件最后一行会出现 Normal termination 行，此时计算正常结束，检查 NImag＝0，即所优化的结构没有虚频，为稳定构型。利用 Gaussian－Utilities－FormChk 功能即可得到 N₂.fch 文件。在 Gview 中打开 N₂.fch 文件，通过菜单栏中的 MO Editor 按钮 🔲 即可观察其分子轨道。计算过程设置以及 N₂ 分子的成键和反键轨道结果查看和导出轮廓图与能级顺序如图 5.3 和图 5.4 所示。

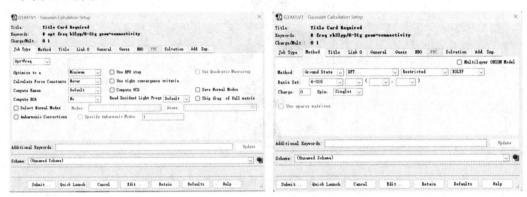

图 5.3　N₂ 分子结构优化设置

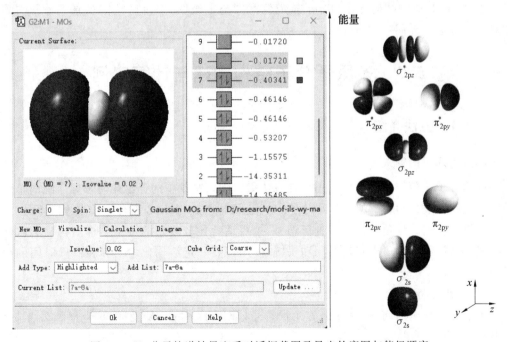

图 5.4　N₂ 分子轨道结果查看对话框截图及导出轮廓图与能级顺序

5.2.2　CO 分子优化和成键反键分子轨道轮廓图与能级图

该示例的步骤如 5.2.1 节所示，CO 分子的成键和反键轨道轮廓图与能级顺序如图 5.5 所示。

图 5.5　CO 分子的成键和反键轨道轮廓图与能级顺序

练习题目：

绘制 O_2 和 NO 结构优化和分子轨道轮廓图与能级图，并讨论同核双原子分子与异核双原子分子的异同。

5.3　多原子分子结构构建与计算实例

5.3.1　方法介绍

1. 分子几何的输入

构建分子几何结构时可以采用三种方法编辑输入文件中的分子几何坐标。距离单位采用 Å，键角和二面角的单位均采用度（°）。也可以在 Gview06 软件中直接构建几何结构，然后通过键长、键角和二面角进行调整，这更适合比较复杂的分子结构的构建。软件中有很多默认的结构可以直接调用和拼接，使用需要一定结构化学素养和一段时间的练习和熟练度。

（1）直角坐标输入。

笛卡儿坐标由四列组成，分别为元素符号（或原子序数）、X 坐标、Y 坐标和 Z 坐标，以 BF_3 为例（图 5.6）。

（2）内坐标输入。

在内坐标输入中，每个原子的坐标都是按照相对于其他原子的距离、键角和二面角来确定的。请注意，内坐标并不是必须与真实的键相关联的。

建立一个内坐标，按以下步骤进行：

①画出分子并且给每个原子标号；

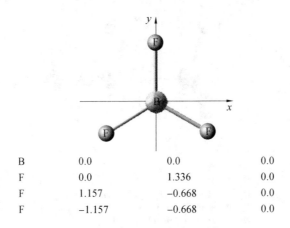

B	0.0	0.0	0.0
F	0.0	1.336	0.0
F	1.157	−0.668	0.0
F	−1.157	−0.668	0.0

图 5.6　BF_3 分子直角坐标示例

②选择一个初始原子,然后把它放在原点;

③选择第二个原子,指定第一个原子和第二个原子间的键长;

④选择第三个原子,指定两个键所形成的键角;

⑤通过指定键长、键角和二面角来描述所有后面的原子的位置。

二面角描述了第四个原子与前三个原子所定义的平面之间的角,它的值可取 $0°$ 到 $360°$,或是从 $−180°$ 到 $+180°$。如果内坐标的输入行中含有 a、b、c、d 四个原子,其中最后一项的说明项就是二面角 D(a、b、c、d)。图 5.7 给出了 a、b、c、d 四个原子的 $180°$ 和 $0°$ 二面角示意图。

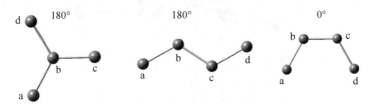

图 5.7　二面角示意图

(3)通过绘图软件转化(如 Gview、Molden、HyperChem、Chem3D 等)给出分子几何坐标。

(4)内坐标中的虚原子 X。

虚原子只是空间一点,在实际计算中没有意义。利用它能构造出合适的内坐标。虚原子仅仅用于限定几何构型,没有核电荷数也没有基函数。所以虚原子的引入不会使参数的量增加。

在以下三种情况中需要用到虚原子 X:

①对于键角为 $180°$ 的线形结构分子,优化中通常会出现问题,虚原子 X 的作用就是把输入角度由 $180°$ 变为 $90°$。例如,甲基腈(图 5.8)。

②当分子是对称的,写内坐标时从位于旋转轴上或对称面上的原子开始是很方便的。如果没有这样的真实原子存在,就要用到虚原子,特别当写环状体系的内坐标时。例如,具有 D_{3h} 对称性的环丙烯基体系(图 5.9)。

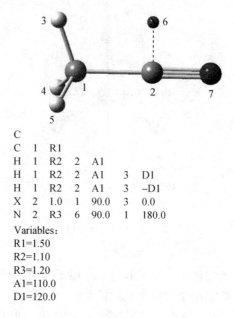

```
C
C   1   R1
H   1   R2   2   A1
H   1   R2   2   A1   3   D1
H   1   R2   2   A1   3   -D1
X   2   1.0  1   90.0  3   0.0
N   2   R3   6   90.0  1   180.0
Variables:
R1=1.50
R2=1.10
R3=1.20
A1=110.0
D1=120.0
```

图 5.8   甲基腈结构和内坐标

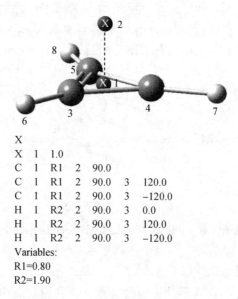

```
X
X   1   1.0
C   1   R1   2   90.0
C   1   R1   2   90.0   3   120.0
C   1   R1   2   90.0   3   -120.0
H   1   R2   2   90.0   3   0.0
H   1   R2   2   90.0   3   120.0
H   1   R2   2   90.0   3   -120.0
Variables:
R1=0.80
R2=1.90
```

图 5.9   环丙烯基结构和内坐标

③在反应过渡态和激发态的优化中,虚原子常用来保持过渡态和激发态的理想对称性。

2. 单点能的计算

通过单点能计算可以获得一个分子的基本信息,可以获得具有特定几何结构的分子的能量和相关性质。计算结果的有效性要依赖于合理的分子结构的输入。

在 Gaussian 软件中单点能计算是默认的类型,所以没有必要在 route section 给出具体的关键词。

表 5.1 给出了一些单点能计算中可能用到的关键词。

表 5.1　单点能计算常用关键词

关键词	功能
Test	禁止在计算结束时自动产生存档数据
Pop＝Reg	使 5 个最高占据分子轨道和 5 个最低空轨道信息出现在输出文件中,不包含其他信息。如果要显示所有轨道就用 pop＝full
Units	表明在分子说明部分已经用了可变的单位
SCF＝Tight	要求波函数的收敛标准更加严格。对于单点能计算的默认标准是计算精度和计算速度达到平衡

3. 几何优化

分子结构的变化通常会导致分子能量和其他性质的改变。一个分子体系随结构的改变而发生能量改变的路径是由势能面来确定的。几何优化就是在势能面上试图找到能量最低点,从而预测出分子的平衡几何构型。几何优化也可以确定过渡态的结构。

几何优化的计算需要在计算执行路径说明部分(route section)给出关键词 Opt 和其他关于基组和计算理论模型等关键词信息。分子坐标可以通过直角坐标、内坐标或混合坐标输入,最终计算的结果会给出分子最优的结构。

另外要说明以下两点:

(1)通常对于较复杂的优化或优化出现困难,还可以根据具体情况应用一些辅助关键词,见表 5.2。

表 5.2　优化中可能用到的一些辅助关键词

关键词	说明
maxcycle＝50	指定优化计算中最大迭代次数。默认值为 20
Saddle＝N	进行 N 阶鞍点的优化计算
Restart	此关键词可以帮助使用者由 chk 文件重新开始几何优化,对于一个非正常结束的情况很有用
ReadFC	从 chk 文件中读入力常数,这个常数通常是一个在较低理论模型上优化的最终近似力常数,或是在一个较低理论模型的频率计算中正确计算的力常数

(2)对于所要优化的分子的类型和特点,应选择适当的基组。一些简单的基组说明见表 5.3。

表 5.3　一些简单的基组说明

基组	适用原子	说明
STO－3G	H－Xe	最小的基组,当计算甚至连 3－21G 都不能运算的大体系时,可以给出更定性的结果

续表5.3

基组	适用原子	说明
3－21G	H－Xe	当对于某大的体系,6－31G(d)都非常费时时应用
6－31G(d)	H－Cl	对重原子加上了极化函数,可以用于大多数具有中等和大尺度的体系计算
6－31G(d,p)	H－Cl	对氢原子也加上了极化函数。当 H 作为兴趣对象或精确计算能量时应用
6－31＋G(d)	H－Cl	加上了弥散函数。对于那些有孤对电子的体系,阴离子和激发态很重要
6－311＋G(d,p)	H－Br	在 6－31＋G(d)基础上加额外的价函数,如果需要也可通过再加上一个"＋"来实现对氢原子加上弥散函数
LANL2DZ/ LANL2MB	H、Li－La、 Hf－Bi/Na－La、 Hf－B	对于那些非常大的核子,核附近的电子通过有效核势(ECP)近似处理。这种处理包含了一些相对论效应

4. 频率计算

在单点能和几何优化的计算中忽略了分子中的振动,但实际上,分子中的核是不断运动着的。在平衡态时,这些振动是有规律的并且是可以预测的,分子可以通过它们自身的特征光谱被鉴别。

Gaussian 频率计算能够计算分子基态和激发态时的振动光谱,鉴别势能面上驻点的性质和计算热力学性质。

频率计算的输入文件要求在路径说明部分包含关键词 Freq,其他部分都可以与以前所给出的输入文件相同。这里要注意的是,频率计算必须在已经优化了的结构的基础上进行,因此要在执行频率计算前先进行几何优化。为了保证这一点,最方便的办法是在计算的执行路径说明部分同时包含 Opt 和 Freq 两个关键词。也可以通过在分子说明部分给出已经优化的分子的坐标来单独计算频率。

另外要注意的是,频率计算所采用的理论模型和基组,要与几何优化时所采用的一致,如果不同则频率计算的结果无效。

关于输入文件的格式和坐标与单点能计算中一致,不同之处在于 route section 部分应增加关键词 Freq,例如,♯b3lyp/6－31G(d)Freq Test。

对于 N 个原子组成的分子体系,分子振动有 $3N-6$ 个自由度,构成 $3N-5$ 维势能面,即反应物、中间体、过渡态、生成物均在这 $3N-5$ 维能量曲面上。若能了解这个曲面,则反应的一切细节即可了解。传统的做法是对 $3N-6$ 个反应坐标,取成千上万个点,逐点计算得到一个势能面,其工作量之大可想而知。但实际上只需关注曲面上的一些特殊的点,即驻点。驻点可分为三类:一类是局域能量极小值点(local minimum),对应反应物、生成物等的平衡构型；一类是局域能量极大值点（local maximum），对化学反应无特殊意义；还有一类是鞍点，对应反应中的过渡态。表 5.4 给出了驻点的对应频率信息和相关说明。

表 5.4　驻点的对应频率信息和相关说明

想计算得到的结果	输出文件中给出的频率信息	信息给予的提示	应该采取的措施
能量极小值	0 个虚频	结构处于能量极小值	如果正在寻找能量最低点，把这个能量和其他异构体进行比较
能量极小值	≥1 个虚频	此结构不处于能量极值点，是鞍点	取消分子对称性或根据虚频对应的标准振荡方式，修改分子几何，继续寻找能量极值点
过渡态	0 个虚频	结构不处于鞍点，是极小值	尝试利用 opt＝qst2 或 opt＝qst3 寻找过渡态
过渡态	1 个虚频	是一个真正过渡态	通过考察标准振荡方式或执行 IRC 计算确定这个结构是否为连接反应物和产物的过渡态
过渡态	>1 个虚频	这个结构处在更高极的鞍点，不是过渡态	可以再用 qst2。否则考察标准振荡方式，继续优化

5. 激发态

以往所研究的体系都是处于基态的体系，在若干分子轨道中具有最低能量的电子组态。激发态是分子体系中稳定的，具有高能的电子组态。当样品暴露在光谱仪的 UV/visible 光源下就可以产生激发态。激发态与化学研究的很多领域相关，包括光化学和电子光谱。

然而，模拟激发态并且预测它们的性质是一个比较困难的问题。Gaussian 软件中主要有三种方法可以模拟激发态：ZINDO（半经验方法）、CIS（Configuration Interaction-Singles）和 TD（Time-Dependent）法。表 5.5 给出了 CIS 计算中常用的一些关键词选项。执行路径说明部分可为 ♯RCIS＝（NStates＝2,50－50）/6－31＋G(d)Test。

表 5.5　CIS 计算中常用的一些关键词选项

关键词	说明
CIS＝（Root＝N）	指定感兴趣的态。（可用于几何优化和布局分析）默认是第一激发态
CIS＝（Nstates＝n）	确定所要研究的激发态的个数，默认为 3
CIS＝50－50	既计算单重态又计算三重态
CIS＝Read	从 checkponit 文件中读对 CI－Singles 态的初始猜测，它经常和 Guess＝ReadGeom＝Check 连用
Density＝Current	布局分析用激发态密度矩阵而不是基态 SCF 密度
Pop＝Reg	要求从布局分析中读取附加的结果，包括分子轨道系数

在用 CIS 方法模拟激发态时还要注意以下几个方面：

（1）弥散函数对于获得好的激发态计算结果是很必要的，带有弥散函数的基组对于那些电子离核较远的体系（如 Br）和处于激发态的体系都很重要。

（2）理论的预测必须与适当的实验结果比较。振子强度（oscillator strength）大于 0 是允许的跃迁，能够在标准单光子光谱仪上观察到。振子强度等于 0 的是禁阻的跃迁，只能在多光子实验中观察到。还要注意垂直跃迁和绝热跃迁之间的差异。垂直跃迁是指电子跃迁前和跃迁后几何构型相同，绝热跃迁是指电子跃迁前和跃迁后几何构型不同。

（3）当把计算的态和实验观察的态相对应比较时，要用到每个激发态的对称性。不能简单地认为理论的激发态排序是与实验一一对应的。通过查看该态的分子轨道和跃迁波函数的系数来确定这个预测的激发态是否与实验观察结果相对应。

5.3.2 示例

1. 甲醛单点能的计算

按图 5.10 写出输入文件：

%chk＝CH₂O.chk

♯RHF/6－31G(d)Pop＝Full Test

Formaldehyde single point

0 1
C   0.0   0.0   0.0
O   0.0   1.22   0.0
H   0.94   －0.54   0.0
H －0.94   －0.54   0.0

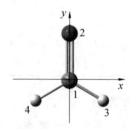

图 5.10　甲醛结构和坐标示意图

可以给出结果：

（1）标准坐标（可以转化为几何构型）。

Standard orientation：					
Center Number	Atomic Number	Atomic Type	Coordinates(Angstroms)		
			X	Y	Z
1	6	0	0.000000	0.000000	－0.542500
2	8	0	0.000000	0.000000	0.677500
3	1	0	0.000000	0.000000	－1.082500
4	1	0	0.000000	－0.940000	－1.082500

(2)能量。

SCF Done：　E(RHF)＝　　−113.863702135　　　A.U. after　　　6 cycles

如果把计算执行路径处的 RHF 改成 RMP2,则得到的能量为

E2 ＝　−0.3029540150D＋00　　EUMP2 ＝　−0.11416665769798D＋03

EUMP2 后面的数字就是预测的能量,近似为−114.166 66 Hartrees。

(3)分子轨道和分子轨道能量。

HOMO and LUMO orbital energies
8(B2)−−O　　−0.44034
9(B1)−V　　0.13573

(4)电荷分布。

Mulliken atomic charges：
1
1　C　　0.129592
2　O　　−0.440583
3　H　　0.155495
4　H　　0.155495
Sum of Muliken charges＝0.00000

(5)偶极矩。

Sipole moment(field−independent basis,Debye)：
X＝0.0000　　Y＝0.0000　　Z＝−2.8458　　Tot＝2.8458

2.乙烯几何优化

乙烯是高对称的分子,所有分子都在一个平面内(图 5.11)。下面就是几何优化的输入文件。

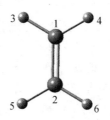

图 5.11　乙烯的结构示意图

```
♯T RHF/6－31G(d)　Opt　Test

Ethylene geometry optimization

0  1
C
C　1　CC
H　1　CH　2　HCC
H　1　CH　2　HCC　3　180.0
H　2　CH　1　HCC　3　180.0
H　2　CH　1　HCC　4　180.0
Variables：
CC＝1.31
CH＝1.07
HCC＝121.5
```

下面考察优化后的输出结果文件。

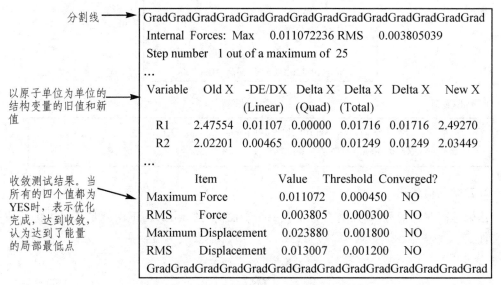

分割线 ——→

```
GradGradGradGradGradGradGradGradGradGradGradGradGradGrad
Internal Forces: Max    0.011072236 RMS    0.003805039
Step number  1 out of a maximum of  25
...
Variable    Old X   -DE/DX  Delta X  Delta X  Delta X    New X
                            (Linear)  (Quad)   (Total)
   R1    2.47554  0.01107  0.00000  0.01716  0.01716  2.49270
   R2    2.02201  0.00465  0.00000  0.01249  0.01249  2.03449
...
      Item              Value    Threshold  Converged?
Maximum Force           0.011072  0.000450   NO
RMS      Force          0.003805  0.000300   NO
Maximum Displacement    0.023880  0.001800   NO
RMS      Displacement   0.013007  0.001200   NO
GradGradGradGradGradGradGradGradGradGradGradGradGradGrad
```

以原子单位为单位的结构变量的旧值和新值

收敛测试结果。当所有的四个值都为YES时，表示优化完成，达到收敛，认为达到了能量的局部最低点

该例中,乙烯的优化是经过 3 步达到收敛的。其实在优化过程中,每一步之后,在新的能量点上 Gaussian 都要进行单点能的计算,给出相应的输出结果。当优化达到收敛时,计算在这一点结束,得到的结构就是优化好的结构,在输出文件中,成功收敛之前的那个能量是优化了分子能量。下面给出的是乙烯分子优化后的能量和几何信息,这个信息紧跟在收敛测试信息之后出现。

(1)优化后的能量。

```
SCF Done：E(RHF)＝　－78.0317180626　　A. U. after　　6 cycles
```

（2）优化后的几何。

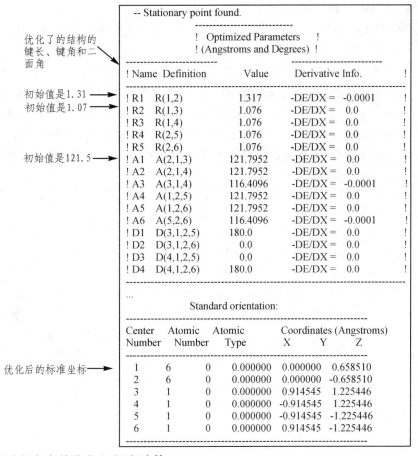

优化了的结构的键长、键角和二面角

初始值是1.31

初始值是1.07

初始值是121.5

优化后的标准坐标

```
    -- Stationary point found.
     ----------------------------
            !  Optimized Parameters   !
            ! (Angstroms and Degrees) !
 ----------------------      --------------------------
 ! Name  Definition      Value       Derivative Info.        !
 ----------------------      --------------------------
 ! R1    R(1,2)          1.317       -DE/DX =  -0.0001       !
 ! R2    R(1,3)          1.076       -DE/DX =   0.0          !
 ! R3    R(1,4)          1.076       -DE/DX =   0.0          !
 ! R4    R(2,5)          1.076       -DE/DX =   0.0          !
 ! R5    R(2,6)          1.076       -DE/DX =   0.0          !
 ! A1    A(2,1,3)      121.7952      -DE/DX =   0.0          !
 ! A2    A(2,1,4)      121.7952      -DE/DX =   0.0          !
 ! A3    A(3,1,4)      116.4096      -DE/DX =  -0.0001       !
 ! A4    A(1,2,5)      121.7952      -DE/DX =   0.0          !
 ! A5    A(1,2,6)      121.7952      -DE/DX =   0.0          !
 ! A6    A(5,2,6)      116.4096      -DE/DX =  -0.0001       !
 ! D1    D(3,1,2,5)    180.0         -DE/DX =   0.0          !
 ! D2    D(3,1,2,6)      0.0         -DE/DX =   0.0          !
 ! D3    D(4,1,2,5)      0.0         -DE/DX =   0.0          !
 ! D4    D(4,1,2,6)    180.0         -DE/DX =   0.0          !
 ----------------------------------------------------------

 ...

                  Standard orientation:
 ----------------------------------------------------------
 Center   Atomic   Atomic        Coordinates (Angstroms)
 Number   Number   Type        X        Y        Z
 ----------------------------------------------------------
    1       6        0     0.000000  0.000000   0.658510
    2       6        0     0.000000  0.000000  -0.658510
    3       1        0     0.000000  0.914545   1.225446
    4       1        0     0.000000 -0.914545   1.225446
    5       1        0     0.000000 -0.914545  -1.225446
    6       1        0     0.000000  0.914545  -1.225446
 ----------------------------------------------------------
```

3. 甲醛激发态的优化和频率计算

对于处于激发态体系的几何优化和频率计算应用 CI－Singles 方法也是可以完成的。可以按照下面的步骤进行：①通过能量计算找到感兴趣的激发态；②然后从这个激发态出发开始进行几何优化；③在优化了的几何基础上计算频率。

下面给出的是甲醛第一激发态优化的输入部分，这是一个多步计算工作。

♯ MP2/6－31G(d)Opt　　　　（优化基态几何）

%chk＝es_form

♯T RCIS/6－31＋G(d)　Test　（在基态几何下寻找感兴趣的激发态）

Formaldehyde excitedstates

0 1

Groundstate molecule specification

－－link1－

％chk＝es es_form

♯T RCIS(Root＝1,Read)/6－31＋G(d)Opt　　（激发态的优化和频率计算）

Freq Geom＝Check Guess＝Read Test

基态几何优化得到了平面结构,从此平面结构出发进行激发态优化。图5.12给出的是激发态优化后得到的标准坐标和几何构型。这里还给出了频率计算的结果,但频率计算结果表明有一个虚频,这个结构不是能量的极小值点。根据下面给出的振动模式可以看出,C原子向分子平面(yz平面)上方移动,而其他原子都向分子平面下方移动。这表明此激发态应该是锥型结构,而初始的分子结构却为平面结构。因此应该对初始的结构进行修改然后进行几何优化。

Center	Atomic	Atomic	Coordinates(Angstroms)		
Number	Number	Type	X	Y	Z
1	6	0	0.00	0.000000	－0.561573
2	8	0	0.00	0.000000	0.693815
3	1	0	0.00	0.944054	－1.090539
4	1	0	0.00	－0.944054	－1.090539

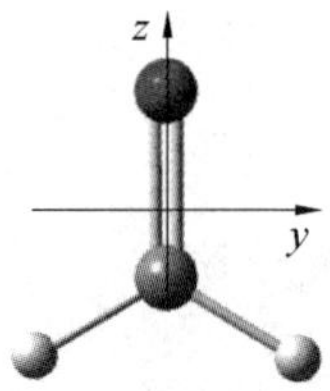

优化得到的激发态平面
结构图

```
              1
              B1
Frequencies ──　 －371.6307
...
Atom  AN    X      Y      Z
 1    6    0.17   0.00   0.00
 2    8   －0.04   0.00   0.00
 3    1   －0.70   0.00   0.00
 4    1   －0.70   0.00   0.00
```

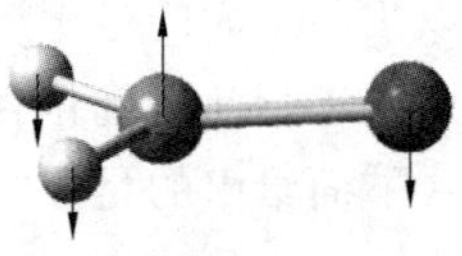

激发态平面结构的虚频
振动模式

图5.12　优化后的甲醛激发态坐标和结构以及频率计算结果和振动模式图

图5.13是根据标准振动方式(normal modes)提供的信息得到的修改后的甲醛第一激发态的内坐标和结构图,X为虚原子。

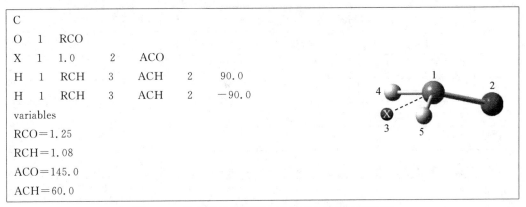

```
C
O   1   RCO
X   1   1.0     2   ACO
H   1   RCH     3   ACH     2    90.0
H   1   RCH     3   ACH     2   -90.0
variables
RCO=1.25
RCH=1.08
ACO=145.0
ACH=60.0
```

图 5.13　修改后的甲醛第一激发态内坐标和结构图

把这个修改后的锥型结构作为初始结构对甲醛第一激发态重新进行几何优化和频率计算,得到的激发态的几何确实是锥型结构,如图 5.14 所示。

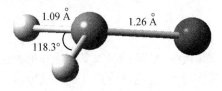

图 5.14　优化得到的甲醛第一激发态的锥型结构

频率计算结果也表明没有虚频。表 5.6 给出的是优化得到的甲醛第一激发态频率与实验值的比较。结果表明计算值与实验值符合较好。

表 5.6　优化得到的甲醛第一激发态频率与实验值的比较

Mode Assignment	Cal.	Exp.
Out-of-plane bend	496	683
CH_2 rock	978	898
CH_2 scissor	1 426	1 290
C—O stretch	1 647	1 173
Symm. C—H stretch	3 200	2 847
Asymm. C—H stretch	3 294	2 968

5.3.3　习题

1.过氧化氢的结构构建和内坐标确定,分析构建几何结构的注意事项。

2.乙烯基醇异构体的几何优化和频率计算。

构建两个乙烯基醇异构体。首先在 B3LYP 水平下用 6－31G(d)基组优化几何结构,然后在每个优化了的结构的基础上计算频率。确定是否这两个异构体都处于势能面上能量极小值点。完成下表,回答结构的改变对频率有什么影响。

序号	0°异构体		180°异构体	
	频率/cm⁻¹	强度	频率/cm⁻¹	强度
1				
2				
⋮				
15				

3. 姜黄素分子结构合理构建、优化及结构与性能关系讨论。在 B3LYP/6－31G(d) 水平下完成。

5.4　配合物结构构建与计算实例

5.4.1　方法介绍

配合物的结构构建以及几何优化,能量与频率等计算的方法相同,不同的是金属需要考虑高自旋和低自旋等不同自旋态,也就是设置自旋多重度时需要考虑的因素较多,通过比较所有可能的自旋多重度优化后的能量,确定其基态最稳定构型。基组选择时一般需要选择赝势基组,使用赝势基组在计算时不需要直接考虑内层电子,使计算量大幅降低,而且序号越靠后的元素这一点体现得越明显。用赝势基组计算一个很重原子,其省下来的计算量往往相当于全电子基组计算几个轻原子。第四周期开始的元素在计算时需要考虑相对论效应,相对论效应主要来自于内层电子。拟合赝势时如果已考虑相对论效应,即使用相对论赝势,则基于赝势计算时即可把相对论效应等效地体现出来。

5.4.2　示例

$Fe(CO)_5$ 几何优化和频率计算方法选择同非金属例子,自旋多重度可以分别设置为 1、3、5、7(见下表),C 和 O 原子可以选择 6－31G 基组,对于 Fe 原子,可选择 Lanl2dz 等赝势基组,分别进行优化,通过对比能量,确定最稳定的自旋态。不同自选态计算的能量如下表所示,可以确定最稳定的构型是自旋多重度为 1 时的构型,其几何结构如图 5.15 所示。

自旋多重度	E(a.u.)
1	－689.930 112 4
3	－689.878 907 3
5	－689.809 034 1

5.4.3　习题

分别基于哈特里－福克和DFT方法,应用下表中给出的基组对六羰基铬进行几何优

图 5.15 优化得到的 $Fe(CO)_5$ 的几何结构

化和频率计算,确定稳定自旋态和结构,完成下表,比较不同基组给出的结果。

计算方法	$R(Cr—C)/Å$	$R(C—O)/Å$	$E(a.u.)$
RHF/STO−3G			
RHF/3−21G			
B3LYP/STO−3G			
B3LYP/3−21G			
RHF/LANL2DZ			
B3LYP/LANL2ZD			
实验值	1.92	1.16	

附　　录

附录Ⅰ　物理常数和换算因子

表 1　常用物理常数

名称	符号	物理常数
电子质量	m_e	$9.109\,53\times10^{-31}\,kg$
质子容量	m_p	$1.672\,65\times10^{-27}\,kg$
真空电容率	ε_0	$8.854\,188\times10^{-12}\,C^2\cdot J^{-1}\cdot m^{-1}$
真空磁导率	μ_0	$4\pi\times10^{-7}\,J\cdot s^2\cdot C^{-2}\cdot m^{-1}$
真空光速	c	$2.997\,925\times10^8\,m\cdot s^{-1}$
电子电荷	e	$1.602\,19\times10^{-19}\,C$
玻尔兹曼常数	$\cdot k$	$1.380\,66\times10^{-23}\,J\cdot K^{-1}$
摩尔气体常数	R	$8.314\,41\,J\cdot K^{-1}\cdot mol^{-1}$
普朗克常数	h	$6.626\,18\times10^{-34}\,J\cdot s$
阿伏伽德罗常数	N_A	$6.022\,05\times10^{23}\,mol^{-1}$
玻尔磁子	$\mu_B\left(=\dfrac{eh}{4\pi m_e}\right)$	$9.274\,0\times10^{-24}\,J\cdot T^{-1}$
核磁子	$\beta_N\left(=\dfrac{eh}{4\pi m_p}\right)$	$5.050\,82\times10^{-27}\,J\cdot T^{-1}$
玻尔半径	$a_0\left(=\dfrac{\varepsilon_0 h^2}{\pi m_e e^2}\right)$	$0.529\,18\times10^{-10}\,m$
里德伯常数	$R_\infty\left(=\dfrac{m_e e^4}{8ch^3\varepsilon_0^2}\right)$	$1.097\,373\times10^5\,cm^{-1}$

表 2　能量单位换算

单位	$J\cdot mol^{-1}$	$K\cdot cal\cdot mol^{-1}$	eV	cm^{-1}
$1\,J\cdot mol^{-1}$	1	2.390×10^{-4}	1.036×10^{-5}	8.359×10^{-2}
$1\,K\cdot cal\cdot mol^{-1}$	4.184×10^3	1	4.336×10^{-2}	3.497×10^2
$1\,eV$	9.649×10^4	23.060	1	8.065×10^3
$1\,cm^{-1}$	1.196×10	2.859×10^{-3}	1.240×10^{-4}	1

表 3　原子单位

长度	$1\ \text{a. u.} = a_0 = 5.291\ 77 \times 10^{-11}\,\text{m} = 0.529\ 177\ \text{Å(玻尔半径)}$
质量	$1\ \text{a. u.} = m_e = 9.109\ 534 \times 10^{-31}\,\text{kg(电子静质量)}$
电荷	$1\ \text{a. u.} = e = -1.602\ 19 \times 10^{-19}\,\text{C(电子电荷)}$
能量	$1\ \text{a. u.} = \dfrac{e^2}{4\pi\varepsilon_0 a_0} = 27.211\ 6\ \text{eV(2 个电子相距}\ a_0\ \text{的势能)}$
时间	在原子单位中，$4\pi\varepsilon_0 = 1, \hbar = \dfrac{h}{2\pi} = 1$，因而时间的原子单位不是秒，而是 $2.418\ 885 \times 10^{-17}\,\text{s}$（即电子在氢原子基态轨道转 $1a_0$ 所需要的时间）
角动量	$1\ \text{a. u.} = \dfrac{h}{2\pi} \equiv \hbar = 1.054\ 588\ 7 \times 10^{-34}\,\text{J} \cdot \text{s}$

表 4　用于构成十进倍数和分数单位的词头

词头符号	词头名称	所表示的因数	词头符号	词头名称	所表示的因数
E	艾(exa)	10^{18}	a	阿(atto)	10^{-18}
P	拍(peta)	10^{15}	f	飞(femto)	10^{-15}
T	太(tera)	10^{12}	p	皮(pico)	10^{-12}
G	吉(giga)	10^{9}	n	纳(nano)	10^{-9}
M	兆(mega)	10^{6}	μ	微(micro)	10^{-6}
k	千(kilo)	10^{3}	m	毫(milli)	10^{-3}
			c	厘(centi)	10^{-2}
			d	分(deci)	10^{-1}

附录Ⅱ　习题答案

第 1 章

一、选择题

1. B　2. C　3. A　4. D　5. C　6. C　7. D　8. B　9. E　10. E　11. C　12. B　13. C
14. B

二、填空题

1. $1.225\ \text{Å}$

2. $\Delta x \cdot \Delta p_x \gg h$

3. 单值，连续，平方可积

4. $\hat{p}_x = -\dfrac{ih}{2\pi}\dfrac{\partial}{\partial x}$

5. $\hat{M}_x = -\dfrac{ih}{2\pi}\left(y\dfrac{\partial}{\partial z} - z\dfrac{\partial}{\partial y}\right)$

6. 6.626×10^{-6}；可以

7. 确定；无；平均

8. -2.06×10^5

9. 粒子在微体积元 $d\tau$ 内出现的概率

三、简答题

1. 都不完全符合要求

2. 只有（4）和（5）是合理解，其他都不是合理解

3. （1）和（3）是线性的，（2）和（4）是非线性的

4. 它们都是线性的，而 $\hat{p}_x$ 是厄米算符

四、计算题

1. 1.65×10^{-14} m

2. （1）$\lambda = 8.662 \times 10^{-11}$ m　（2）$\lambda = 1.242 \times 10^{-11}$ m　（3）$\lambda = 2.209 \times 10^{-33}$ m（根据计算结果，小球的德布罗意波长非常小，可以忽略，说明它是宏观体系。）

3. （1）$\lambda = 6.626 \times 10^{-22}$ m　（2）$\lambda = 9.043 \times 10^{-11}$ m　（3）$\lambda = 7.08 \times 10^{-11}$ m

4. 2.742×10^{-12} m

5. $2.292\ 3 \times 10^{-19}$ J

6. $\lambda = 131.8\dfrac{1}{2n+1}$ nm

7. 4.16×10^{-19} J

8. $E(400\ \text{nm}) = 3.10$ eV；$E(750\ \text{nm}) = 1.65$ eV

9. 位置的不确定度：子弹，6.626×10^{-34} m；尘埃，6.626×10^{-25} m；花粉，6.63×10^{-20} m；电子，7.27×10^{-6} m。对于子弹、尘埃和花粉，它们的位置不确定度可忽略，不确定关系对它们无意义，电子的位置不确定度很大，不可忽略，适用于不确定关系

10. （1）是，本征值为 $-m^2$　（2）是，本征值为 -1　（3）不是　（4）不是

11. $-6a$

12. （1）是，本征值为 1　（2）是，本征值为 -1　（3）是，本征值为 -1　（4）不是，本征值为　（5）是，本征值为 -1

13. 是，本征值为 $-m$

14. $C = \sqrt{\dfrac{2}{l}}$；0.02

15. $\dfrac{l}{2}$

16. （1）是归一化了的　（2）0.818

17. $E_n = \dfrac{n^2 h^2}{8mb^2(2j+1)^2}$；$n = 3$ 时，$E_3 = 3.86 \times 10^{-19}$ J；j 增大，E 将减小

18. $E_3 = 6.269 \times 10^{-19}$ J，$E_4 = 11.145 \times 10^{-19}$ J，$\lambda = \dfrac{hc}{\Delta E} = 407.4$ nm

19. 1 120 pm

20. 波长为 506.6 nm；-0.67%

第 2 章

一、选择题

1. D　2. C　3. C　4. D　5. C　6. D　7. D　8. A　9. B　10. D　11. A　12. A　13. B　14. C　15. C　16. A　17. B　18. D　19. B　20. D

二、填空题

1. 原子中单电子空间运动的状态函数

2. ψ_{210}

3. Al

4. $2(2l+1)$

5. (1) $^2P_{1/2}$　(2) $^2P_{3/2}$　(3) $^2S_{1/2}$　(4) $^3P_0$

6. 相　不

7. 0　$\sqrt{3}\mu_B$

8. -3.4　$\sqrt{2}\hbar$　0

9. 1 个　1 个

10. -99.1　-5.7

11. $a_0/3$　$a_0/2$　5.4

12. $-\dfrac{h^2}{2m}(\nabla_1^2+\nabla_2^2)-\dfrac{2e^2}{r_1}-\dfrac{2e^2}{r_2}-\dfrac{e^2}{r_{12}}$

13. ^3F

14. 2　1　0　$2p_z$

15. $>$　$>$　$<$　$>$

三、判断题

1. $\times$　2. $\times$　3. $\checkmark$　4. $\checkmark$　5. $\times$　6. $\times$　7. $\checkmark$

四、计算题

1. (1) He^+ 的 $2s$、$2p_x$、$2p_y$、$2p_z$ 4 个轨道的能量与 H 原子的 $1s$ 轨道能量相同

(2) 共 2 个节面，其中 1 个径向节面、1 个角度节面；$3p_x$ 轨道能量为 $E=-13.6\times\dfrac{2^2}{3^2}\text{eV}=-6.04\text{ eV}$；角动量为 $M=\sqrt{l(l+1)}\,h=\sqrt{2}\,h$；$M_z$ 无确定值

(3) He^+ 的 $3p_x$ 与 $3s$、$3p_y$、$3p_z$ 及 5 个 $3d$ 轨道是简并轨道；而在 He 原子中，$3p_x$ 只与 $3p_y$、$3p_z$ 简并

2. (1) $r=\dfrac{a_0}{3}$　(2) $\tilde{r}=\dfrac{a_0}{2}$　(3) $I_1=5.4\text{ eV}$

3. $\nu=2.47\times10^{15}\text{ Hz}$（频率）；$\tilde{\nu}=8.26\times10^4\text{ cm}^{-1}$，$\lambda=121.6\text{ nm}$（波数与波长）

4. $\begin{cases} n=1,2,3,\cdots \\ l=0,1,2,\cdots,n-1 \\ m=0,\pm1,\pm2,\cdots,\pm l \end{cases}$ ；简并度为 n^2

5. 证明：$\int \psi_{1s}^* \varphi_{1s} \mathrm{d}\tau = 1, c^2 \int \mathrm{e}^{-2r/a_0} \mathrm{d}\tau = 1, c = \dfrac{1}{\sqrt{\int \mathrm{e}^{-2r/a_0} \mathrm{d}\tau}} = \dfrac{1}{\sqrt{\pi a_0^3}}$。概率为 9.945×10^{-9}

6. $E_H = -\dfrac{e^2}{2a_0}$

7. (1)$^1S_0$ (2)$^3P_0$ (3)$^3P_2$ (4)$^3P_{3/2}$ (5)$^4S_{3/2}$

8. (1)15 个 (2)36 个

9. 32 个；14 个

10. (1)$E=-3.4\ \mathrm{eV}$(或$-5.45\times10^{-19}\mathrm{J}$) (2)$|M|=\sqrt{2}\hbar$；$|\mu|=\sqrt{2}\mu_B$
(3)0 (4)无径向节面，只有一个角度节面为 xy 平面

11. (1)$[-3.4(c_1^2+c_2^2)-1.51c_3^2]\mathrm{eV}$；$c_1^2+c_2^2$ (2)$\sqrt{2}\hbar$；1 (3)$(c_2^2-c_3^2)\hbar$；0

12. (1)54.4 eV；-39.5 eV；-24.6 eV (2)-78.97 eV (3)0.3 (4)-13.32 eV

13. (1)$^3P_0$ (2)$^6S_{5/2}$ (3)$^2P_{3/2}$ (4)$^6D_{1/2}$ (5)$^3F_4$

第3章

一、选择题

1. E 2. C 3. C 4. B 5. D 6. D 7. C 8. C 9. C 10. D 11. D 12. D 13. A 14. B 15. B 16. B 17. D 18. B

二、简答题

1. 列表表示如下：

分子	键级	键长	电子组态
N_2	3	短	$KK(1\sigma_g)^2(1\sigma_u)^2(1\pi_u)^4(2\sigma_g)^2$
O_2	2	次长	$KK(\sigma_{2s})^2(\sigma_{2s}^*)^2(\sigma_{2p_x})^2(\pi_{2p})^4(\pi_{2p}^*)^2$
F_2	1	最长	$KK(\sigma_{2s})^2(\sigma_{2s}^*)^2(\sigma_{2p_x})^2(\pi_{2p})^4(\pi_{2p}^*)^4$

与 N_2 相比较，N_2^+ 的 $2\sigma_g$ 失去 1 个电子，键级由 3 降低为 2.5，键长增大，能存在；N_2^{2-} 的 $1\pi_g$ 增加 2 个电子，键级由 3 降低为 2，键长增大，能存在

与 O_2 相比较，O_2^+ 的 π_{2p^*} 失去 1 个电子，键级由 2 升高为 2.5，键长减少，能存在；O_2^{2-} 的 π_{2p}^* 增加 2 个电子，键级由 2 降低为 1，键长增大，能存在

与 F_2 相比较，F_2^+ 的 π_{2p}^* 失去 1 个电子，键级由 1 升高为 1.5，键长减少，能存在；F_2^{2-} 的 $\sigma_{2p_x}^*$ 增加 2 个电子，键级由 1 降为 0，键长无限增大，不能存在

2. C_2：$KK(1\sigma_g)^2(1\sigma_u)^2(1\pi_u)^4$

CN^-：$KK(1\sigma)^2(2\sigma)^2(1\pi)^4(3\sigma)^2$

OH^- : $K(1\sigma)^2(2\sigma)^2(1\pi)^4$

BeO : $KK(1\sigma)^2(2\sigma)^2(1\pi)^4$

BN : $KK(1\sigma)^2(2\sigma)^2(1\pi)^3(3\sigma)^1$, BN 为顺磁性分子

3. He_2 组态为 $(\sigma_{1s})^2(\sigma_{1s}^*)^2$, Li_2 组态为 $(\sigma_{1s})^2(\sigma_{1s}^*)^2(\sigma_{2s})^2$, Be_2 组态为 $(\sigma_{1s})^2(\sigma_{1s}^*)^2$ $(\sigma_{2s})^2(\sigma_{2s}^*)^2$;它们的键级分别为 0、1、0,因此 He_2 和 Be_2 不稳定,不存在,与 He 和 Be 原子比未发现分子稳定性,而 Li_2 比 Li 原子稳定。

4.(1)由于周期不同, H_2 的键长小;(2)对于键能,反键电子的减小作用比成键电子的增大作用强, H_2 无反键电子

5. $\begin{cases} BO:KK(1\sigma)^2(2\sigma)^2(1\pi)^4(3\sigma)^1 \\ BN:KK(1\sigma)^2(2\sigma)^2(1\pi)^3(3\sigma)^1 \end{cases}$,BO 比 BN 多 1 个成键电子,BO 键级比 BN 大 0.5,所以 BO 键与 BN 强。

6. $\hat{H} = -\dfrac{\hbar^2}{2m}(\nabla_1^2 + \nabla_2^2 + \nabla_3^2) + \left(-\dfrac{e^2}{r_{1a}} - \dfrac{e^2}{r_{2a}} - \dfrac{e^2}{r_{3a}} - \dfrac{e^2}{r_{1b}} - \dfrac{e^2}{r_{2b}} - \dfrac{e^2}{r_{3b}} + \dfrac{e^2}{r_{12}} + \dfrac{e^2}{r_{13}} + \dfrac{e^2}{r_{23}} + \dfrac{e^2}{R} \right)$

7. $^2\Pi$; $^1\Sigma^+$; $^2\Pi$

8. sp : $\psi_{1,2} = \sqrt{\dfrac{1}{2}}(\varphi_s \pm \varphi_{p_x})$; $\theta = 180°$

sp^2 : $\psi_1 = \sqrt{\dfrac{1}{3}}\varphi_s + \sqrt{\dfrac{2}{3}}\varphi_{p_x}$, $\psi_2 = \sqrt{\dfrac{1}{3}}\varphi_s - \sqrt{\dfrac{1}{6}}\varphi_{p_x} + \sqrt{\dfrac{1}{2}}\varphi_{p_y}$, $\psi_3 = \sqrt{\dfrac{1}{3}}\varphi_s - \sqrt{\dfrac{1}{6}}\varphi_{p_x} - \sqrt{\dfrac{1}{2}}\varphi_{p_y}$, $\theta = 120°$

9. $\psi_{sp} = \sqrt{\dfrac{1}{2}}(\varphi_s \pm \varphi_{p_z})$; $\psi_{sp^2} = \sqrt{\dfrac{1}{3}}(\varphi_s \pm \sqrt{2}\varphi_{p_z})$; $\psi_{sp^3} = \dfrac{1}{2}(\varphi_s \pm \sqrt{3}\varphi_{p_z})$

10.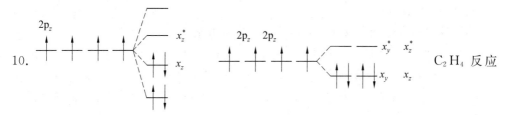

活性大

11.(1)sp^3 ,正四面体　(2)sp^3 ,双三角锥　(3)sp^2 ,长方形　(4)sp ,直线型　(5)sp^2 ,正六边形　(6)sp^2 ,共边双六角形　(7)sp^3 , sp ,直线接三角锥形

12.(1)2 个 σ 和 2 个共轭 π 键,为直线形

(2)2 个 σ ,为 V 形

(3)3 个 σ ,有大 π 键,为正三角形

(4)3 个 σ ,为三角锥形

(5)3 个 σ 配键,有大 π 键,为正三角形

(6)3 个 σ ,1 个 π 键,为等腰三角形

13.都为正四面体。离子中 N 失去 1 个电子,B 得 1 个电子,Be 得 2 个电子

14.中间 C 原子是 sp 杂化,分子呈直线型,有 2 个小 π 键互相垂直

15. Al 为 sp^3 杂化,2 个四面体共有一条棱,有 2 个三中心键

16. 久期行列式分别为

$$(1)\begin{vmatrix} x & 1 & 0 & 0 & 0 & 0 \\ 1 & x & 1 & 0 & 0 & 0 \\ 0 & 1 & x & 1 & 0 & 0 \\ 0 & 0 & 1 & x & 1 & 0 \\ 0 & 0 & 0 & 1 & x & 1 \\ 0 & 0 & 0 & 0 & 1 & x \end{vmatrix}=0 \quad (2)\begin{vmatrix} x & 1 & 1 & 0 & 0 & 0 \\ 1 & x & 1 & 0 & 0 & 0 \\ 1 & 1 & x & 1 & 0 & 0 \\ 0 & 0 & 1 & x & 1 & 1 \\ 0 & 0 & 0 & 1 & x & 1 \\ 0 & 0 & 0 & 1 & 1 & x \end{vmatrix}=0$$

$$(3)\begin{vmatrix} x & 1 & 1 & 0 & 0 & 0 \\ 1 & x & 1 & 0 & 0 & 0 \\ 1 & 1 & x & 1 & 0 & 0 \\ 0 & 0 & 1 & x & 1 & 1 \\ 0 & 0 & 0 & 1 & x & 1 \\ 0 & 0 & 0 & 1 & 1 & x \end{vmatrix}=0 \quad (4)\begin{vmatrix} x & 1 & 0 & 0 & 0 & 0 \\ 1 & x & 1 & 0 & 0 & 0 \\ 0 & 1 & x & 0 & 0 & 0 \\ 1 & 0 & 0 & x & 1 & 0 \\ 0 & 0 & 0 & 1 & x & 1 \\ 0 & 0 & 0 & 0 & 1 & x \end{vmatrix}=0$$

$$(5)\begin{vmatrix} x & 1 & 0 & 0 & 1 & 0 \\ 1 & x & 1 & 0 & 0 & 0 \\ 0 & 1 & x & 1 & 0 & 0 \\ 0 & 0 & 1 & x & 1 & 0 \\ 1 & 0 & 0 & 1 & x & 1 \\ 0 & 0 & 0 & 0 & 1 & x \end{vmatrix}=0 \quad (6)\begin{vmatrix} x & 1 & 0 & 0 & 0 & 1 \\ 1 & x & 1 & 0 & 0 & 0 \\ 0 & 1 & x & 1 & 0 & 0 \\ 0 & 0 & 1 & x & 1 & 0 \\ 0 & 0 & 0 & 1 & x & 1 \\ 1 & 0 & 0 & 0 & 1 & x \end{vmatrix}=0$$

17. 前者能级图相当于两个乙烯;后者略。丁二烯更易发生加成反应。丁二烯易在 1,4 位发生加成反应

18. N 上易发生亲电反应;邻、对位易发生自由基反应

19. 活性顺序:$C_6H_5Cl < C_6H_5CH_2Cl < (C_6H_5)_2CHCl < (C_6H_5)_3CCl$

理由:$C_6H_5Cl,\pi_7^8;C_6H_5CH_2^+,\pi_7^6;(C_6H_5)_2CH^+,\pi_{13}^{12};(C_6H_5)_3C^+,\pi_{19}^{18}$

20. (1)为甲烷分子衍生物,C 采用 sp^3 杂化与周围 4 个原子成键,Cl 取代其中一个 H 形成正常的 C—Cl 单重键

(2)该分子为乙烯分子衍生物,每个 C 原子都采用 sp^2 杂化与 2H 和一个 C 形成单重键,Cl 取代一个 H。该分子所有原子在一个平面,杂化形成 σ 键后,每个 C 原子还有一个垂直平面的 $2p_z$ 轨道有一个电子,Cl 则有一个垂直平面的 $2p_z$ 轨道有两个电子,形成了 π_3^4 离域键,加强了 C—Cl 键键能

(3)该分子是乙炔的衍生物,C 采用 sp 杂化形成直线型分子。Cl 取代 H 后可以与两个 C 形成两个 π_3^4 离域键,进一步增强 C—Cl 键的强度

Cl—Cl 键键长大小顺序为(1)>(2)>(3)

21. 依次为 2 个 π_4^4、π_{14}^4、π_4^6、π_7^8、π_8^8、π_3^4、π_3^4、π_9^{10};丁二炔为直线型,其他皆为平面型

22. 前者由于空间位阻,两苯环不在同一平面,有 π_6^6 键,故光谱与苯相似;而后者无空间位阻影响,两苯环在同一平面,为 π_{12}^{12} 键,必然红移和增强

三、计算题

1.(1)

①$\psi_1=\dfrac{1}{2}(\varphi_1+\sqrt{2}\varphi_2+\varphi_3)$；$\psi_2=\dfrac{1}{\sqrt{2}}(\varphi_1-\varphi_3)$；$\psi_3=\dfrac{1}{2}(\varphi_1-\sqrt{2}\varphi_2+\varphi_3)$；$E_1=\alpha+\sqrt{2}\beta$,

$E_2=\alpha,E_3=\alpha-\sqrt{2}\beta$

②$P_{12}=P_{23}=0.707$

③$q_1=q_2=q_3=1$

④$F_1=F_3=1.025$；$F_2=0.318$

⑤$E_{离域}=-0.828\beta$

(2)

①同(1)①

②阳离子 $P_{12}=P_{23}=0.707$；阴离子 $P_{12}=P_{23}=0.707$

③阳离子 $q_1=q_3=\dfrac{1}{2},q_2=1$；阴离子 $q_1=q_3=\dfrac{3}{2},q_2=1$

④阳离子 $F_1=F_3=1.025,F_2=0.318$；阴离子 $F_1=F_3=1.025,F_2=0.318$

⑤阳离子 $E_{离域}=-0.828\beta$；阴离子 $E_{离域}=-0.828\beta$

上面的讨论,忽略了电子之间的互斥作用。电子数越多,这种作用越大,体系越不稳定。所以稳定性次序为阳离子＞自由基＞阴离子。

2.(1)$E_{苯}=2\times\dfrac{h^2}{8m(6a)^2}+2\times\dfrac{4h^2}{8m(6a)^2}+2\times\dfrac{9h^2}{8m(6a)^2}=\dfrac{7h^2}{72ma^2}$；

(2)$E_{环己三烯}=\dfrac{h^2}{8ma^2}\times2\times3=\dfrac{3h^2}{4ma^2}$；$\Delta E=E_{苯}-E_{环己三烯}=-\dfrac{47h^2}{72ma^2}$,苯 π 电子能量比环己三烯低,说明苯比环己三烯稳定。

3.(1)根据杂化轨道 ψ 的正交、归一性可得下列联立方程(在本题中方程(2)作为已知条件给出)：

$$\begin{cases}\displaystyle\iint\psi^2\mathrm{d}\tau=\int(c_1\psi_2+c_2\psi_{2p})^2\mathrm{d}\tau=c_1^2+c_2^2=1 & (1)\\ c_1^2/c_2^2=-\cos\theta=-\cos116.8°=0.4509 & (2)\end{cases}$$

解得

$$c_1^2=0.3108,\quad c_1=\pm0.56$$
$$c_2^2=0.6892,\quad c_2=\pm0.83$$

所以,O_3 的中心 O 原子的成键杂化轨道为

$$\psi_{孤}=\sqrt{1-2\times0.3108}\psi_{2s}+\sqrt{2-2\times0.6892}\psi_{2p}$$
$$=0.62\psi_{2s}+0.79\psi_{2p}$$

可见,$\psi_{孤}$ 中的 s 成分比 $\psi_{成}$ 中的 s 成分多。

(2)按态叠加原理,杂化轨道中某一原子轨道所占的成分(即该原子轨道对杂化轨道的贡献)等于该原子轨道组合系数的平方。因此,ψ_{2s} 和 ψ_{2p} 对 $\psi_{成}$ 的贡献分别为 c_1^2 和 c_2^2,即分别约为 0.3108 和 0.6892。

4.叠氮离子 N_3^- 是 CO_2 分子的等电子体,呈直线构型,属于 $D_{\infty h}$ 点群。中间的 N 原子以 sp 杂化轨道分别与两端 N 原子的 p_x 轨道叠加形成 2 个 σ 键。3 个 N 原子的 p_x 轨道相互叠加形成离域 π 键 π_{x3}^4,p_y 轨道相互叠加形成离域 π 键 π_{y3}^4。成键情况如下:

$$:N\!-\!\overset{\ominus}{N}\!-\!N:\qquad \pi_{x3}^4,\pi_{y3}^4$$

对一个 π_3^4,可仿照上题丙二烯双自由基的久期方程及其解,得分子轨道及其能量:

$$\psi_1=\frac{1}{2}\left(\varphi_1+\sqrt{2}\varphi_2+\varphi_3\right),\quad E_1=\alpha+\sqrt{2}\beta$$

$$\psi_2=\frac{1}{\sqrt{2}}\left(\varphi_1-\varphi_3\right),\quad E_1=\alpha$$

$$\psi_3=\frac{1}{2}\left(\varphi_1-\sqrt{2}\varphi_2+\varphi_3\right),\quad E_3=\alpha-\sqrt{2}\beta$$

N_3^- 的 2 个 π_3^4 中 π 电子的能量为

$$2\left[2(\alpha+\sqrt{2}\beta)+2\alpha\right]=8\alpha+4\sqrt{2}\beta$$

按生成定域 π 键计算,π 电子的总能量为

$$2\left[2(\alpha+\beta)+2\alpha\right]=8\alpha+4\beta$$

所以 N_3^- 的离域能为

$$(8\alpha+4\sqrt{2}\beta)-(8\alpha+4\beta)=4(\sqrt{2}-1)\beta=1.656\beta$$

5.(1)σ−π 分离;单电子近似;积分近似

(2)
$$\begin{vmatrix} x & 1 & 0 & 0 & 1 \\ 1 & x & 1 & 0 & 0 \\ 0 & 1 & x & 1 & 0 \\ 0 & 0 & 1 & x & 1 \\ 1 & 0 & 0 & 1 & x \end{vmatrix}=0$$

(3) $E_\pi=-6.472\beta$；$E_{离域}=-2.472\beta$

第 4 章

一、选择题

1.E　2.B　3.A　4.E　5.A　6.C　7.D　8.A　9.C　10.D　11.C　12.A　13.B　14.B　15.D　16.B　17.B　18.C　19.C　20.B　21.D

二、填空题

1. $\left[CuCl_6\right]^{4-}$

2. $d_{x^2-y^2}$

3.增长了

4. $\left[Mn(H_2O)_6\right]^{2+}$

5. $\left[CoF_6\right]^{3-}$；$\left[Co(CN)_6\right]^{3-}$ 和 $\left[Co(NH_3)_6\right]^{3+}$；$\left[Co(CN)_6\right]^{3-}$；$\left[CoF_6\right]^{3-}$

6. e_g^*；t_{2g}

7. d^4

8. $(t_{2g})^3 (e_g)^1$

三、简答题

1.

配位离子	$Mn(H_2O)_6^{2+}$	$Fe(CN)_6^{4-}$	FeF_6^{3-}
d 电子排布	↑↑	——	↑↑
	↑↑↑	↓↑ ↓↑ ↓↑	↑↑↑
自旋情况	HS	HS	HS
CFSE	$0\Delta_o$	$2.4\Delta_o$	$0\Delta_o$

2.

配位离子	$Co(NH_3)_6^{3+}$	$Fe(H_2O)_6^{3+}$
Δ_o/cm^{-1}	23 000	13 700
P/cm^{-1}	22 000	30 000
HS 或 LS	$LS(\Delta_o > P)$	$HS(\Delta_o > P)$
d 电子排布	$(t_{2g})^6 (e_g^*)^0$	$(t_{2g})^3 (e_g^*)^2$

3. 水是弱场配体,故 $Mn(H_2O)_6^{3+}$ 为高自旋配位离子($P = 28\ 000\ cm^{-1}$,$\Delta_o = 21\ 000\ cm^{-1}$),其 d 电子排布为$(t_{2g})^3 (e_g^*)^1$,配位场稳定化能为 $0.6\Delta_o$。处在 e_g^* 轨道上的电子容易失去,失去后配位场稳定化能增加为 $1.2\Delta_o$。这就是 $Mn(H_2O)_6^{3+}$ 不稳定的原因。另外,它还容易发生姜—泰勒畸变。$Cr(H_2O)_6^{3+}$ 中 d 电子的排布为$(t_{2g})^3 (e_g^*)^0$,配位场稳定化能为 $1.2\Delta_o$。反键轨道上无电子是 $Cr(H_2O)_6^{3+}$ 较稳定的原因。该配位离子不发生姜—泰勒畸变

4. Zn^{2+} 的 3d 轨道已充满电子,它通常以 sp^3 杂化轨道形成配建,无 $d-d$ 能级跃迁。电子跃迁只能发生在 $\sigma - \sigma^*$ 之间,能级差大。在可见光的短波之外。因此,其配合物一般是无色无味的

5. 在 $Co(C_5H_5)_2$ 中性分子中,Co 原子周围有 19 个价电子(10 个来自 2 个 C_5H_5,9 个来自于 Co 原子),其中 18 个成对地填在成键轨道上,而余下的一个价电子则填在反键轨道上,它能级较高,容易氧化电离而成为 $Co(C_5H_5)_2^+$,这时 Co 原子周围形成稳定的满足 18 电子规则的结构

6. 姜—泰勒效应的大意是:在对称的非线性配合物中,若出现简并态,则该配合物是不稳定的。此时它必然发生形变,使其中一个轨道能级降低,消除简并,获得额外的稳定化能。对过渡金属配合物来说,产生姜—泰勒效应的根源是中心电子分布的不对称性。对于六配位的配合物,d 电子的构型为 d^{10},d^5(HS)和 d^{10} 时其电子分布是球对称的,最稳定的几何构型是正八面体;d 电子的构型为 d^3,d^6(HS)和 d^8 时,其分布是八面体对称的,配合物也呈正八面体构型。若 d 电子分布不对称,则配合物将发生畸变,产生长键和短键之别。若 d 电子分布的不对称性涉及能级较高的 e_g^* 轨道,则畸变程度大,若 d 电子分布

的不对称性只涉及能级较低的 t_{2g} 轨道,则畸变程度小。具体情况是:d 电子构型为 d^1、d^2、d^4(LS)、d^5(LS)、d^6(HS) 和 d^7(HS) 时,配合物发生小畸变;d 电子构型为 d^4(HS)、d^7(LS) 和 d^9 时,配合物发生大畸变。根据上述分析,$CuCl_6^{4-}$(3) 和 $Cr(H_2O)_6^{2+}$(5) 会发生较大的变形,$Ti(H_2O)_6^{3+}$(4) 会发生较小的变形,$CuCl_4^{2-}$(2) 若为四面体,则发生变形

7. Co^{2+} 为 d^7 组态。在无水 $CoCl_2$ 中,Co^{2+} 受配体 Cl^- 的作用,d 轨道能级发生分裂,7 个 d 电子按电子排布三原则填充在分裂后的轨道上。当电子发生 d—d 跃迁时,吸收波长为 650~750 nm 的红光,因而显示蓝色。但 $CoCl_2$ 吸水后,变为 $[Co(H_2O)_6]Cl_2$,即由相对较强的配体 H_2O 取代了较弱的配体 Cl^-,引起 d 轨道分裂能变大,使得电子发生 d—d 跃迁时吸收的能量增大,即吸收光的波长缩短(蓝移)。$[Co(H_2O)_6]Cl_2$ 吸收波长为 490~500 nm 的蓝色,因而呈粉红色

8. d—d 跃迁光谱的波数与配位场分裂能的大小成正比:$\tilde{\nu} = \dfrac{\Delta E}{hc} = \dfrac{\Delta_o}{hc}$,而分裂能大小又与配体的强弱及中心离子的性质有关。因此,光谱波数只决定于各自配体的强弱,配体强者,光谱波数大,反之光谱波数小。据此,可将光谱波数与配合物对应起来,如下:

CoF_6^{3-}	$Co(NH_3)_6^{3+}$	$Co(CN)_6^{3-}$
13 000 cm^{-1}	23 000 cm^{-1}	34 000 cm^{-1}

9. (1)$K_4[Mn(NCS)_6]$:弱八面场,高自旋态,未成对电子数 $n=5$;$\mu = \sqrt{5(5+2)}\ \mu_B = 5.92\mu_B$,接近实验值,轨道角动量贡献很小

(2)$K_4[Mn(CN)_6]$:强八面体场,低自旋态,未成对电子数 $n=1$;$\mu = \sqrt{1(1+2)}\ \mu_B = 1.73\mu_B$,接近实验值,轨道角动量贡献很小

(3)$[Cr(NH_3)_6]Cl_3$:八面体场,未成对电子数 $n=3$;$\mu = \sqrt{3(3+2)}\ \mu_B = 3.87\mu_B$,接近实验值,轨道角动量贡献很小

10. F^- 的配位场比 NH_3 弱;同样配位场,Co^{3+} 的 d 轨道分裂能比 Co^{2+} 大;NO_2^- 配位场比 NH_3 强;Pd^{4+} 和 Pt^{4+} 属于第二和第三系列过渡金属,其分裂能比第一系列的增大许多,故尽管 Cl^- 为弱配体,仍可认为 $[PdCl_6]^{2-}$ 和 $[PtCl_6]^{2-}$ 为低自旋

11. Na^+、Ca^{2+} 无 d 电子,Cu^+ 有 d^{10},它们都无 d—d 跃迁,故为白色;Cu^{2+} 为 d^9、Fe^{2+} 为 d^6、Fe^{3+} 为 d^5,由于它们的 Δ 值不同,因此呈不同颜色

12. 半径小,稳定化能大

13. CO 大;发生在 C 一端

14. (1)

组态	M	L	P/cm^{-1}	Δ/cm^{-1}	自旋状态	电子排布
d^6	Co^{3+}	$6F^-$	21 000	13 000	高自旋	$(t_{2g})^4(e_g)^2$
		$6NH_3$	21 000	23 000	低自旋	$(t_{2g})^6(e_g)^0$
d^7	Co^{2+}	$6CN^-$	21 000	33 000	低自旋	$(t_{2g})^6(e_g)^1$
		$6NH_3$	22 500	10 100	高自旋	$(t_{2g})^5(e_g)^2$

(2)两个低自旋的不会产生姜－泰勒效应

15.(1)$[Fe(H_2O)_6]^{2+}$中Fe^{2+}的有效半径较大

(2)$0.4\Delta_o$

(3)$\mu_1=\sqrt{24}\mu_B$；$\mu_2=0$

(4)$[Fe(H_2O)_6]^{2+}$有小畸变，$[Fe(CN)_6]^{4-}$无畸变

16.(1)$Fe^{2+}(d^6)$高自旋排布为$(t_{2g})^4(e_g)^2$

(2)$\mu=\sqrt{24}\mu_B$

(3)$CFSE=4\ Dq=0.4\Delta_o$

(4)有小畸变

参 考 文 献

[1] LEVINE I N. 量子化学[M]. 宁世光，译. 北京：人民教育出版社，1980.

[2] 徐光宪，王祥云. 物质结构[M]. 2 版. 北京：科学出版社，2010.

[3] 江元生. 结构化学[M]. 北京：高等教育出版社，1997.

[4] 周公度，段连运. 结构化学基础[M]. 5 版. 北京：北京大学出版社，2017.

[5] 周公度，段连运. 结构化学基础习题解析[M]. 5 版. 北京：北京大学出版社，2017.

[6] 孙宏伟. 结构化学[M]. 北京：高等教育出版社，2016.

[7] 李炳瑞. 结构化学[M]. 北京：高等教育出版社，2007.

[8] 潘道皑，赵成大，郑载兴. 物质结构[M]. 2 版. 北京：高等教育出版社，2012.

[9] 苑星海，李新民. 结构化学学习指导[M]. 哈尔滨：哈尔滨出版社，1997.

[10] 杨照地，孙苗，苑丹丹. 量子化学基础[M]. 北京：化学工业出版社，2011.

[11] 封继康. 基础量子化学原理[M]. 北京：高等教育出版社，1987.

[12] 封继康. 量子化学基本原理与应用[M]. 北京：高等教育出版社，2017.

[13] 曾谨言. 量子力学[M]. 5 版. 北京：科学出版社，2018.

[14] 徐光宪，黎乐民，王德民. 量子化学：基本原理和从头计算法（上）[M]. 2 版. 北京：科学出版社，2021.

[15] ATKINS P W，FRIEDMAN R S. Molecular Quantum Mechanics[M]. 4th ed. New York：Oxford University Press，2005.

[16] SZABO A，OSTLUND N S. Modern Quantum Chemistry[M]. New York：Dover Publications，1996.

[17] PILAR F L. Elementary Quantum Chemistry[M]. 2nd ed. New York：Dover Publications，2001.

[18] 戴柏青，班福强. 价键理论的进展[M]. 哈尔滨：黑龙江教育出版社，1995.

[19] 赵成大. 固体量子化学[M]. 2 版. 北京：高等教育出版社，2003.

[20] 林梦海. 量子化学计算方法与应用[M]. 北京：科学出版社，2004.

[21] FORESMAN J B，FRISCH A. Exploring Chemistry with Electronic Structure Methods[M]. 2nd ed. Pittsburgh：Gaussian，Inc.，1996.

[22] Gaussian16 Users Reference[EB/OL].（2019－08－22）. https://gaussian.com/man/.

[23] DENNINGTON R，KEITH T A，MILLAM J M. GaussView，Version 6[Z]. Semichem Inc.，Shawnee Mission，KS，2016.